最簡單的生產製造書 ⑭

| 圖解 | **連桿機構**

從**運動構造**、**零件組成**到實作**火星探測器**，
建構千變萬化**動作控制樣態**的**第一本指南**

馬場政勝 著
蘇星壬 譯

前　言

最近，由於「物聯網」、「工業用機器人」的熱潮席捲全球，使用電路來控制動作的案例愈來愈多。

「動作控制」聽起來好像很複雜，但其實非常單純，比如說向馬達傳送「正轉」、「反轉」、「停止」等命令，來改變馬達的動作。

不過，這終究只是控制馬達的動作，也就是控制「旋轉運動」而已。
若沒有將旋轉運動轉換成其他運動的「運動構造」，就無法做出有用的動作。

即使是看起來動作很複雜的機械，只要了解其「運動構造」，就會發現它是由「旋轉運動」、「搖擺運動」、「往復運動」組合而成，也能進一步了解到這3種運動其實是由「動作的基本單位」所構成。

本書會在**第1章**解說「運動構造」的基本知識，**第2章**以「曲柄搖桿機構」為例，學習「連桿機構」，掌握「動作的基本單位」。

接著，**第3章**之後的章節構成，是透過實際動手製作來鞏固前面所學的知識。

「運動構造」中，某些部分僅靠閱讀文字是很難理解的。
請一定要實際動手製作，以加深對它的理解。

若在製作「運動構造」時本書能有所幫助，深感榮幸。

馬場　政勝

CONTENTS

前言 3
關於本書解說用的零件組 6
下載補充資料 6

第1章　運動構造

　1　運動構造的基本要素 8
　2　本體 10
　3　動力 17
　4　活動部位 25

第2章　連桿機構

　1　何謂連桿機構 34
　2　曲柄搖桿機構 38
　3　試著動手做曲柄搖桿機構 43

第 3 章　製作四連桿機構

1. 曲柄搖桿機構 50
2. 雙搖桿機構 56
3. 雙曲柄機構 65
4. 往復滑塊曲柄機構 72
5. 迴轉滑塊曲柄機構（惠式急回機構）............... 81
6. 擺動滑塊曲柄機構 91
7. 固定滑塊曲柄機構 99
8. 往復雙滑塊曲柄機構（蘇格蘭軛）................ 106
9. 迴轉雙滑塊曲柄機構（奧爾德姆聯軸器）...... 114
10. 固定雙滑塊曲柄機構（橢圓規）................... 123
11. 滑塊搖桿機構（拉普森舵機）....................... 133

第 4 章　四連桿機構的應用實例

1. 製作「動作的傳遞」及「動作的複製」............. 144
2. 製作「火星探測器」.. 154

中日英文對照表及索引 205

關於本書解說用的零件組

本書中所使用的各機構零件組（如DEN-K-001等）及部分零件，可以在筆者的網站上購買。

＜為電子電路入門者打造的專門店！電子Kit＞

http://denshikit.main.jp/

下載補充資料

本書中補充說明用的PDF檔案，可在工學社首頁的表件下載專區（サポート）下載。

＜工學社首頁＞

http://www.kohgakusha.co.jp/

下載後，請輸入以下密碼解壓縮檔案。

qzFMg7zrX8Qw

請全部用「半形」，並注意大小寫，避免輸入錯誤。

● 一般來說各產品名稱為各公司的註冊商標或商標，但省略了®和TM。

第 1 章

運動構造

本章將介紹在製作「運動構造」前所需要的基本知識。

首先，先了解「本體」、「動力」、「活動部位」的整體架構，再進一步剖析「活動部位」。

請有意識地閱讀本書，以避免不知道正在學習哪個部分。

運動構造

本體

動力

活動部位

① 輪胎
② 接頭
③ 滑輪
④ 凸輪
⑤ 曲柄（連桿機構）

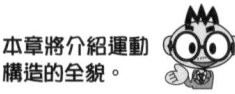

　曲柄搖桿機構（四足步行）
　雙搖桿機構（挖土機鏟斗）
　雙曲柄機構（飛天魔毯）
　往復滑塊曲柄機構（出拳機器人）
　迴轉滑塊曲柄機構（出拳機器人）
　擺動滑塊曲柄機構（雙足步行機器人）
　固定滑塊曲柄機構（出拳機器人）
　往復滑塊曲柄機構（上下運動）
　迴轉雙滑塊曲柄機構（軸錯位）
　固定雙滑塊曲柄機構（橢圓規）
　滑塊搖桿機構（出拳機器人）

本章將介紹運動構造的全貌。

1-1 運動構造的基本要素

■本體、動力、活動部位

　　車子的輪胎、電子遊樂場的夾娃娃機、擺頭電風扇、電動螺絲起子、電車的門等，生活周圍有許多會動的東西。

　　乍看之下，這些構造好像很複雜，但概觀來看會發現，「運動構造」都是由「**本體**」、「**動力**」、「**活動部位**」這三個部分組成。

　　例如，**圖 1-1** 的步行機器人中，本體是「機身」，動力是「馬達」，活動部位是「腳」。

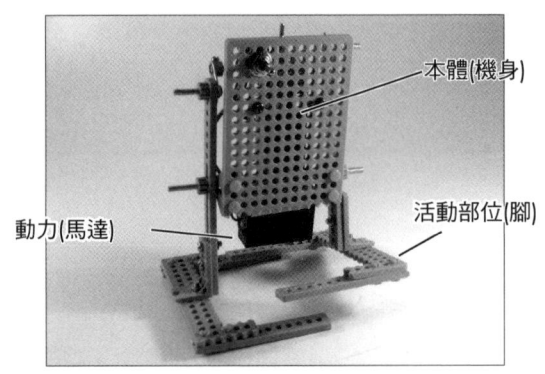

圖1-1 步行機器人

　　圖 1-2 的步行履帶車中，本體是「機身」，動力是「馬達」，活動部位是「履帶」。

圖1-2 步行履帶車

圖 **1-3** 的「循跡自走車」中，本體是「機身」，動力是「馬達」，活動部位是「輪胎」。

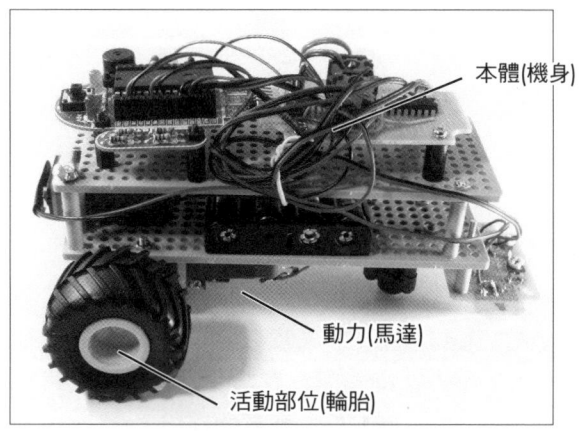

圖1-3 循跡自走車

如圖 **1-4** 所示，步行履帶車和循跡自走車中也加載了控制馬達的電路。電路與運動構造無直接關係，因此不算是機械結構的一部分。

圖1-4 有電路的情形

此外，如圖 **1-5** 所示，「外蓋」等裝飾件也與運動原理無關，因此不算是機械結構的一部分。

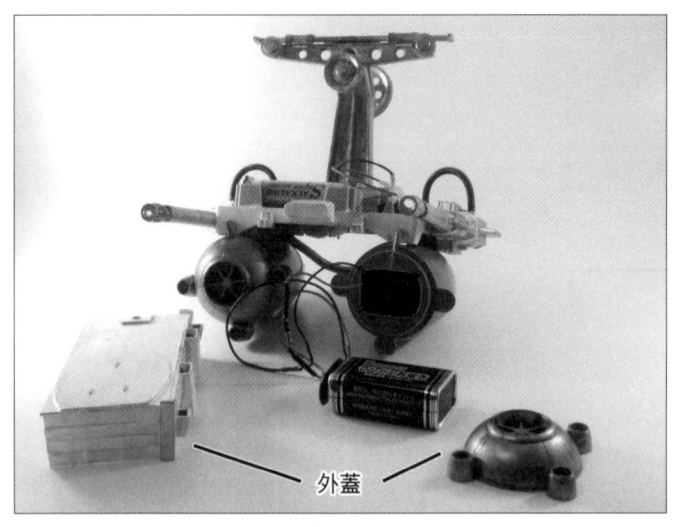

圖1-5 有外蓋的情形

接下來,將仔細說明構成動作的「本體」、「動力」及「活動部位」。

1-② 本體

■零件組裝的主要部分

「本體」是固定動力和活動部位的部件。

以人來比喻,就相當於「身體」。

如果「本體」的結構太弱,承受不住馬達的旋轉或負重,就無法正常運作。

因此,「本體」需要做得很堅固。

本體通常使用**木材**、**金屬**、**塑膠**來製作。

其他還有像玻璃、樹脂黏土(乾燥後會變硬的黏土)、紙張、布料、保麗龍等材料,但由於不易加工及強度問題,不適合使用。

接著,來看看常用材料的特性。

■木材

木材是一種具有溫和觸感的常見材料，可以在工具及材料販賣連鎖店或模型店輕鬆取得。

雖然熟練後可以進行細緻的加工，但一般來說，由於木材容易出現裂紋和變形，處理起來比較困難。

日本人習慣使用的木材除了杉木和檜木外，還有合板、集成板等各種材料，但個人推薦使用椴木板、實木板、飛機木。

● 椴木板

椴木板是一種薄木單板，特色在於表面經過精細的加工。

基本上就是薄板，厚度只有幾毫米的椴木板是沒有強度的。

但是，厚度超過 10 毫米的合板就有一定的強度，可以用螺釘固定，因此非常容易使用。

筆者的工作坊中也經常使用這種材料。

圖1-6 椴木板

● 實木板

實木板經常用於 DIY，如架子、椅子和小木屋等。

實木板與椴木板不同，厚度較厚，因此不易使用，但表面非常光滑且價格便宜。

在日本的工具及材料販賣連鎖店一定有賣實木板，很容易取得也是它的優點之一。

圖1-7 實木板

● 飛機木

飛機木是一種非常輕的材料，加工起來非常簡單。

適用於需要輕質結構的機械，如飛機、船隻和懸吊式機械（空中纜車）。

椴木板和實木板需使用鋸子切割，飛機木則可用大型美工刀切割。

雖然飛機木很容易加工，但問題在於相較椴木板與實木板，其強度非常低。

圖1-8 飛機木

■ 金屬

金屬有「鐵」、「銅」、「黃銅」、「鉛」、「鋁」等許多種類。

這些金屬都有一定的強度，但較難處理的原因在於重量偏重且加工困難（鋁除外）。

另一方面，「鋁」是輕柔的金屬，所以容易加工。

此外，可以在工具及材料販賣連鎖店或模型店輕鬆獲得。

雖說鋁很容易加工，但必須要有金屬加工技術與工具，不熟練的人較難處理，因此建議對材料加工有一定的熟練度後再嘗試。

圖1-9 鋁

■ 塑膠

塑膠很容易加工，可以使用身旁的的刀子或斜口鉗等工具來加工。

因此，一開始都會推薦使用塑膠。

塑膠的種類很多，如「壓克力」、「PP板」、「多用途打孔平板」等等。

在日本，可以在工具及材料販賣連鎖店、家電量販店、模型店購買。

● 壓克力

壓克力的特性是高透明與高強度。

在工具及材料販賣連鎖店就可買到，非常好入手，但缺點在於價格偏高。

黏合壓克力需要使用專用的黏著劑，若不熟練，黏著劑可能會溢出，浪費了難得的高透明度。

此外，壓克力也可以加熱彎曲成任何形狀，但若技巧不熟練會很困難。

圖1-10 壓克力

● PP 板

PP 板是塑膠薄板，輕巧為其特色。

雖然沒有什麼強度，但用美工刀或剪刀就能切割，非常好加工。

日本模型製造商田宮公司（株式会社タミヤ；Tamiya Incorporated。以下簡稱田宮公司）販售的 PP 板，有各式各樣的厚度及形狀。

黏合時，使用塑膠模型專用的黏著劑。

圖1-11 PP板

● 多用途打孔平板

田宮公司所販售的「工作樂系列」中，有「多用途打孔平板」和「多用途長型打孔條板（以下簡稱「I型打孔條板」）」等產品。

這些商品已預先打好洞，可以用螺絲和螺帽來固定零件。使用鋸子或斜口鉗就能切斷。

有一定的強度，所以適合當做本體來使用。

這個材料問世後，省去了加工材料的時間，就算是小孩也能製作機器人。本書主要也是使用這個材料來製作。

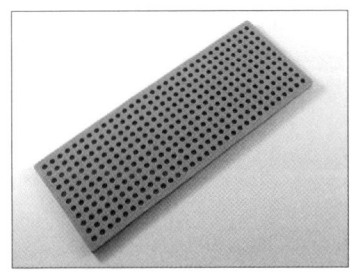 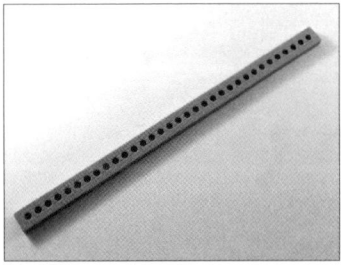

圖1-12 「多用途打孔平板（左）」和「多用途長型打孔條板（右）」

專欄

用來加工材料的工具

要加工材料，需要備齊工具。

加工的工具有許多種類，大致可分為「**切割**」、「**打洞**」、「**接合**」、「**彎曲**」、「**切削**」等五類。

使用的工具會根據材料而有所不同，所以同時處理多種材料時，必須針對各個材料來購買相對應的工具。

因此，建議一開始先集中於一種材料，就能省去習得材料加工技術所需的時間、工具費用及工具保管管理。

此外，有些工具是可以兼用的，先仔細考慮後再購買，想必能節省費用。

■〈加工木材的工具〉

切割：鋸子
打洞：鑽頭
接合：螺絲起子
彎曲：一般來說，木材無法彎曲
切削：銼刀

■〈加工金屬的工具〉

切割：鋼絲鋸
打洞：鑽頭
接合：螺絲起子
彎曲：萬力
切削：銼刀

■〈加工塑膠的工具〉

切割：斜口鉗、美工刀、鋸子
打洞：鑽頭
接合：螺絲起子
彎曲：手或萬力
切削：銼刀

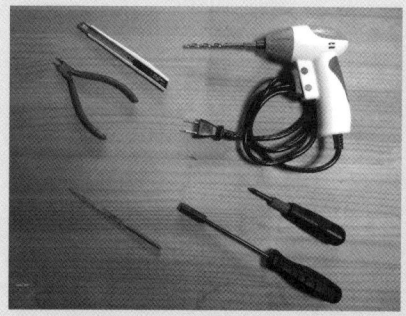

圖1-13 筆者平時使用的工具

1-3 動力

■機械活動的來源部分

一般最常當做動力來使用的就是「馬達」。

馬達有各式各樣的種類,如「DC 馬達」、「步進馬達」、「伺服馬達」等。

一般來說,馬達是在決定好規格後,直接向業者特別訂購;但對一般的使用者來說太困難,因此通常會選擇購買市面上販售的馬達。

要熟練地使用各種馬達,就需要電路控制的進階知識。
本節以控制簡單、又容易入手的「DC 馬達」為例,來向各位說明。

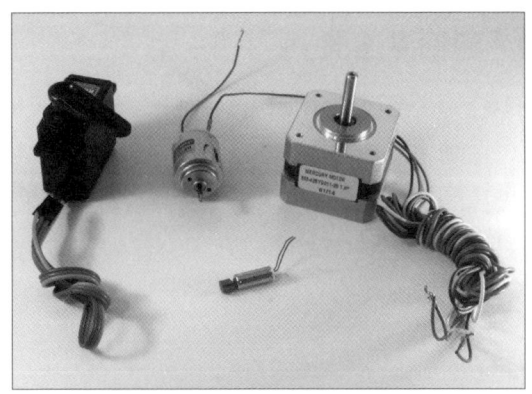

圖1-14 各式各樣的馬達

■「減速馬達」與「齒輪減速機」

馬達以高速旋轉,因此需要使用多個齒輪來減速。

然而,要想自行製作齒輪,需要有高度的技術與專門的機械,一般人無法做到。

因此,通常會使用「減速馬達」或「齒輪減速機」(圖 1-15)這種本來就附帶齒輪的馬達。

圖1-15 減速馬達（左）與齒輪減速機（右）

「減速馬達」的前端部分是「齒輪減速機」，裡面有許多「齒輪」（有些類型有外蓋，看不到裡面）。

「減速馬達」很少在店裡販售。

就算有店家販售，通常是用來製作機器人而價格高昂，因此新手還是推薦使用「齒輪減速機」。

■田宮公司的「齒輪減速機」

下一頁的**圖1-16**，就是田宮公司的「齒輪減速機」（又稱為田宮馬達），有許多種型號可以選購。

透過齒輪減速馬達的高速旋轉，並進一步將動作傳遞到「軸心[※]」。

軸心的尾端設計成六角形或帶有螺絲孔，方便組裝輪胎或曲柄（後面會介紹）。

> ※ 齒輪減速機旁突出的棒子，又稱為「馬達軸心」。

田宮公司的齒輪減速機大致分為兩類：「工作樂系列[1]」（低功率系列）和「技術工藝系列[2]」（高功率系列）。

註1. 楽しい工作シリーズ
註2. テクニクラフトシリーズ

圖1-16 田宮公司的「齒輪減速機」
左：工作樂（低功率系列）；右：技術工藝（高功率系列）

「工作樂系列」的軸心尾端為六角形，只需將輪胎或滑輪（後面會介紹）插入即可。

此外，價格也很便宜，適合初學者。

另一方面，「技術工藝系列」的軸心較粗，尾端可以組裝螺絲。
在組裝輪胎或滑輪時需要一些技巧，價格也較高昂。

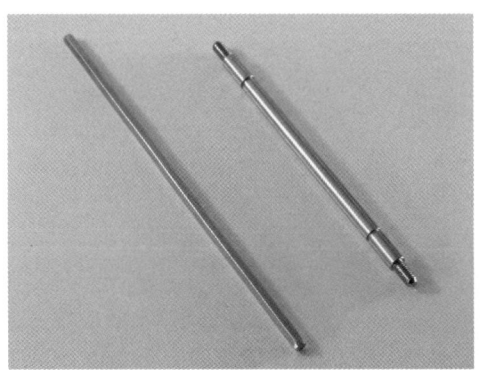

圖1-17 不同形狀的軸心

■轉速與力矩

馬達的轉速愈快，力矩（作用力）愈弱。反之，轉速愈慢，力矩愈強。
轉速的數值愈大，轉速愈快。力矩的數值愈大，相應的作用力就愈強。

力矩的單位分為「新式單位」及「舊式單位」。

「工作樂系列」中，每個商品標示的單位都不同，有些外包裝上還沒有標示力矩，所以無法從外包裝來挑選馬達。

因此，我查了力矩的資料，彙整了力矩單位統一的對照表如**圖1-18**和**圖1-19**所示，讓各位能較容易挑選馬達。

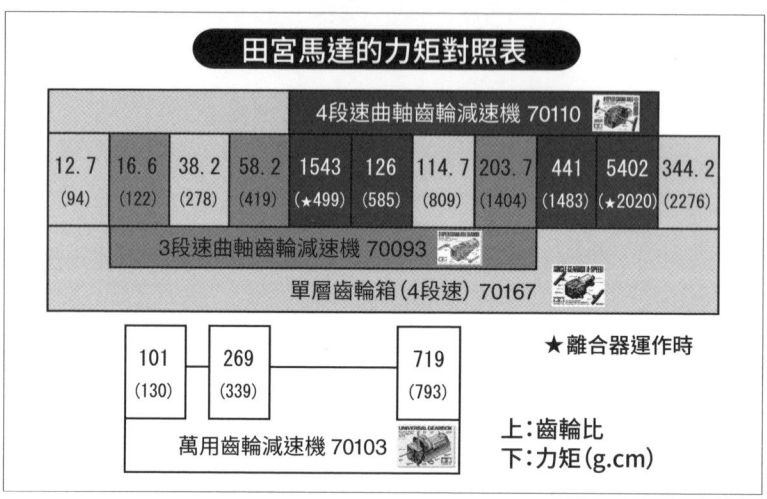

圖1-18 工作樂系列

	ITEM	（未稅）定價	齒輪比	（r/min）旋轉	（mN・m）力矩	
6段速齒輪減速機HE	72005	¥1200	196.7:1	51.3	235.4	◎
4段蝸輪齒輪減速機HE	72008	¥1100	1428.2:1	7	(226.07)	◎
			555.4:1	18	(226.07)	◎
蝸輪齒輪減速機HE	72004	¥980	336:1	30	203.2	◎
行星齒輪減速機HE	72001	¥1500	400:1		176.5	
4段速功率齒輪減速機HE	72007	¥1100	74:1	136	85.88	
高功率齒輪減速機HE	72003	¥980	64.8:1	156	76.9	
高速齒輪減速機HE	72002	¥980	18:1	561	22.9	

＊用最大力矩比較　正常組合
＊1[mN・m] ≒ 10.2[gf・cm]
＊(226.07)是離合器運轉時的力矩

圖1-19 技術工藝系列

20

以「工作樂系列」為例，在製作跑車時速度優先，但在工業用機器人或不要求速度時，力矩大的齒輪減速機比較容易使用。

當中，我個人推薦有力矩的 4 段速曲軸齒輪減速機。

圖1-20　4段速曲軸齒輪減速機盒裝零件組

其他還有像是「萬用齒輪減速機」（ITEM70103），雖然沒有力矩，但軸的方向可以改變成縱向或橫向。

適合尚未決定好設計的前期階段或力矩小的製作。

圖1-21　萬用齒輪減速機

「技術工藝系列」的特色是有很大的力矩，特別是「6段速齒輪減速機HE」，力矩很大且很容易使用。

主要以力矩來考量的話，數值低於200以下的力矩有點弱，很難使用。

「行星齒輪減速機HE」的齒輪減速機結構特殊，據說詹姆斯・瓦特使用過。

可用於鑽孔作業。

■離合器

圖1-18和圖1-19為「離合器」運轉中的數值。

負荷太大，給與齒輪太多作用力時，若是有力矩的馬達，就算齒輪損壞了，也還會繼續旋轉。

為了避免此種情形，會使用安全裝置防止齒輪空轉，如圖1-22所示。

這個裝置就叫做「離合器」。

圖1-22 離合器的齒輪組

無論如何都想要移動重物時，刻意不使用「離合器」，就能產生出很大的作用力。

若不打算使用離合器，可以更換成一般的齒輪、或是用瞬間黏著劑來固定離合器的部分，如圖1-22（左）所示。

■齒輪減速機與電池盒的配置

齒輪減速機需要電池驅動。

此時，就需要固定電池的電池盒。

如**圖 1-23** 所示，日本市面上販售的電池盒種類繁多，如只用來固定電池的電池盒、含開關的電池盒等等。

只用來固定電池的電池盒，就得另外再購買開關，因此建議初學者使用含開關的電池盒。

將**圖 1-24**（左）的電池盒（含開關）以及**圖 1-24**（右）的齒輪減速機組合在一起後，就產生「動力」。

圖1-23 各種「電池盒」

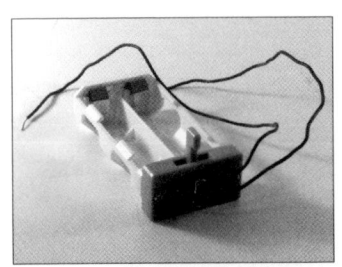 

圖1-24 組合齒輪減速機與電池盒後產生「動力」

「動力」的體積很大而且有一定的重量，根據情況，有時候光是動力可能就占了機械本體的一半。

因此，「雙足行走機器人」這種重心影響很大的機器人，根據動力的配置，會出現無法順利行走的情形。

例如，圖 **1-25** 中的雙足行走機器人，會將電池盒配置在下方，並將馬達配置在身體中心，以保持平衡。

配置動力（重心位置）時需要十分小心。

圖1-25 重心位置非常重要

專欄

想確認馬達的動作時

就算看了數字，還是很難想像馬達的轉速和力矩。

因此，動手製作不同種類的馬達，放在一起觀察，就能實際去感受動作、力矩的差異。

下方照片是實際組裝了技術工藝系列的機體，非常適合用來向大眾說明及解釋馬達的運作。

圖1-26 組裝技術工藝系列的機體

1-4 活動部位

■運動構造的部分

「**活動部位**」是被稱為機械「**內部構造**」的部分,也就是「**機構**」。

例如,**圖 1-27** 中的「行走的恐龍玩具」,這是過去由玩具公司 Tomy(現為 Takara Tomy)所推出的「機獸系列」模型玩具。

「機獸系列」有許多種版本,當中使用馬達驅動的系列,可以在製作的過程中了解到「行走的原理」。

> ※ 此處為2016年資料,當時可以透過日本Yahoo!奇摩拍賣來取得。

觀察機械實際運作時,雖然動作看起來很複雜,但基本上都是由「固定動作」的零件組合而成。

圖1-27 由固定動作的零件組合成的
恐龍玩具(機獸系列)

■將軸心的旋轉運動轉換成其他運動的方法

從「齒輪減速機」突出來的「軸心」,若要將旋轉運動轉換成其他運動,有以下5種方法,分別是「**輪胎**」、「**接頭**」、「**滑輪**」、「**凸輪**」、「**曲柄(連桿機構)**」。

● 輪胎

輪胎很常使用於汽車製造中,通常組裝在「軸心」上,直接使用其旋轉運動。

連接「馬達軸心」與「輪胎的輪圈」時,需要使用名為「哈姆(HUB)」的零件。

不過,要找到合適的哈姆相當困難,常常令人煩惱。

如果能找到合適的,當然直接購買就好。但若找不到,就得先找到可組裝在馬達軸心上的「曲柄」或「哈姆」,然後再加工「輪圈」的形狀,使其可以組裝上去。

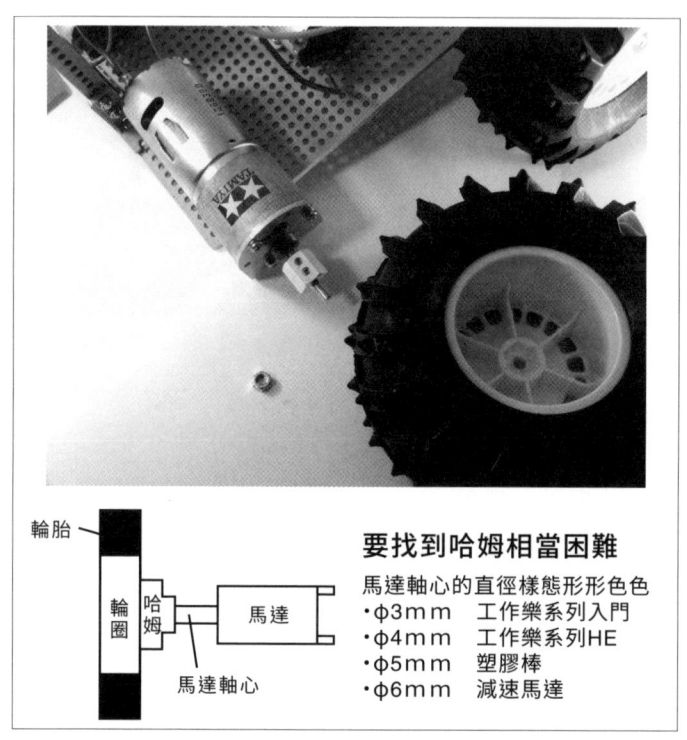

圖1-28 若沒有合適的「哈姆」,就加工輪圈

舉個比較輕鬆的例子,如田宮公司推出的「釘狀輪胎組」,其中包含了哈姆、輪圈和輪胎,很輕鬆就可以連接到馬達軸心。

圖1-29 釘狀輪胎組（田宮 ITEM 70194）

此外，工作樂系列中的「越野輪胎組」，其輪圈上的孔為六角形，只需插入即可，非常簡單。

圖1-30 越野輪胎組（田宮 ITEM 70096）

● 接頭

圖 1-31 就是稱為「接頭」的零件，由橡膠管或金屬製成。

接頭可直接組裝在軸心或馬達上，在想要改變或延長旋轉軸時使用。

圖1-31 接頭（左：橡膠管，右：金屬）

例如，在製造船的時候，因為馬達碰到水會壞掉，所以會使用接頭延長軸，避免馬達接觸到水（如圖1-32）。

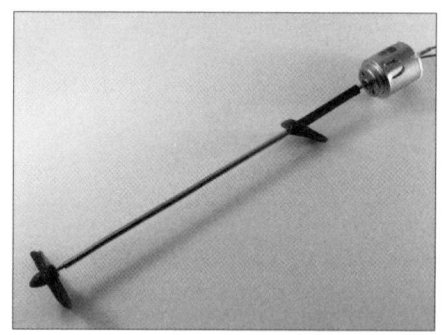 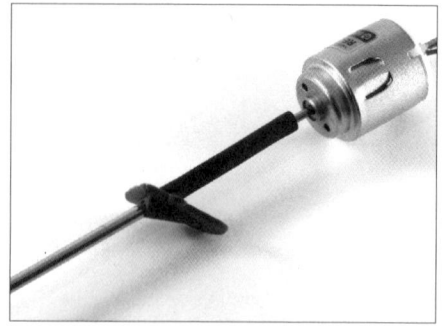

圖1-32 接頭的使用範例①

圖 1-33 則為使用接頭將馬達的動力傳遞給發電馬達的範例。

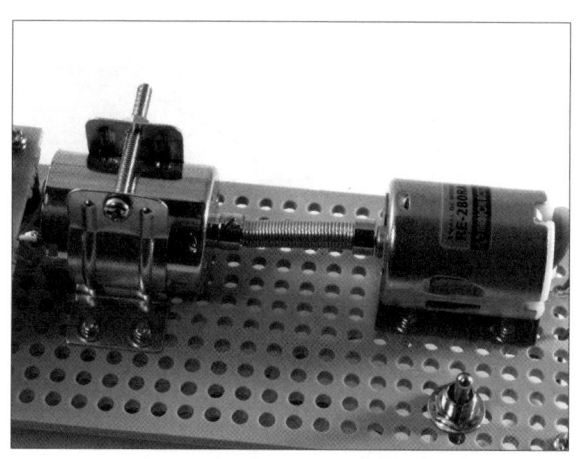

圖1-33 接頭的使用範例②

● 滑輪

「滑輪」又稱為「滑車」。

藉由使用多個滑輪，就可以輕鬆地移動重物，或將動力傳遞到遠方。

此外，即使只有一個動力源，也可以藉由滑輪同時驅動數個機械。

以前馬達價格高昂，因此透過使用滑輪，來將動力傳遞至多個工作機。

圖1-34 滑輪

使用滑輪時,需要掛上「皮帶」。

一般製作上,會使用線或橡皮筋做為皮帶,因此沒有很強的力矩。

圖 1-35 為滑輪的使用範例。

將馬達的動力源區分為二,再使用數個大小不同的滑輪來改變馬達的旋轉速度。

此外,它還能將動力從馬達的軸傳遞至遠方。

如上所述,僅靠滑輪就可以做到很多事。

圖1-35 滑輪的使用範例

田宮公司的工作樂系列中也有販售滑輪。

● 凸輪

「凸輪」是一塊切成各種形狀的板子，**圖 1-36** 為其中一個範例。

將板子組裝在馬達軸心上（組裝時使用後續會介紹的「曲柄」），通過旋轉板子將作用力傳遞至別的方向。

只需要更換不同形狀的凸輪，就能輕鬆改變動作，因此常用於工業機械等。

圖1-36 凸輪

圖 1-37 和**圖 1-38** 為使用凸輪產生上下運動的範例。

因為使用的是「蛋形凸輪」，凸輪橫躺時，會讓桿件位於最低位置，而凸輪直立時，會讓桿件位於最高位置，如此進行活塞運動。

由於凸輪會受機械磨損，因此需要定期維護。

此外，因為凸輪是利用重力，所以不適合用在像雲霄飛車這種會倒吊的機械。

圖1-37 凸輪的使用範例

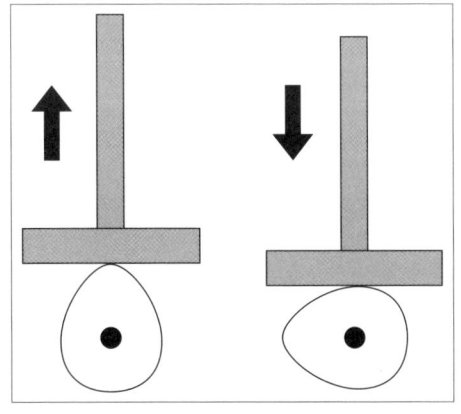

圖1-38 上下運動的範例

此外，由於市面上沒有販售凸輪，因此需要自行使用塑膠板、鋁板、保麗龍板等材料製作。

● 曲柄（連桿機構）

「曲柄」這個零件呈現在**圖 1-39**，組裝在馬達軸心的尾端來使用。

組裝後，可以連接凸輪來使用，也可以當做「連桿機構」的連桿來使用（後面會再詳細說明連桿機構）。

圖1-39 曲柄

如上所述，可以單獨使用或組合使用輪胎、接頭、滑輪、凸輪、曲柄（連桿機構）這 5 種方法，藉此來製作「運動構造」。

第 2 章

連桿機構

要使用曲柄進行複雜的動作，就需要「連桿機構」的知識。
本章將介紹「連桿機構」的基礎知識，然後學習最具代表性的連桿機構——曲柄搖桿機構，並實際製作看看。
只靠閱讀很難理解搖桿機構，因此請實際動手做做看。

運動構造
本體
動力
活動部位

① 輪胎
② 接頭
③ 滑輪
④ 凸輪
⑤ 曲柄（連桿機構）

本章要學習⑤曲柄（連桿機構）！

　　　　曲柄搖桿機構（四足步行）
　　　　雙搖桿機構（挖土機鏟斗）
　　　　雙曲柄機構（飛天魔毯）
　　　　往復滑塊曲柄機構（出拳機器人）
　　　　迴轉滑塊曲柄機構（出拳機器人）
　　　　擺動滑塊曲柄機構（雙足步行機器人）
　　　　固定滑塊曲柄機構（出拳機器人）
　　　　往復滑塊曲柄機構（上下運動）
　　　　迴轉雙滑塊曲柄機構（軸錯位）
　　　　固定雙滑塊曲柄機構（橢圓規）
　　　　滑塊搖桿機構（出拳機器人）

2-1 何謂連桿機構

「連桿機構」是機構學中的一個術語。如**圖 2-1** 所示，它是藉由組合被稱為「連桿」的棒狀機件來實現所需運動的機構。

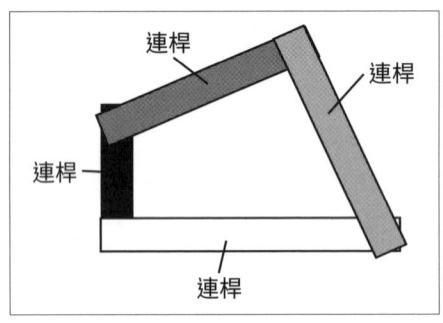

圖2-1 連桿機構

實際製作**圖 2-1** 中的連桿機構時，會如**圖 2-2** 所示，需要使用螺絲和間隔柱等零件。

圖2-2 實際製作「圖2-1」的範例

連桿機構分為 3 種類型：「固定鏈」、「無拘束鏈」和「拘束鏈」。

■固定鏈、無拘束鏈、拘束鏈

●固定鏈

「固定鏈」是由 3 個連桿組成的環。

因為呈三角形，所以無法動作。

利用這種特性，固定鏈會用於建築物的梁或鐵塔。

● 無拘束鏈

「無拘束鏈」是由 5 個連桿組成的環。

當其中 1 個連桿運動時，各個連桿仍可自由動作，因此運動不受限制。
但是，由於難以預測其動作，又很難使用，因此很少拿來應用。

● 拘束鏈

「拘束鏈」是由 4 個連桿組成的環。

當其中 1 個連桿運動時，只會呈現指定的動作，因此很容易使用，並被廣泛利用。

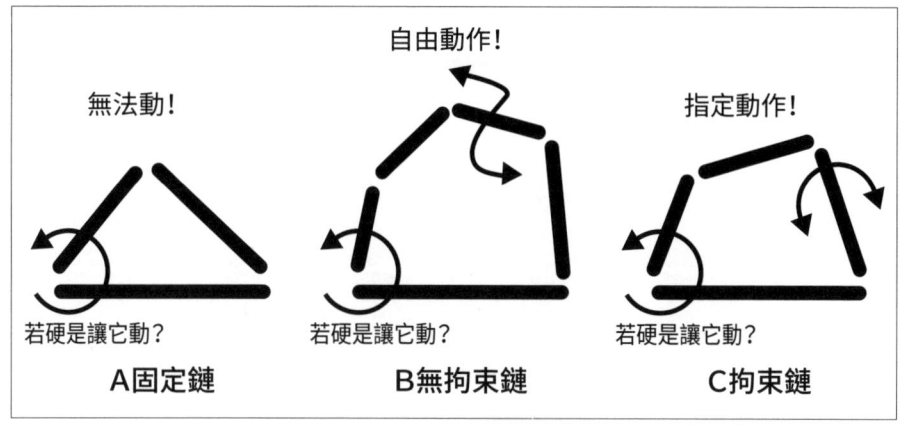

圖2-3 各種連桿機構

此外，像「拘束鏈」一樣，由 4 個連桿組成的機構稱為「**四節連桿機構**」。這種機構在製造各種物品時經常被使用。

圖2-4 四節連桿機構

■迴轉對偶與滑動對偶

連桿之間的連接部分，稱為「對偶」。

對偶有 2 種，分別是「**迴轉對偶**」與「**滑動對偶**」。

「迴轉對偶」的構造是用「螺絲」穿過每個連桿。

另一方面，「滑動對偶」的構造則是在一側的連桿上製作「溝槽」，另一側連桿沿著這個溝槽滑動。

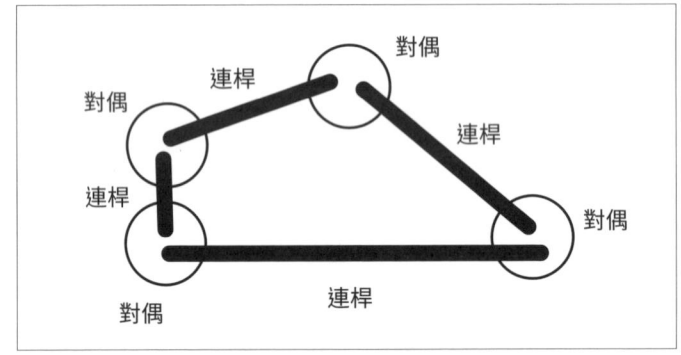

圖2-5 連桿與對偶的關係

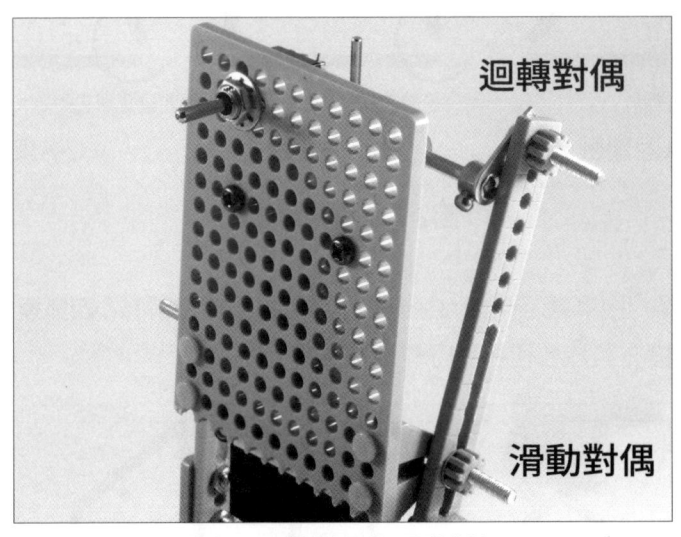

圖2-6 迴轉對偶與滑動對偶

實際製作時就會發現，「滑動對偶」雖然體積小巧，但加工起來非常費力。

相反地,「迴轉對偶」雖然容易體積偏大,但加工起來很簡單。

因此,個人推薦使用迴轉對偶。

在筆者營運的小學生工作坊中,因為像圖2-7這種滑動對偶(稱為「滑塊」)加工起來很困難,所以大多數會使用「迴轉對偶」(使用螺絲和螺帽)來製造。

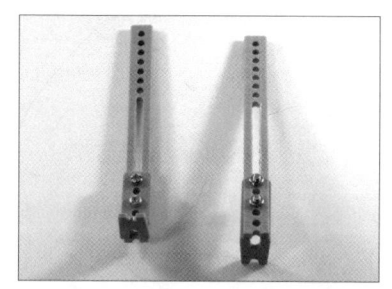

圖2-7 滑塊的加工很困難

■四連桿機構的種類

「四連桿機構」根據「對偶的種類」和「固定哪個連桿」,可分為以下11種類型。

● 迴轉四連桿機構(共3種)

由4個對偶組成,皆為迴轉對偶。

- 曲柄搖桿機構
- 雙搖桿機構
- 雙曲柄機構

● 滑塊曲柄機構(共4種)

由3個迴轉對偶與1個滑動對偶組成。

- 往復滑塊曲柄機構
- 迴轉滑塊曲柄機構
- 擺動滑塊曲柄機構
- 固定滑塊曲柄機構

● **雙滑塊曲柄機構（共3種）**

在部分對偶中，相鄰的對偶會是各一個滑動對偶與迴轉對偶。

・往復雙滑塊曲柄機構
・迴轉雙滑塊曲柄機構
・固定雙滑塊曲柄機構

● **滑塊搖桿機構（共1種）**

在部分對偶中，相鄰的一定是不同種類的對偶。

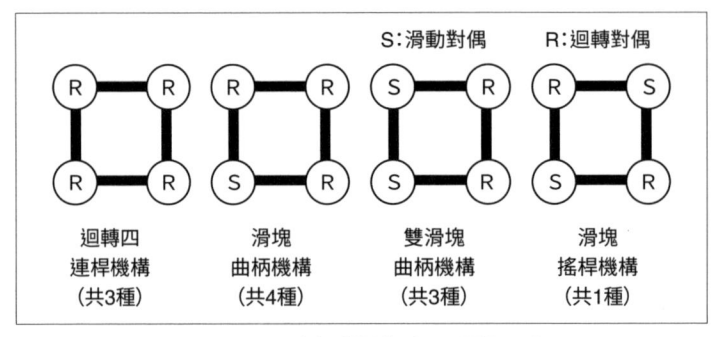

```
                    S：滑動對偶      R：迴轉對偶

  R─R      R─R      S─R      R─S
  │ │      │ │      │ │      │ │
  R─R      S─S      S─S      S─R

  迴轉四     滑塊      雙滑塊     滑塊
  連桿機構   曲柄機構   曲柄機構   搖桿機構
  （共3種）  （共4種）  （共3種）  （共1種）
```

圖2-8 四連桿機構的11種類型

2-2 曲柄搖桿機構

■ **何謂曲柄搖桿機構**

首先，向各位介紹拘束鏈中最具代表性的連桿機構——「**曲柄搖桿機構**」。

「曲柄搖桿機構」是通過旋轉「曲柄」，使「搖桿」做定角往復運動（來回搖擺）。

此時，固定其中一個連桿，這個桿件就稱為「**固定桿**」。

而連接「曲柄」和「連桿」的桿件，則稱為「**連接桿**」。

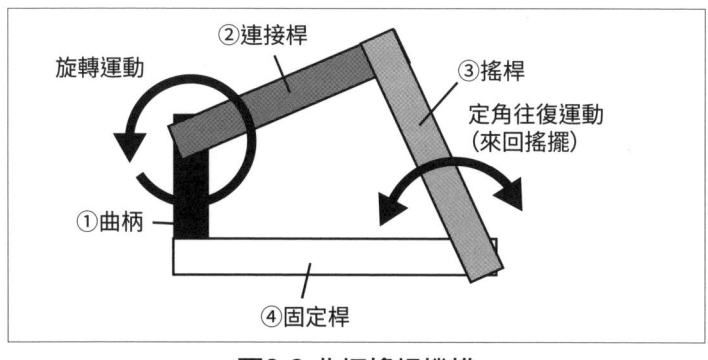

圖2-9 曲柄搖桿機構

■「變異點」與「死點」

讓搖桿做定角往復運動（來回搖擺），有時也可以使曲柄旋轉。

這種狀況下，當曲柄和連接桿在同一直線時，曲柄不知道該向哪個方向旋轉，此位置稱為「**變異點**」。

此外，無法使曲柄旋轉時，此位置則稱為「**死點**」。

一般來說，「變異點」和「死點」通常位於同一點，不過「曲柄搖桿機構」的狀況下，會位於不同的 2 個點。

後面我們會實際試做曲柄搖桿機構，到時候請確認「變異點」和「死點」。

此外，製作曲柄搖桿機構時，為了避免出現「變異點」和「死點」，需要使用彈簧等，花功夫想辦法避開。

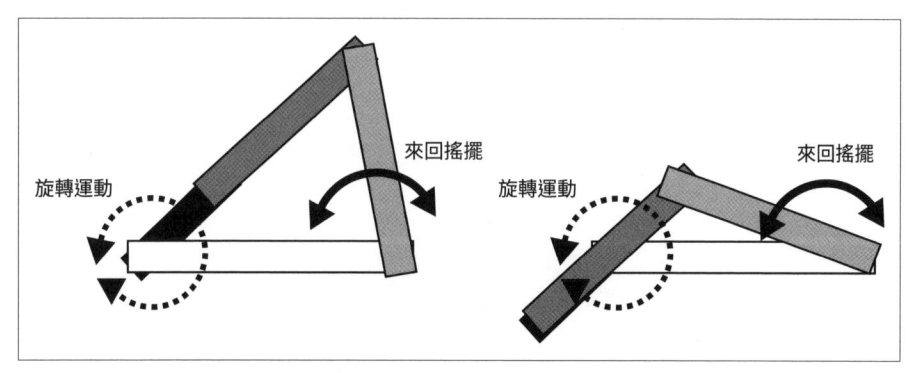

圖2-10 曲柄搖桿機構的「變異點」和「死點」

■旋轉運動、搖擺運動、往復運動

觀察物體的運動會發現，基本上運動可分為 3 種：「**旋轉運動**」、「**搖擺運動**」和「**往復運動**」。

無論是多麼複雜的運動，分解後一定可歸類成這 3 種運動中的一種。

請各位思考先前提到的 11 種「四連桿機構」。

你們會發現，它們都可歸類到這 3 種運動裡。

因此，在製作活動構造時，先確認需要的是哪一種，再選擇對應的機構來製造即可。

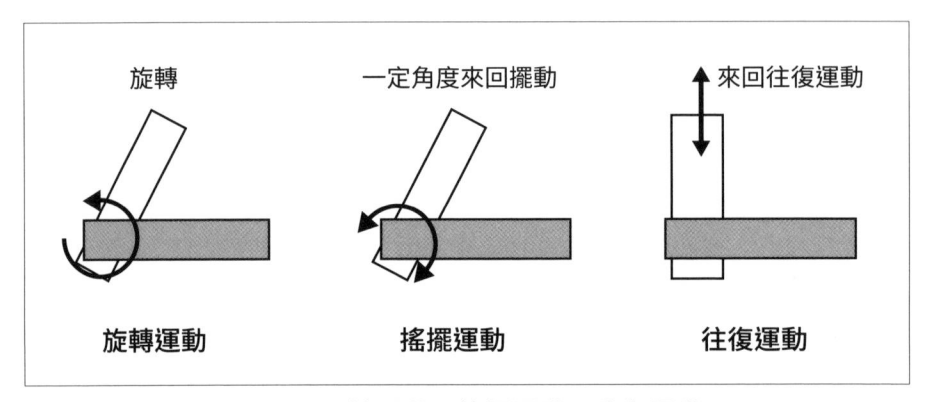

圖2-11 旋轉運動、搖擺運動、往復運動

■卡普拉軌道

在連桿上稍做變化，又會產生不同的運動。

例如**圖 2-12** 的曲柄搖桿機構，當中的連接桿為曲線連桿，在這個連接桿上的 3 個點分別會產生不同的運動。

通常是利用「搖桿」的運動，但有時也會積極的使用「連接桿」。

這在專業領域中稱為「**卡普拉軌道**」。

藉由使用「卡普拉軌道」，可以產生不一樣的運動。

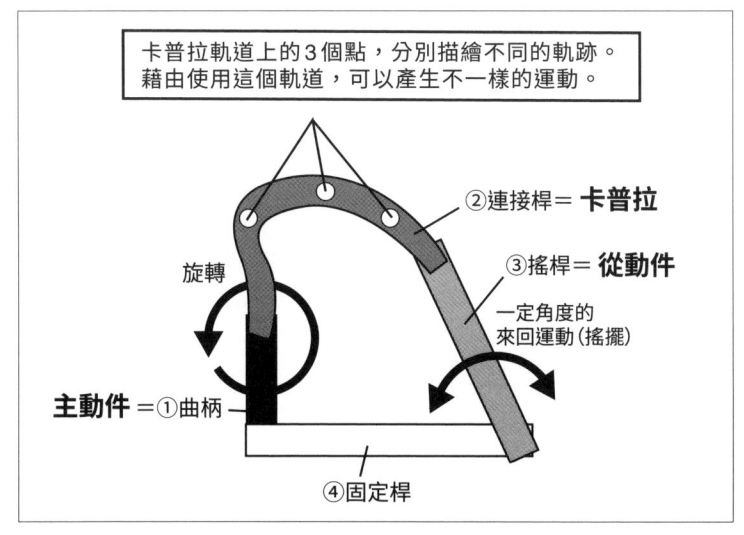

圖2-12 卡普拉軌道

■葛氏定理

　　四連桿機構中，包括迴轉四連桿機構（曲柄搖桿機構、雙搖桿機構、雙曲柄機構）也適用於「**葛氏定理**」。

　　葛氏定理是指：

> 　要使最短連桿能夠旋轉360度，最短連桿與另一個連桿的總和（兩個連桿相加的長度和），必須小於剩下2個連桿的總和（其他兩個連桿相加的長度和）

　　具體的例子如**圖2-13**所示，各別的連桿分別標示a至d，而b為最短連桿。

　　根據葛氏定理，以下的式子成立時，b的最短連桿就能夠旋轉。

- b + a < c + d
- b + c < a + d
- b + d < a + c

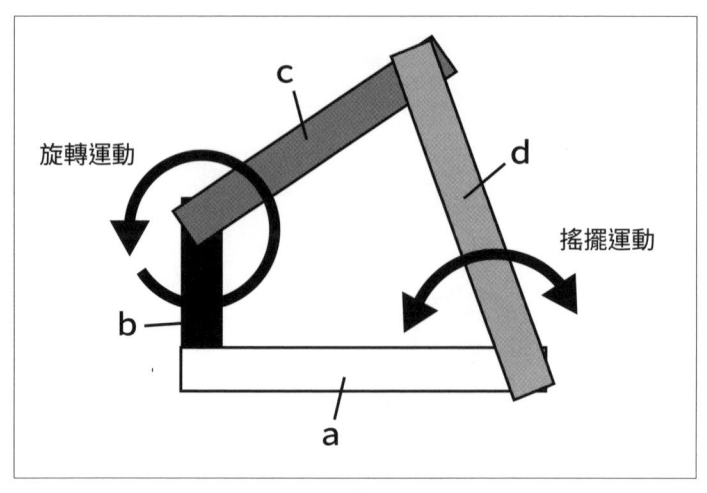

圖 2-13 葛氏定理

實際製造的過程中，下述情況的葛氏定理會很有幫助。

當你打算在馬達軸心上組裝曲柄，製造「連桿機構」。
此時，可將曲柄視為旋轉的「最短連桿」。

根據葛氏定理，如果「曲柄的長度」與「其他連桿的長度」的總和大於「其餘兩個連桿」的總和，曲柄便無法旋轉並卡住。
實際製作使用曲柄的四連桿機構時，如果馬達無法順利運轉，請回想起葛氏定理，調整各個連桿的長度。

2-③ 試著動手做曲柄搖桿機構

使用田宮公司推出的多用途打孔平板和 I 型打孔條板，來製作**圖 2-14** 的曲柄搖桿機構。

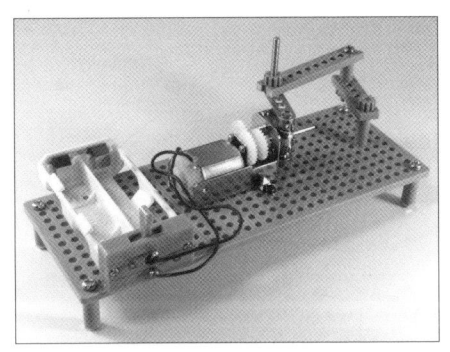

圖2-14 手動（左：Lesson 1）、電動（右：Lesson 2）

Lesson 1及Lesson 2所需的零件清單

1. 萬用齒輪減速機
- 1台

※箱子裡面的黑色螺絲和螺帽是在組裝本體時使用。

六角軸心25mm請用低速模式（齒輪比719:1）來製作。

2. 多用途打孔平板
- 1塊

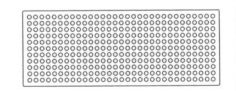

3. I型打孔條板
- 2條

4. 樹脂螺帽
- 7個

5. 間隔柱
- 10mm　5個
- 15mm　5個

6. 螺絲和螺帽
- 螺栓 3×20mm　4個
- 螺栓 3×25mm　7個
- 螺帽 3mm　4個

7. 電池盒
- 3號電池2只裝，附開關

※請按照說明書組裝。

8. 曲柄臂
- 1個

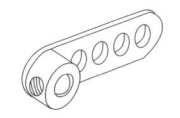

圖2-15 零件清單

第 2 章　連桿機構

■手動曲柄搖桿機構

接著，一起動手來做曲柄搖桿機構。構造請參考**圖 2-16**。

在腦中將平面圖轉換成立體圖，會比預想中費力很多，但不要氣餒一起努力轉換看看。

提示是，曲柄搖桿機構是迴轉對偶，所以要使用不會鎖死的樹脂螺帽。

所需的零件如下所示。

- I 型打孔條板.................................. 1 條
- 樹脂螺帽 .... 4 個
- 間隔柱 10mm................................. 4 個
- 螺栓 3x25mm................................. 4 個

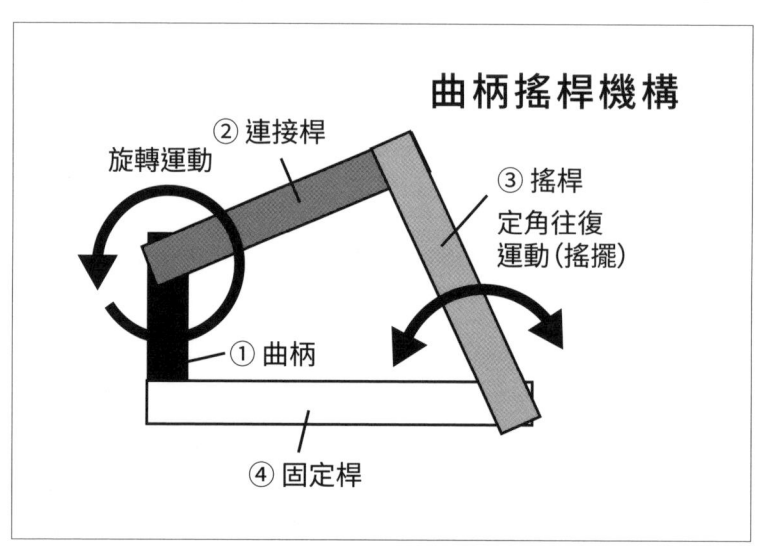

圖2-16 曲柄搖桿機構

Lesson 1 一起動手來做曲柄搖桿機構！

■材料加工

① 將I型打孔條板切分成4孔、6孔、10孔、10孔。

```
 4孔   6孔    10孔      10孔
○○○○|○○○○○○|○○○○○○○○○○|○○○○○○○○○○
     切斷   切斷        切斷
```

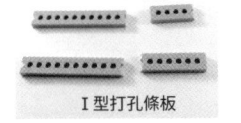

I型打孔條板

② 按照下圖把4孔和10孔的I型打孔條板組裝在一起。

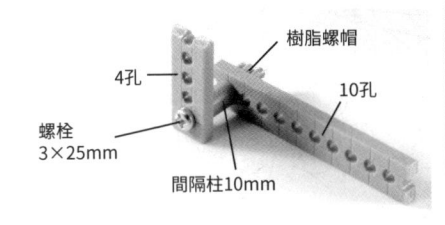

- 4孔
- 樹脂螺帽
- 10孔
- 螺栓 3×25mm
- 間隔柱10mm

③ 按照下圖組裝6孔I型打孔條板。

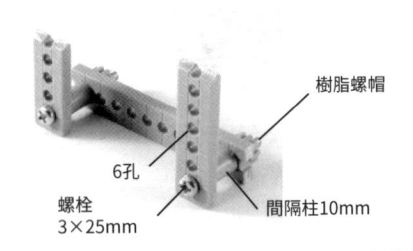

- 樹脂螺帽
- 6孔
- 螺栓 3×25mm
- 間隔柱10mm

④ 按照下圖組裝10孔I型打孔條板。

- 間隔柱10mm
- 樹脂螺帽
- 螺栓 3×25mm
- 10孔

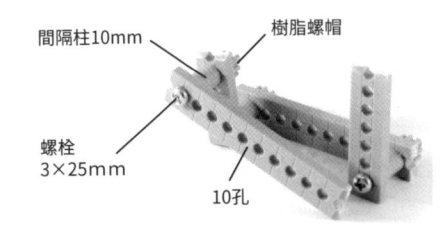

⑤ 按照下圖組裝10孔I型打孔條板，就完成了。

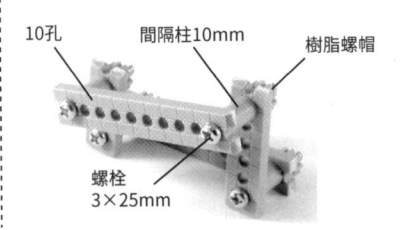

- 10孔
- 間隔柱10mm
- 樹脂螺帽
- 螺栓 3×25mm

請用手拿著10孔I型打孔條板，試著讓4孔I型打孔條板（曲柄）旋轉。
6孔I型打孔條板（搖桿）會擺動。

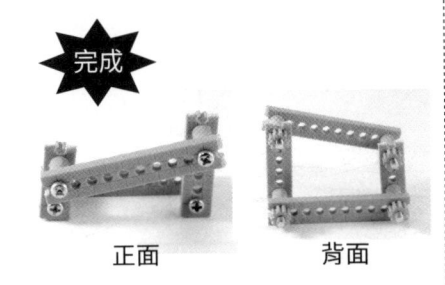

完成

正面　　背面

〈冷知識〉
突然要組裝樹脂螺帽，會發現它很硬難以組裝。先使用扁嘴鉗和十字起子，將樹脂螺帽穿過螺栓，穿過後的樹脂螺帽比較容易組裝。

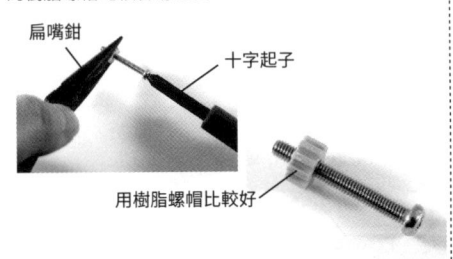

- 扁嘴鉗
- 十字起子
- 用樹脂螺帽比較好

第 2 章 連桿機構

45

■電動曲柄搖桿機構

接著,來試著做做看用電池驅動的「電動曲柄搖桿機構」。
這個的製作流程較繁瑣,請參考以下製作方式。

Lesson 2 一起來做電動曲柄搖桿機構!

■材料加工

① 將I型打孔條板切分成6孔與10孔。

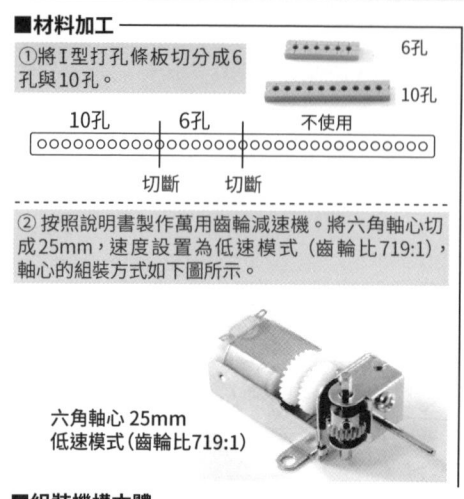

6孔
10孔

10孔　6孔　不使用
　　切斷　切斷

② 按照說明書製作萬用齒輪減速機。將六角軸心切成25mm,速度設置為低速模式(齒輪比719:1),軸心的組裝方式如下圖所示。

六角軸心 25mm
低速模式(齒輪比719:1)

(冷知識)
突然要組裝樹脂螺帽,會發現它很硬難以組裝。先使用扁嘴鉗和十字起子,將樹脂螺帽穿過螺栓,穿過後的樹脂螺帽比較容易組裝。

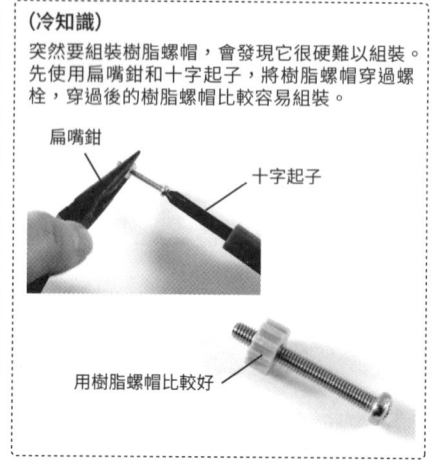

扁嘴鉗　　十字起子

用樹脂螺帽比較好

■組裝機構本體

① 使用減速機附的螺栓和螺帽,按照下圖組裝萬用齒輪減速機與多用途打孔平板。
螺栓從哪邊開始鎖都可以。

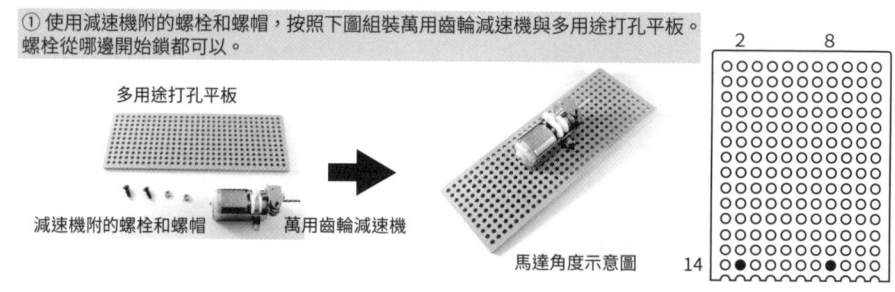

多用途打孔平板

減速機附的螺栓和螺帽　　萬用齒輪減速機

馬達角度示意圖

2　　8

14

② 將曲柄組裝到馬達軸心上。

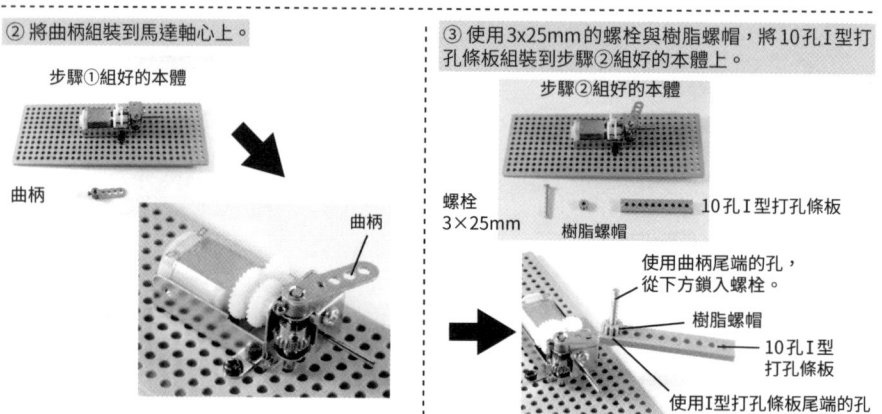

步驟①組好的本體

曲柄

曲柄

③ 使用3x25mm的螺栓與樹脂螺帽,將10孔I型打孔條板組到步驟②組好的本體上。

步驟②組好的本體

螺栓
3×25mm
樹脂螺帽
10孔I型打孔條板

使用曲柄尾端的孔,從下方鎖入螺栓。

樹脂螺帽
10孔I型打孔條板

使用I型打孔條板尾端的孔

④ 使用 3x25mm 的螺栓、樹脂螺帽與 10mm 的間隔柱，按照下圖組裝步驟③組好的本體與 6 孔 I 型打孔條板。

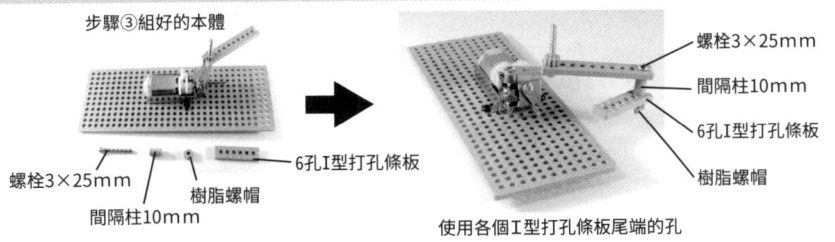

步驟③組好的本體

螺栓 3×25mm
間隔柱 10mm
樹脂螺帽
6孔I型打孔條板

螺栓 3×25mm
間隔柱 10mm
6孔I型打孔條板
樹脂螺帽

使用各個I型打孔條板尾端的孔

---

⑤ 使用 3x25mm 的螺栓、樹脂螺帽與 15mm 的間隔柱，按照下圖組裝步驟④完成的 6 孔 I 型打孔條板。

步驟④完成的6孔I型打孔條板

樹脂螺帽

螺栓 3×25mm
間隔柱 15mm
樹脂螺帽

樹脂螺帽15mm
6孔I型打孔條板

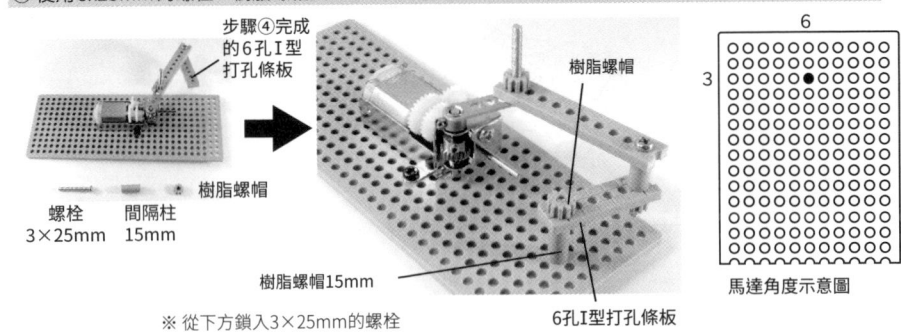

※ 從下方鎖入3×25mm的螺栓

馬達角度示意圖

---

⑥ 將 3x20mm 的螺栓、螺帽與 15mm 的間隔柱，按照下圖組裝到步驟⑤本體的四個角落。

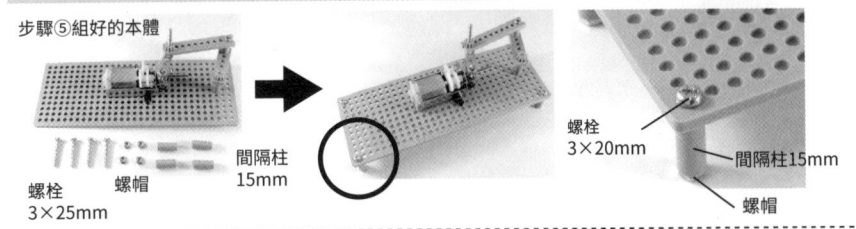

步驟⑤組好的本體

螺栓 3×25mm
螺帽
間隔柱 15mm

螺栓 3×20mm
間隔柱 15mm
螺帽

---

⑦ 使用電池盒附的 2mm 螺栓與 2mm 螺帽，將電池盒組裝到步驟⑥組好的本體上。螺栓從電池盒側鎖入，在背面用螺帽鎖緊固定。

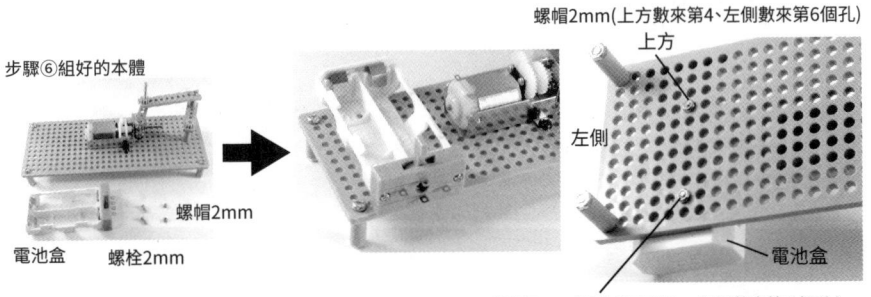

步驟⑥組好的本體

電池盒
螺栓2mm
螺帽2mm

螺帽2mm(上方數來第4、左側數來第6個孔)
上方
左側
電池盒
螺帽2mm(下方數來第2、左側數來第6個孔)

第 2 章 連桿機構

47

⑧ 將電池盒附贈的藍色電線切成兩半，分別錫焊接在電池盒的上端子與下端子上。

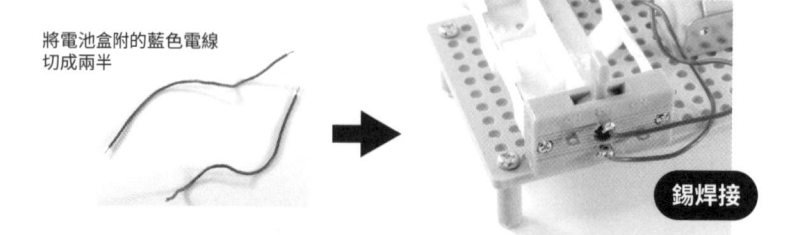

將電池盒附的藍色電線
切成兩半

錫焊接

⑨ 分別錫焊接藍色電線、馬達端子。無極性之分。

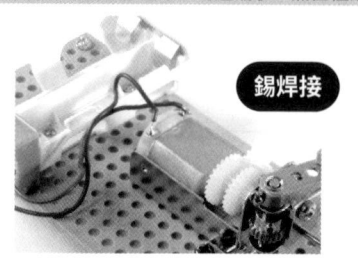

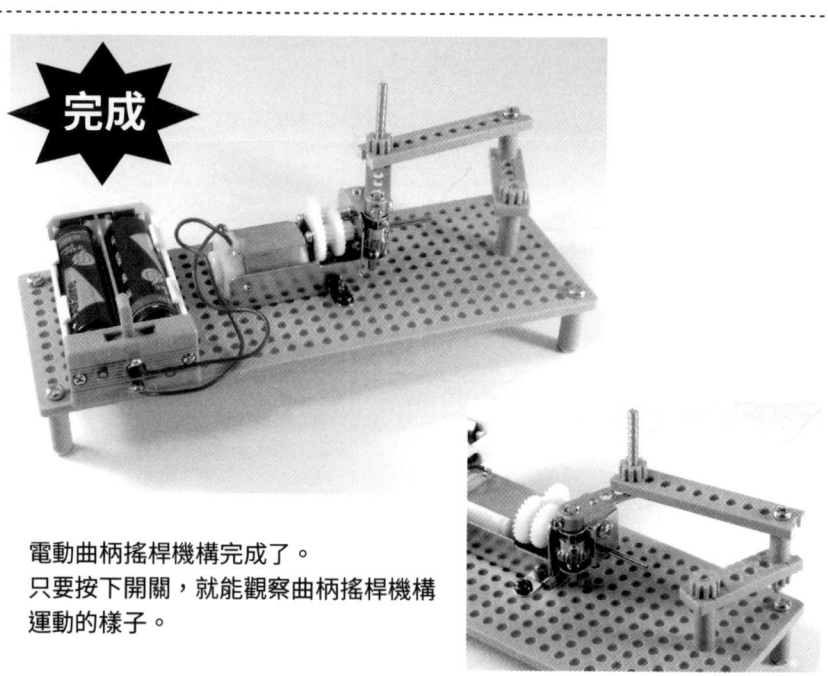

錫焊接

完成

電動曲柄搖桿機構完成了。
只要按下開關，就能觀察曲柄搖桿機構運動的樣子。

第 **3** 章

製作四連桿機構

在本章中，我們將實際製作四連桿機構的11種模型。

雖然多數使用平面圖來說明四連桿機構，但製作成立體模型後會更好理解。

請務必動手做做看。

※ 本章中所使用的零件組，其詳細內容請參照第6頁。

■ 迴轉四連桿機構

曲柄搖桿機構 
四足步行（零件組
名稱：DEN-K-013）

雙搖桿機構 
挖土機鏟斗
（DEN-K-003）

雙曲柄機構 
飛天魔毯
（DEN-K-004）

■ 滑塊曲柄機構

往復滑塊
曲柄機構 
出拳機器人
（DEN-K-005）

迴轉滑塊
曲柄機構 
出拳機器人
（DEN-K-006）

擺動滑塊
曲柄機構 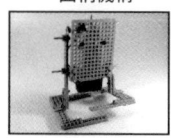
雙足步行機器人
（DEN-K-001）

固定滑塊
曲柄機構 
出拳機器人
（DEN-K-007）

■ 雙滑塊曲柄機構

往復滑塊
曲柄機構 
上下運動
（DEN-K-008）

迴轉雙滑塊
曲柄機構 
軸錯位
（DEN-K-009）

固定雙滑塊
曲柄機構 
橢圓規
（DEN-K-010）

■ 滑塊連桿機構

滑塊連桿機構 
出拳機器人
（DEN-K-0011）

3-1 曲柄搖桿機構

在 11 種四連桿機構中,這是最基本的一種。

由於容易製作且動作簡單明瞭,因此非常適合當做入門,並且常用於各種機械與製造當中。

本節要製作的是,利用 4 個曲柄搖桿機構製成的「四足步行機器人」。這個步行構造應用在許多模型中,是最基本的結構。

> ※ 要製作步行構造,除了機構之外,還需要了解「重心」等相關知識。
> 這裡所使用的曲柄搖桿機構零件組「DEN-K-013」,請在閱讀的同時,掌握各個零件的功能。

圖3-1 「四足步行機器人」的模型

■曲柄搖桿機構的構造

曲柄搖桿機構是由 4 根連桿所構成，如**圖 3-2** 所示。

曲柄搖桿機構的運作方式是，當曲柄旋轉時，就會帶動搖桿做定角往復運動（來回搖擺）。

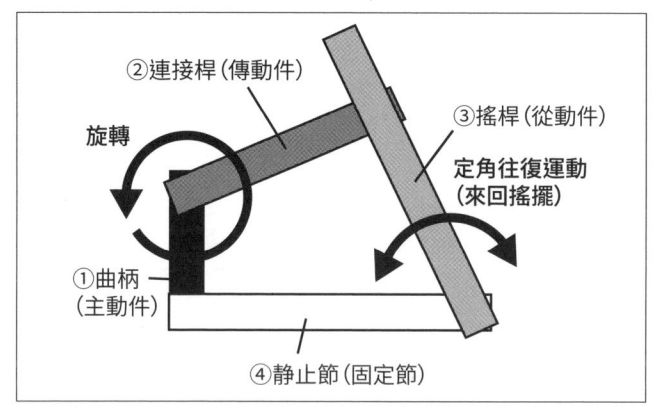

圖3-2 曲柄搖桿機構

「四足步行機器人」使用 4 個曲柄搖桿機構，藉由將搖桿拉長，當做腳來使用。

如**圖 3-3** 所示，單側有 2 個曲柄搖桿機構。

（從圖片很難看出曲柄，建議實際動手做做看比較容易理解。）

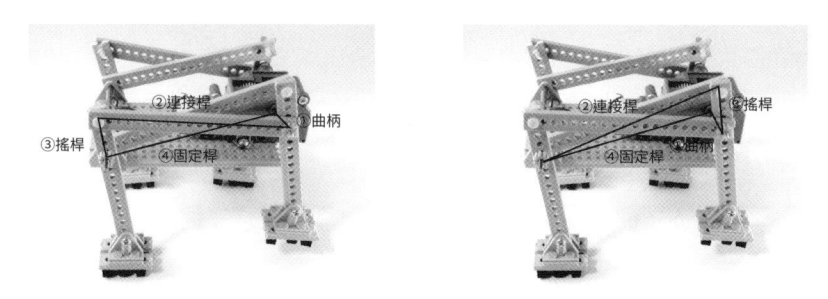

圖3-3 單側由2個曲柄搖桿機構組成

★零件清單

1. 4段速曲軸齒輪減速機

- 1台

使用 C Type 齒輪比 1543:1，按照說明書組裝。

將六角軸心加工成60mm來使用。

2. 多用途打孔平板

- 1塊

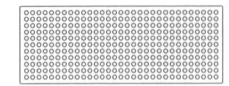

3. I型打孔條板

6條

4. 樹脂螺帽

- 4個

5. 軸承

- 10個

6. 海綿

約60mm　　1個

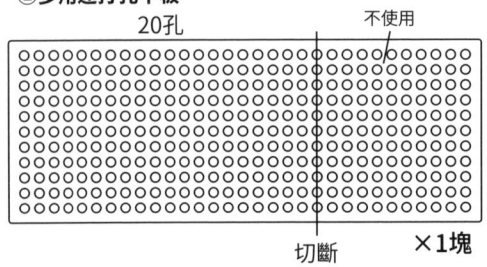

7. 雙頭螺絲

- 圓頭 3×100mm　1根

8. 電池盒

- 3號電池2只裝，附開關

※請按照說明書組裝。

9. 鉚釘和定位停止銷

- 橘色　　20組
- 黃色　　4組

10. 螺栓和螺帽

- 螺栓3×10mm　2個
- 螺栓3×15mm　4個
- 螺栓3×20mm　2個
- 螺帽3mm　　6個

●材料加工

在開始組裝之前，請先按照下列說明加工材料。

①I型打孔條板

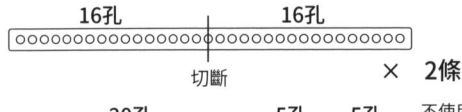

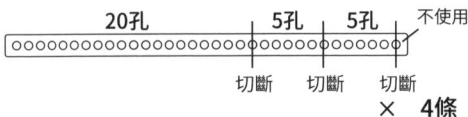

16孔　　16孔
切斷　　×2條

20孔　　5孔　5孔　不使用
切斷　切斷　切斷　×4條

②多用途打孔平板

20孔　　不使用
切斷　×1塊

③四段速曲軸齒輪減速機

使用加工成60mm的六角軸心，按照 C Type 齒輪比 1543:1 來製作。

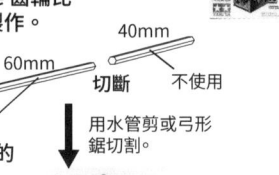

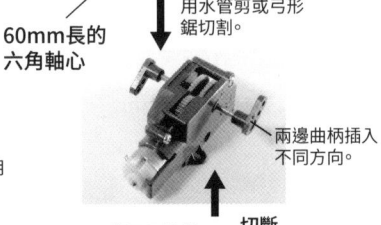

60mm　　40mm
切斷　　不使用

用水管剪或弓形鋸切割。

60mm長的六角軸心

兩邊曲柄插入不同方向。

留下2孔的那側　　切斷　×2個

④海綿

切割成5×8mm，共24個。

52

四足步行機器人（曲柄搖桿機構）的製作方式

■材料加工

① 請按照上一頁「材料加工」的說明來加工材料。

使用60mm六角軸心，按照C Type 齒輪比1543:1來製作。

齒輪減速機　　多用途打孔平板 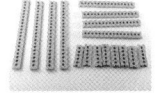　　I型打孔條板 　　海綿

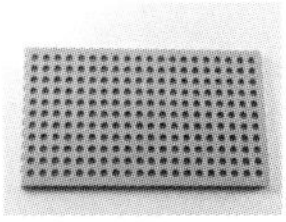

■組裝機器人本體

① 使用2個10mm的螺栓和2個螺帽，按照下圖組裝齒輪減速機與多用途打孔平板。

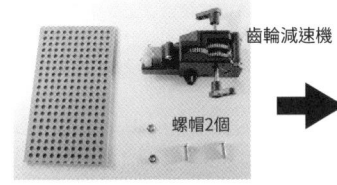

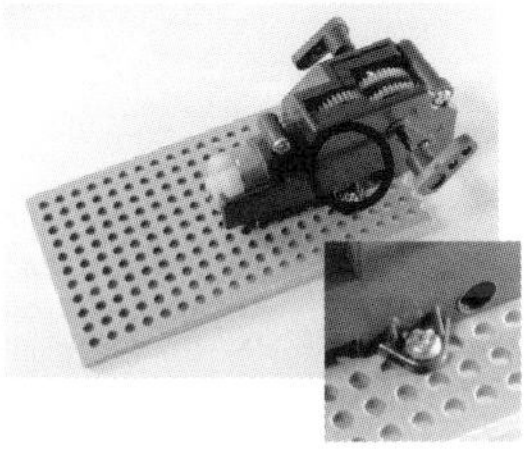

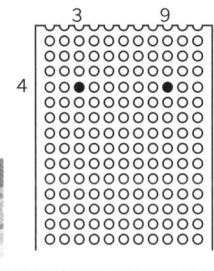

多用途打孔平板　齒輪減速機　螺帽2個　10mm螺栓2個

② 使用電池盒附的2個小螺栓和2個小螺帽，按照下圖將電池盒組裝在本體上。

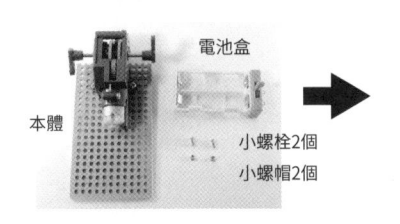

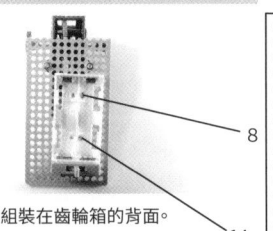

本體　電池盒　小螺栓2個　小螺帽2個　組裝在齒輪箱的背面。

③ 使用4個橘色鉚釘和4個橘色定位停止銷，按照下圖將2個軸承組裝在本體上。

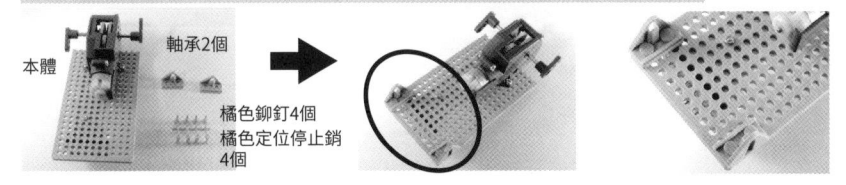

本體　軸承2個　橘色鉚釘4個　橘色定位停止銷4個

④ 使用16孔I型打孔條板、2個軸承、15mm的螺栓、螺帽，按照下圖組裝4組腳。

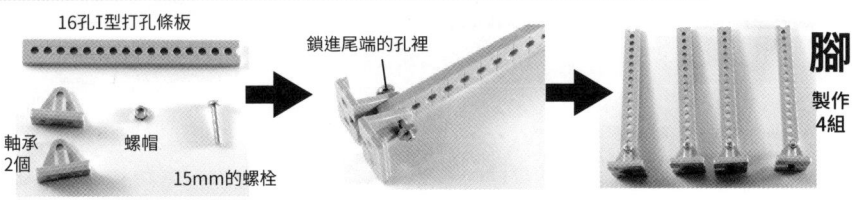

16孔I型打孔條板　鎖進尾端的孔裡　腳　製作4組
軸承2個　螺帽　15mm的螺栓

第3章　製作四連桿機構

53

⑤ 使用4個橘色鉚釘與4個橘色定位停止銷，將2個5孔I型打孔條板，組裝在步驟④做好的四組腳上，如下圖所示。

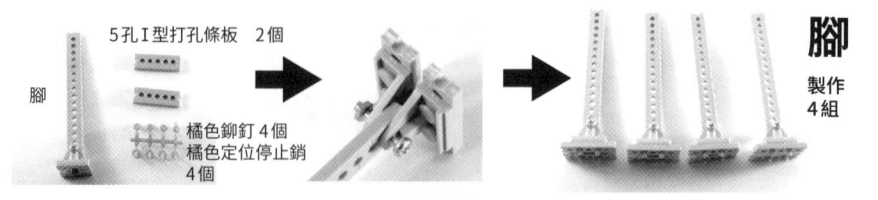

腳
5孔I型打孔條板 2個
橘色鉚釘 4個
橘色定位停止銷 4個

腳 製作4組

---

⑥ 使用2個20mm的螺栓與2個樹脂螺帽，按照下圖將2支腳組裝到本體的曲柄上。

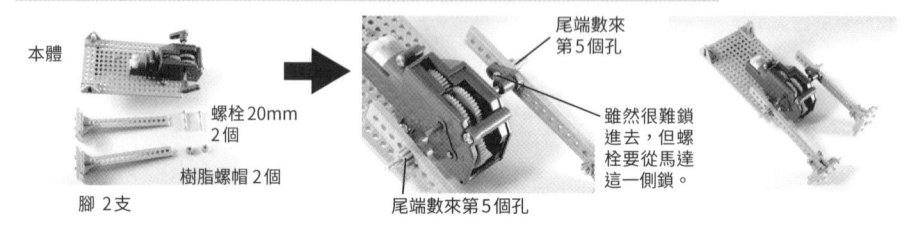

本體
螺栓20mm 2個
樹脂螺帽 2個
腳 2支

尾端數來第5個孔
雖然很難鎖進去，但螺栓要從馬達這一側鎖。
尾端數來第5個孔

---

⑦ 使用2個黃色鉚釘與2個黃色定位停止銷，將2條20孔I型打孔條板，按照下圖組裝到本體的腳上。

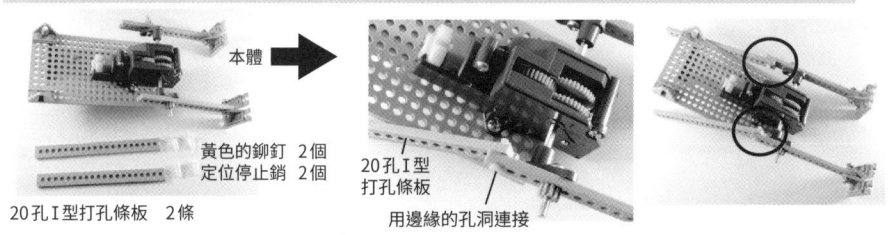

本體
黃色的鉚釘 2個
定位停止銷 2個
20孔I型打孔條板 2條
20孔I型打孔條板
用邊緣的孔洞連接

---

⑧ 使用雙頭螺絲與2個樹脂螺帽，將2支腳按照下圖組裝到本體上。腳從外側鎖。

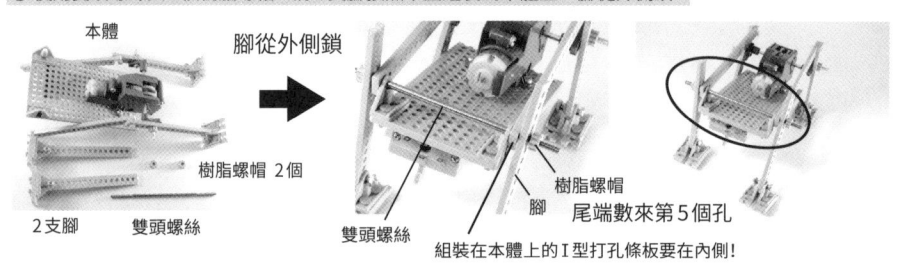

本體
腳從外側鎖
樹脂螺帽 2個
2支腳　雙頭螺絲
雙頭螺絲
樹脂螺帽
腳　尾端數來第5個孔
組裝在本體上的I型打孔條板要在內側！

---

⑨ 使用2個黃色鉚釘與2個黃色定位停止銷，按照下圖將2條20孔I型打孔條板組裝到本體上。

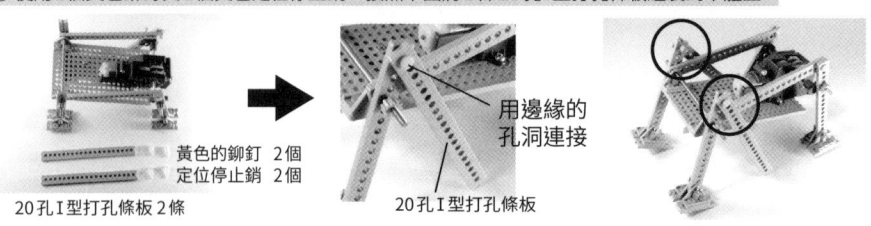

黃色的鉚釘 2個
定位停止銷 2個
20孔I型打孔條板 2條
20孔I型打孔條板
用邊緣的孔洞連接

⑩ 先暫時取下裝在本體曲柄上的樹脂螺帽。20孔I型打孔條板裝在取下的螺栓前端。接著，裝上樹脂螺帽。

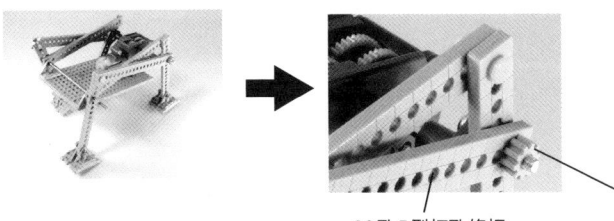

先暫時取下樹脂螺帽
20孔I型打孔條板

⑪ 將電池盒附贈的電線切成兩半，將電線錫焊接在電池盒的上下端子與馬達上。

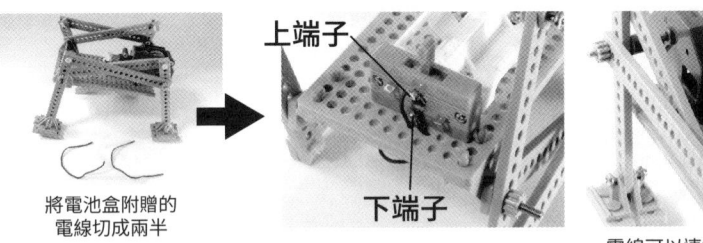

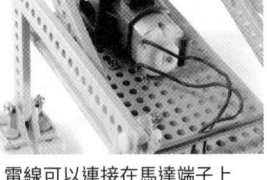

將電池盒附贈的電線切成兩半

上端子
下端子

電線可以連接在馬達端子上的任一側。

⑫ 將海綿貼在腳的內側。1支腳請貼6個海綿。

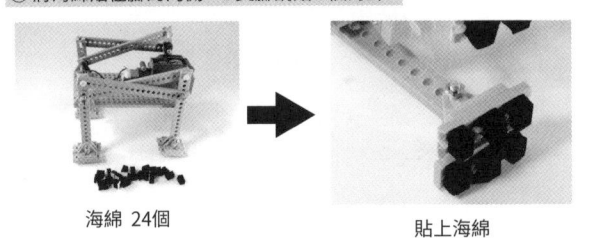

海綿 24個
貼上海綿

完成了。
放入電池，打開開關，機器人就會緩慢地開始行走。

完成

第3章 製作四連桿機構

55

3-2 雙搖桿機構

圖 **3-4** 是利用雙搖桿機構來重現「挖土機鏟斗」的動作模型（實際的挖土機中也使用了這個機構）。

不過，讓雙搖桿機構搖擺（擺動）的部分，是使用「曲柄搖桿機構」（實際的挖土機是使用「滑塊曲柄機構」）。

雙搖桿機構與曲柄搖桿機構相同，都屬於基本的機構之一。只要讓單側的搖桿動作，另一側的搖桿便會隨之擺動。

> ※ 此處使用的雙搖桿機構零件組「DEN-K-003」，已去除了外蓋和裝飾部分，僅由結構材料所構成。因此，可以更清楚地理解使用雙搖桿機構來驅動挖土機鏟斗的原理。
> 此外，組裝過程中不需要錫焊接。

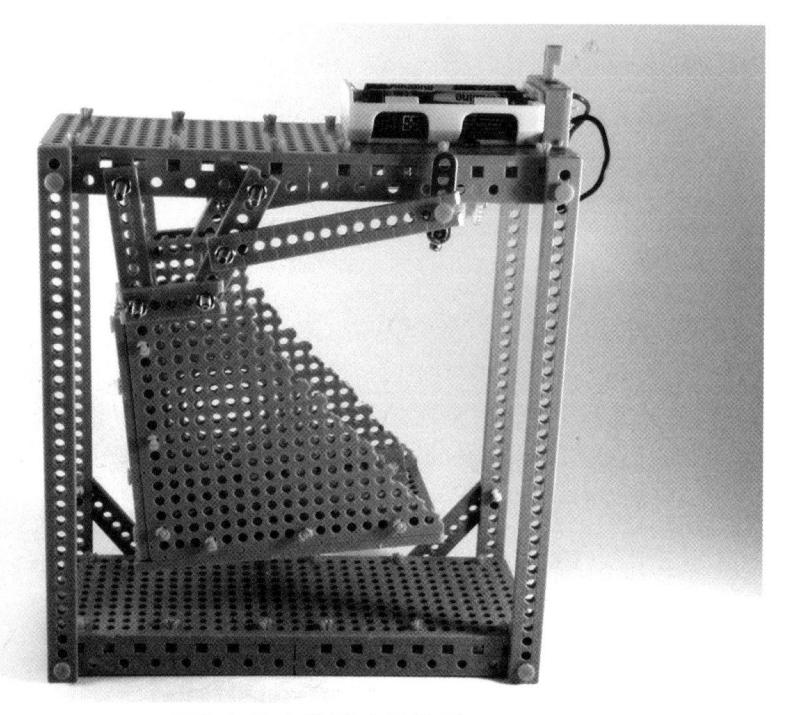

圖3-4 挖土機鏟斗的模型

■雙搖桿機構的構造

雙搖桿機構的構造如**圖 3-5** 所示，由 4 根連桿組成。

雙搖桿機構的運動方式為，讓「①搖桿」動作時，就會帶動「③搖桿」做搖擺運動。反之亦然，讓「③搖桿」動作時，「①搖桿」便會隨之擺動。

讓搖桿大幅度動作時，兩根「搖桿」就只會擺動，「最短連桿」則會旋轉。

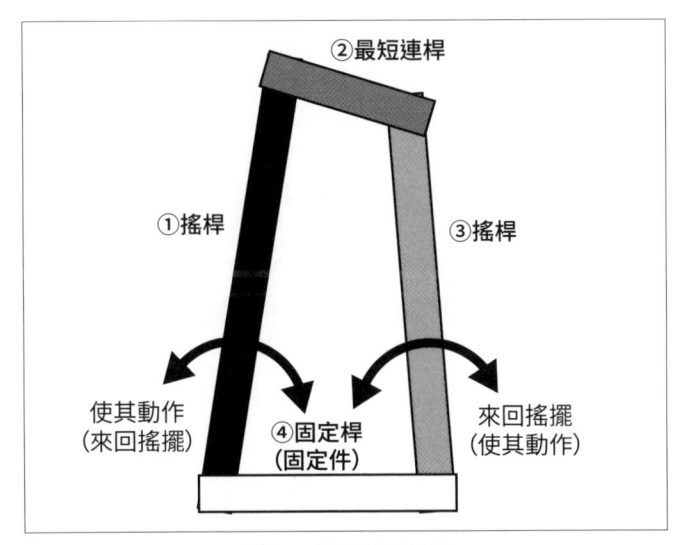

圖3-5 雙搖桿機構

挖土機鏟斗的模型如**圖 3-6** 所示（將**圖 3-5** 反轉過來），與實際的挖土機相同，將鏟斗組裝在最短連桿上，重現其動作。

只是有一點與現實中的挖土機不同，就是為了讓搖桿擺動，本書改使用了曲柄搖桿機構。

現實中的挖土機為了讓搖桿擺動，是使用滑塊曲柄機構。

因為滑塊曲柄機構難以用馬達來驅動，所以選擇了曲柄搖桿機構。

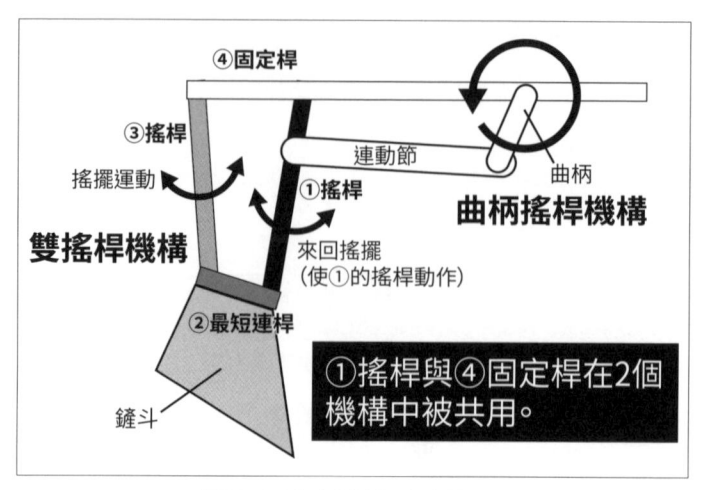

圖3-6 挖土機鏟斗的原理

　　圖 **3-7** 是挖土機的模型，鏟斗的部分使用了雙搖桿機構，而為了讓雙搖桿機構擺動，使用了滑塊曲柄機構。

　　（現實中的挖土機也是同樣的構造）

　　從圖中也可以發現，滑塊曲柄機構除了讓雙搖桿機構擺動之外，還有使臂部上下運動的功能，巧妙地組合了 2 種機構。

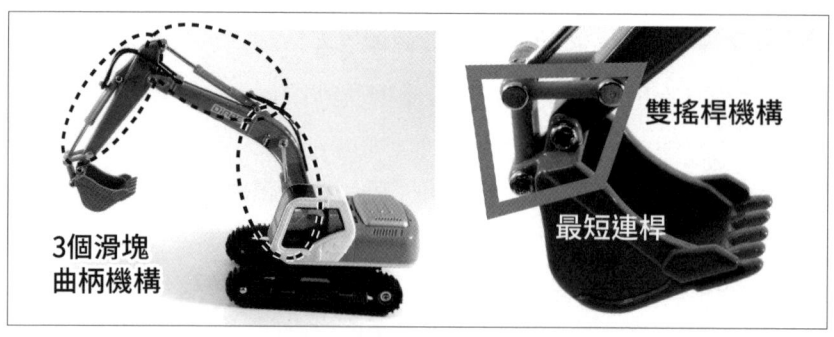

圖3-7 挖土機鏟斗的原理

★零件清單

1. 萬用齒輪減速機
・1台
※箱子裡面的黑色螺絲和螺帽是在組裝本體時使用。
※箱子裡面的圓頭3×100mm雙頭螺絲，是用來固定鏟斗的。

2. 多用途打孔平板
・2塊

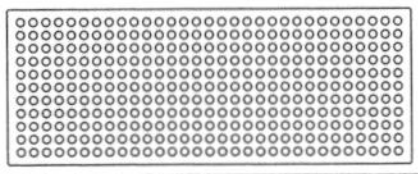

3. I型打孔條板
7條
5孔（※用於最短連桿） 1個

4. L型角材
・12塊

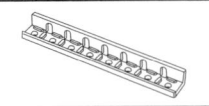

5. 多用途打孔平板 L（210×160mm）
・1塊

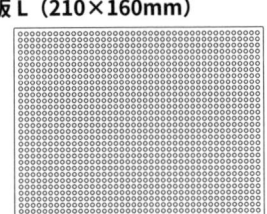

6. 電池盒
・3號電池2只裝，附開關 
※請按照說明書組裝。

7. 鉚釘和定位停止銷
・橘色　62組
・黃色　2組

8. 螺栓、螺帽和墊圈
・螺栓3×20mm　8個
・螺帽3mm　12個

9. 曲柄臂
・2個

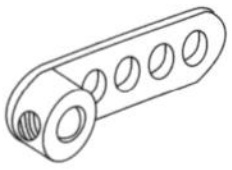

10. 雙頭螺絲
・圓頭3×100mm　1根

11. 紅黑電線
・7cm

●材料加工　在開始組裝之前，請先按照下列說明加工材料。

① 萬用齒輪減速機
將六角軸心切成69mm。接著，用六角軸心，以低速模式，按照說明書組裝，如右圖。

② 多用途打孔平板 L
17個孔
鏟斗側面板A中，●表示的5個孔是最短連桿，因此請確保有5孔的寬度。

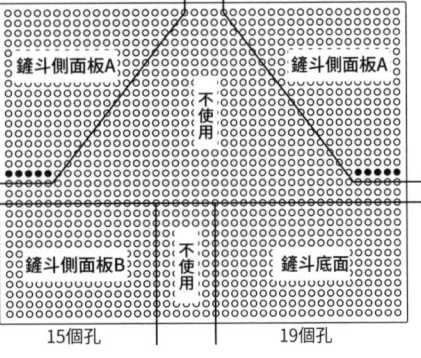

若難以在鏟斗側面板A切出完美的斜面，只要確保有5孔的寬度，切成鋸齒狀也行。

18個孔　　　18個孔
鏟斗側面板A　不使用　鏟斗側面板A
鏟斗側面板B　不使用　鏟斗底面
15個孔　　　19個孔

③ I型打孔條板
不使用｜8個孔｜8個孔｜14個孔
　　　｜搖桿　｜搖桿　｜連接桿　×2條

不使用｜1個孔｜1個孔｜5個孔｜10個孔｜10個孔
間隔柱｜間隔柱｜最短連桿｜支撐架｜支撐架　×1條
　　　　　　　　　　　　　　　　　　11個孔

修剪　8個孔　　　　修剪　10個孔　修剪
搖桿 2根　　　　　　支撐架 2根
※在不碰觸到孔的情況下，將2根搖桿和2根支撐架前端剪短。

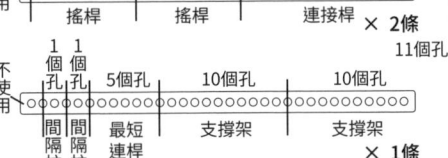

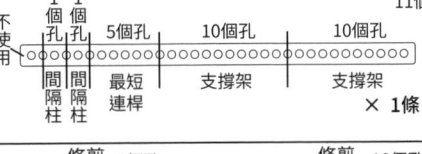

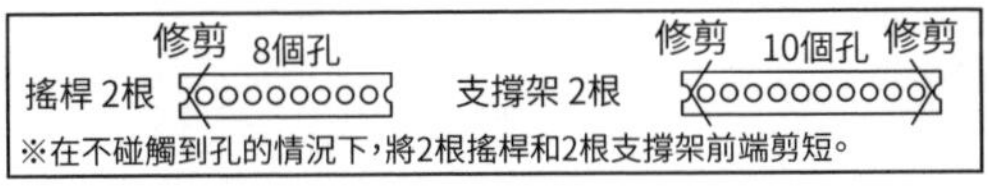

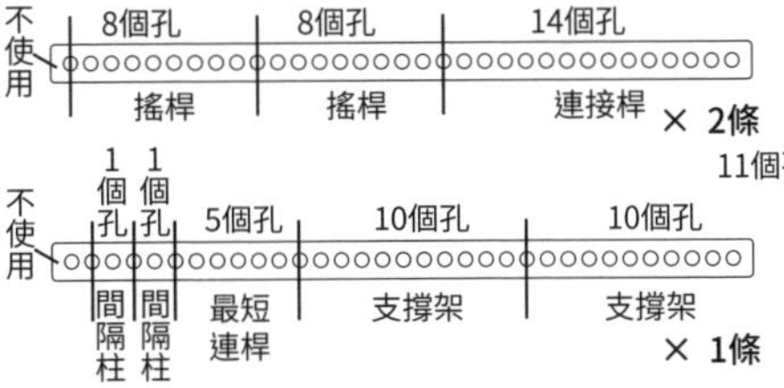

④ 紅黑電線
7cm
紅
黑
※拆開成2條。

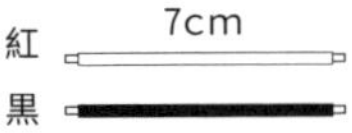

第3章　製作四連桿機構

雙搖桿機構的製作方式

■材料加工

① 請按照上一頁「材料加工」的說明來加工材料。

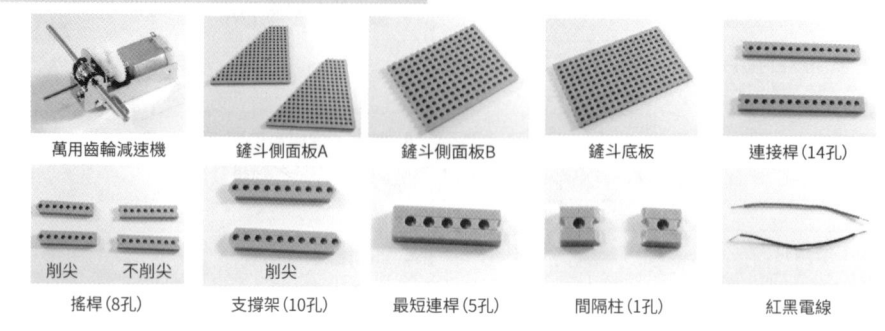

萬用齒輪減速機　鏟斗側面板A　鏟斗側面板B　鏟斗底板　連接桿(14孔)

搖桿(8孔) 削尖/不削尖　支撐架(10孔) 削尖　最短連桿(5孔)　間隔柱(1孔)　紅黑電線

■組裝鏟斗本體

① 使用12組鉚釘和定位停止銷，按照下圖組裝鏟斗側面板A和L型角材。
鉚釘和定位停止銷從L型角材側鎖，可以牢牢地固定。
組裝時，L型角材的長孔對齊鏟斗側面板，如圖所示。

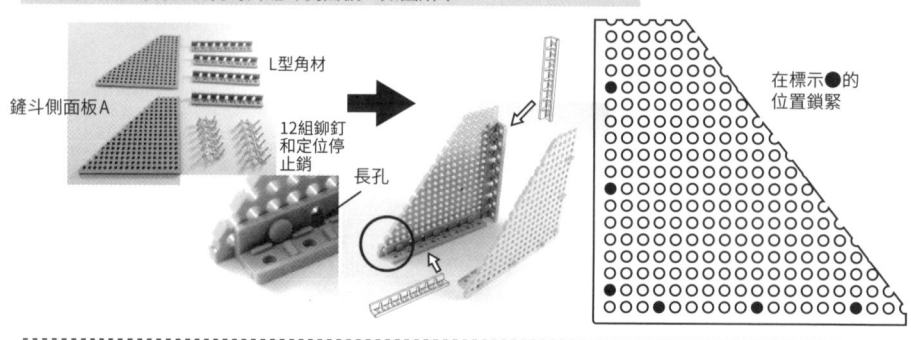

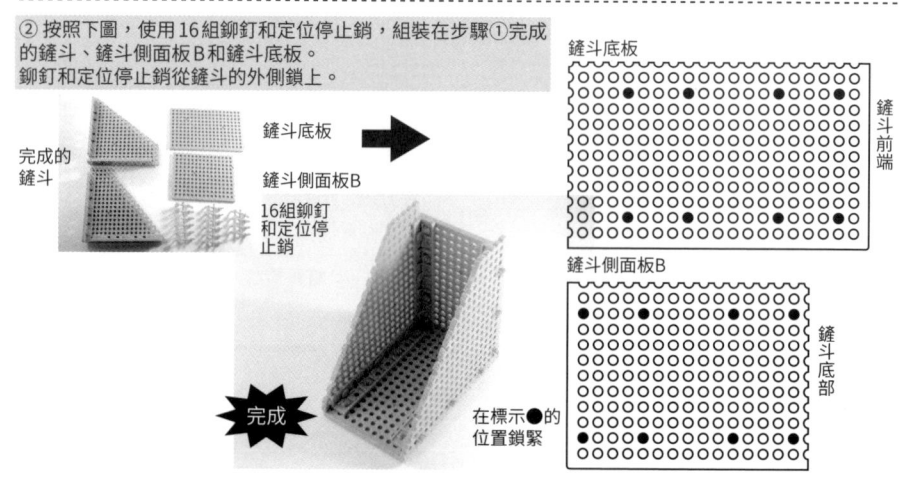

鏟斗側面板A　L型角材　12組鉚釘和定位停止銷　長孔

在標示●的位置鎖緊

② 按照下圖，使用16組鉚釘和定位停止銷，組裝在步驟①完成的鏟斗、鏟斗側面板B和鏟斗底板。
鉚釘和定位停止銷從鏟斗的外側鎖上。

完成的鏟斗　鏟斗底板　鏟斗側面板B　16組鉚釘和定位停止銷

鏟斗底板　鏟斗前端

鏟斗側面板B　鏟斗底部

完成　在標示●的位置鎖緊

■組裝架子

① 將曲柄臂組裝在萬用齒輪減速機上。組裝時，曲柄臂需朝向相同方向，如圖所示。

相同方向　　曲柄臂

萬用齒輪減速機　　相同方向

② 按照下圖，使用萬用齒輪減速機附的黑色螺栓和螺帽，將步驟①的萬用齒輪減速機和多用途打孔平板組裝一起。

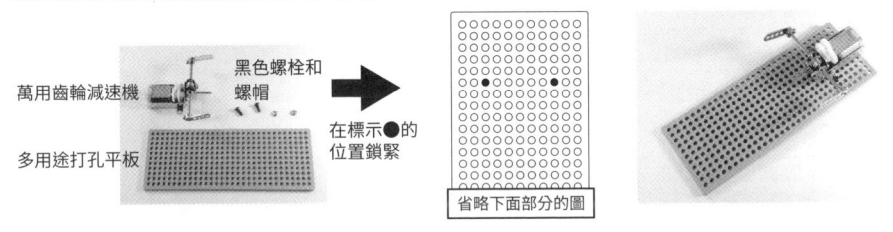

萬用齒輪減速機　　黑色螺栓和螺帽

多用途打孔平板

在標示●的位置鎖緊

省略下面部分的圖

③ 按照下圖，使用24組鉚釘和定位停止銷，將8個L型角材組裝到步驟②完成的架子上層和多用途打孔平板上。請確保的長孔位於多用途打孔平板一側。
將鉚釘和定位停止銷從L型角材這一側插入，使其牢牢地固定。

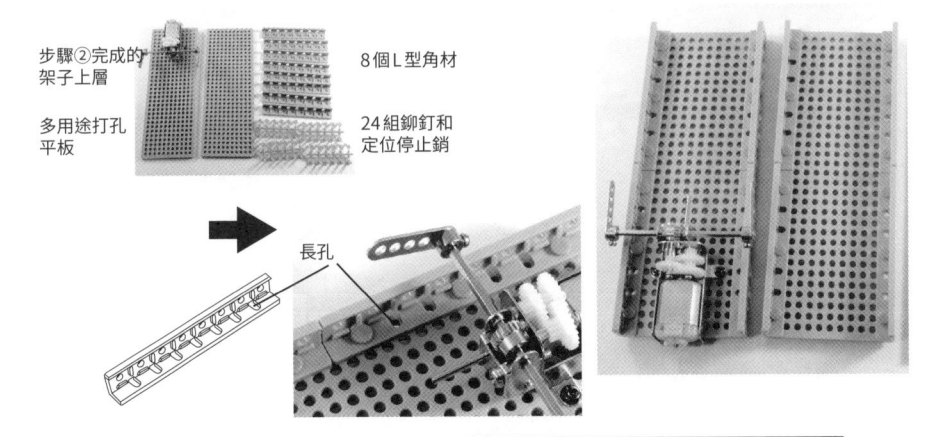

步驟②完成的架子上層

多用途打孔平板

8個L型角材

24組鉚釘和定位停止銷

長孔

在標示●的位置鎖緊

第 3 章　製作四連桿機構

61

④ 按照下圖，使用4條I型打孔條板和8組鉚釘和定位停止銷，將步驟③完成的架子上下層板組裝完成。

架子的上下層板　8組鉚釘和定位停止銷

4條I型打孔條板

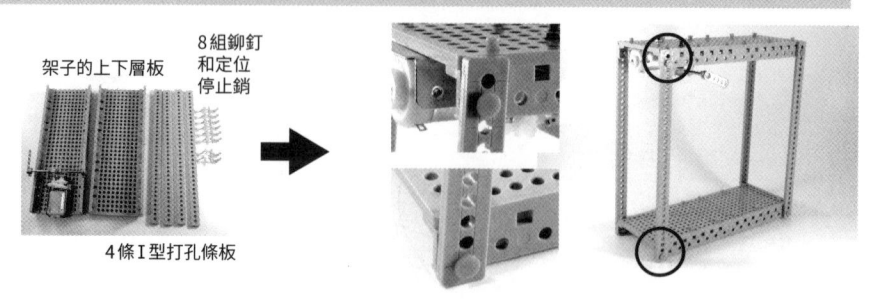

⑤ 按照下圖，使用2組黃色鉚釘和黃色定位停止銷，將支撐架組裝在步驟④完成的架子上，位置是從下方數來第8個孔。

支撐架　2組黃色鉚釘和黃色定位停止銷　第8個孔　第8個孔

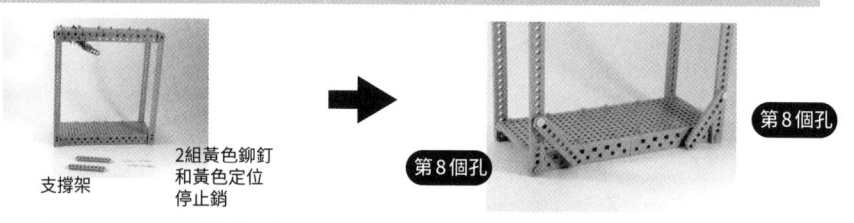

⑥ 將2個間隔柱、2個3×20mm的螺栓、2個螺帽和步驟⑤完成的架子組裝在一起，像夾著間隔柱一樣，如圖所示。

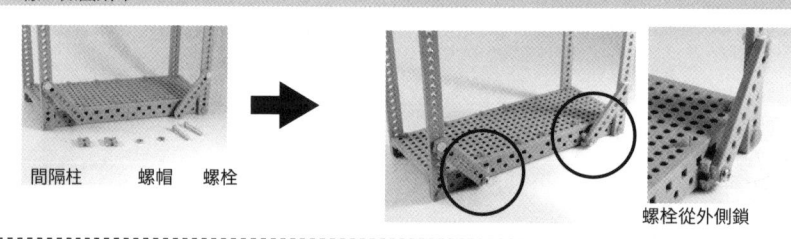

間隔柱　螺帽　螺栓　螺栓從外側鎖

⑦ 使用4個3×20mm的螺栓和4個螺帽，將步驟⑥完成的架子、2個前端加工過的搖桿、2個未加工的搖桿，組裝在L型角材的孔上。
組裝的位置為側邊數來第3個孔及第7個孔。
加工過的搖桿組裝在馬達側。

完成的架子

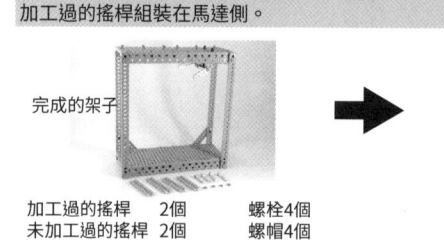

加工過的搖桿　2個
未加工的搖桿　2個
螺栓4個
螺帽4個

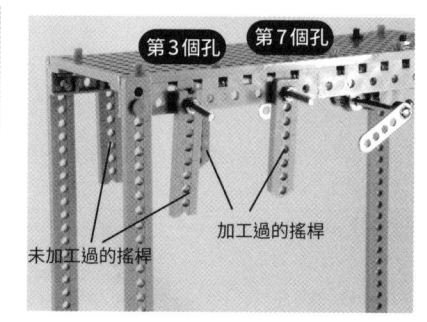

第3個孔　第7個孔　未加工過的搖桿　加工過的搖桿

62

⑧ 使用2根圓頭3×100mm的雙頭螺絲,將完成的架子和鏟斗組裝在一起。
組裝時,請將鏟斗組裝在搖桿內側。

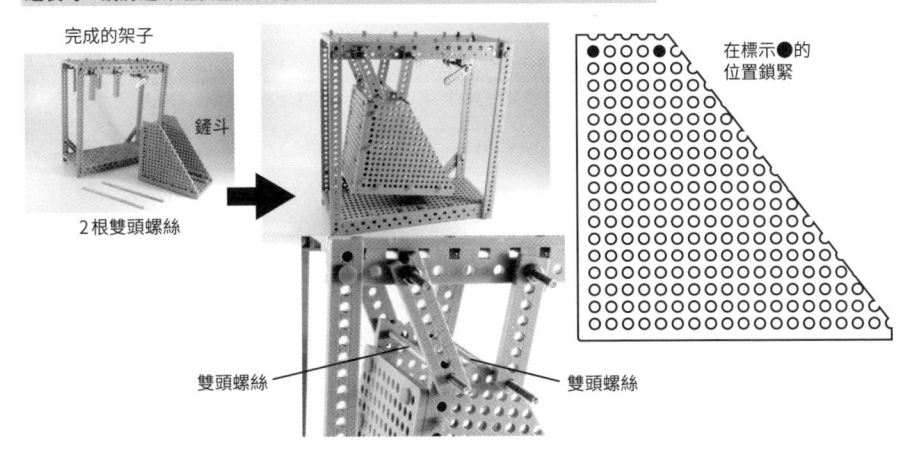

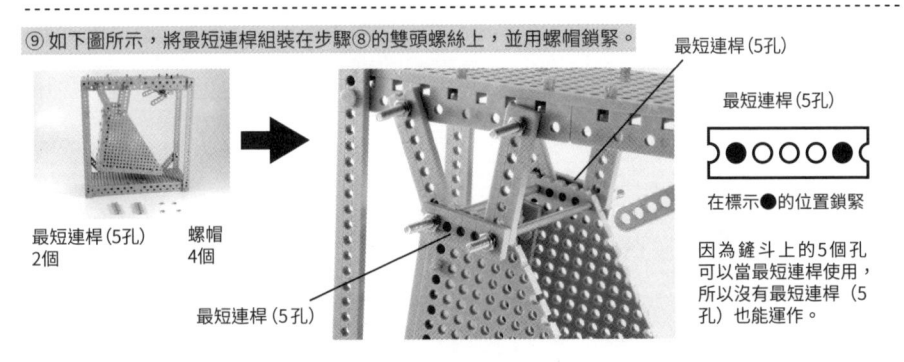

完成的架子

鏟斗

2根雙頭螺絲

雙頭螺絲

雙頭螺絲

在標示●的位置鎖緊

---

⑨ 如下圖所示,將最短連桿組裝在步驟⑧的雙頭螺絲上,並用螺帽鎖緊。

最短連桿(5孔)
2個

螺帽
4個

最短連桿(5孔)

最短連桿(5孔)

最短連桿(5孔)

在標示●的位置鎖緊

因為鏟斗上的5個孔可以當最短連桿使用,所以沒有最短連桿(5孔)也能運作。

---

⑩ 使用2組鉚釘和定位停止銷,將2根連接桿組裝到曲柄上。
使用曲柄上最接近馬達軸的孔。

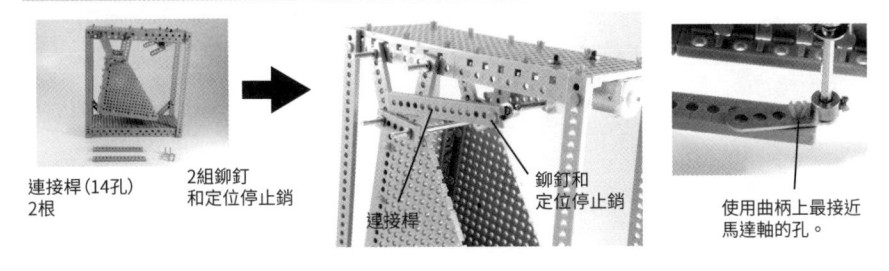

連接桿(14孔)
2根

2組鉚釘
和定位停止銷

連接桿

鉚釘和
定位停止銷

使用曲柄上最接近馬達軸的孔。

在標示●的位置鎖緊

第 3 章

製作四連桿機構

63

⑪ 使用3×20mm 的螺栓和螺帽來固定，以組合連接桿和搖桿。
如下圖所示，根據曲柄的位置，必須要讓鏟斗傾斜。

完成的架子

3×20mm 的螺栓
和螺帽 2組

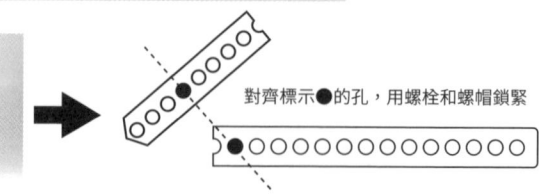

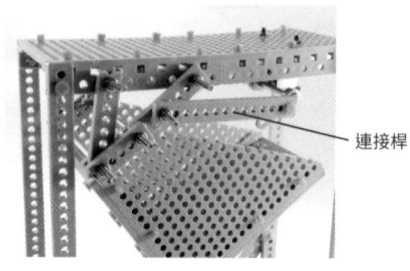

對齊標示●的孔，用螺栓和螺帽鎖緊

連接桿

⑫ 在電池盒的背面貼上雙面膠，再將電池盒貼在馬達附近，如圖所示。

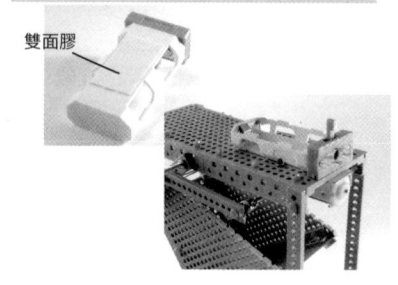

雙面膠

⑬ 按照下圖，將紅黑電線錫焊接到電池盒與馬達上。若沒有錫焊接的工具，請改用纏繞電線的方式來固定。

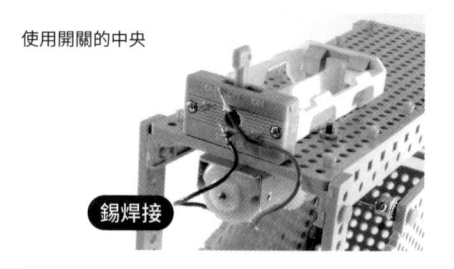

使用開關的中央

錫焊接

完成

雙搖桿機構僅靠擺動搖桿擺動，就能讓最短連桿旋轉。
本次使用的零件組，若讓最短連桿旋轉，鏟斗也會跟著旋轉，會因此撞到架子，所以改成就算最短連桿旋轉，搖桿也不會擺動的設計。

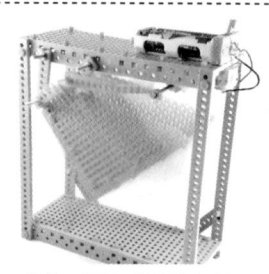

只要按下開關，就會做出像挖土機挖土的動作。若是螺絲鎖太緊或者電池快沒電時，會無法順利運作，這一點還請大家注意。

3-3 雙曲柄機構

利用雙曲柄機構（平行相等曲柄機構），就能重現遊樂園中飛天魔毯的動作，如**圖 3-8** 所示。

雙曲柄機構也是被普遍使用的機構之一。

> ※ 這裡使用的雙曲柄機構零件組「DEN-K-004」，因為使用了滑輪，所以也可以當做學習使用滑輪的教材。
> 此外，由於該零件組移除了外蓋及裝飾部分，僅靠結構材料組成，因此能更輕鬆了解飛天魔毯使用雙曲柄機構運作的原理。

圖3-8 飛天魔毯的模型

■雙曲柄機構（平行相等曲柄機構）的構造

雙曲柄機構的構造如**圖 3-9** 所示。

飛天魔毯的模型如下一頁**圖 3-10** 所示，「①連桿」和「③連桿」的長度相同，且「②曲柄」和「④曲柄」的長度也相同，此種設計稱為「平行相等曲柄機構」，是一種雙曲柄機構。

（**圖 3-9** 中的「最短連桿」，在**圖 3-10** 中不再是「最短連桿」，因此改名為「連桿」。）

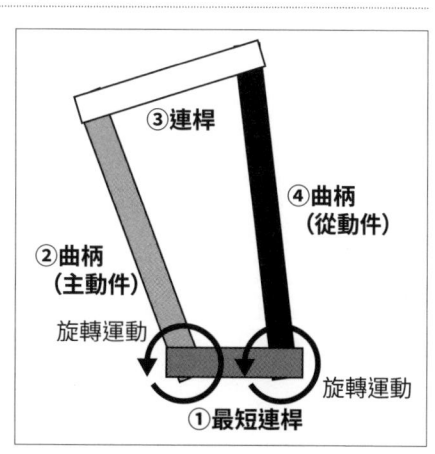

圖3-9 雙曲柄機構

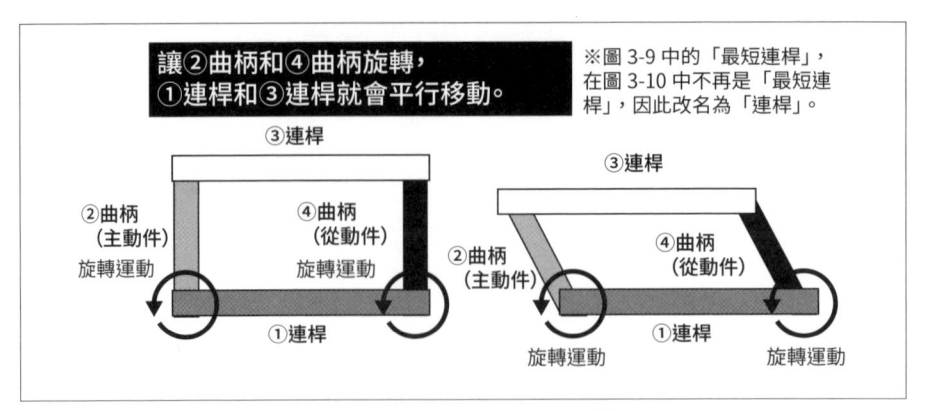

圖3-10 平行相等曲柄機構

　　平行相等曲柄機構的運動方式是，當**圖 3-10** 中的「②曲柄」（主動件）和「④曲柄」（從動件）動作時，「①連桿」和「③連桿」就會相互平行移動。

　　利用這個平行移動，在「③連桿」上放置物品時，可以在不傾斜的情況下，上下運輸物品。

　　這種機制運用在機場的高空升降機、油壓升降台中。

　　此外，玄關門前左右開闔的「伸縮門」等也利用了這一原理。

　　飛天魔毯的模型透過旋轉 2 個曲柄，來重現其動作。

　　之所以不用一個曲柄（主動件）來重現飛天魔毯的動作，是因為魔毯的重量會讓另一個曲柄無法旋轉。

　　因此，必須要將 2 個曲柄當做主動件，透過將滑輪組裝在馬達軸上，將動力一分為二。

　　動力從馬達軸上的滑輪傳遞至皮帶，再由組裝在曲柄軸心上的滑輪傳遞，最終驅動 2 個曲柄旋轉。

★零件清單

1. 萬用齒輪減速機
- 1台

※箱子裡面的黑色螺絲和螺帽是在組裝本體時使用。

2. 多用途打孔平板
- 5塊

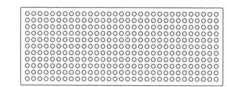

3. L型角材
- 8個

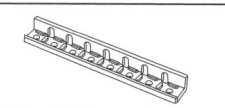

4. 滑輪
- 20mm　2個
- 30mm　2個

20mm 2個　　30mm 2個

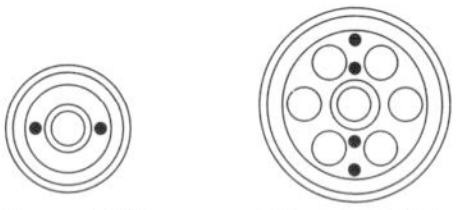

5. 滑輪用鉚釘
- 3W 雙層鉚釘　1個
- 3S 單層鉚釘　2個

3S 2個　　3W 1個

6. 橡皮筋
- 2條

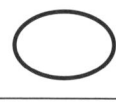

7. 鉚釘和定位停止銷
- 橘色　　44組

8. 樹脂螺帽
- 2個

9. 間隔柱
- 5mm　2個

10. 螺栓和螺帽
- 螺栓3×20mm　2個
- 螺帽3mm　　　2個

11. 曲柄臂
- 2個

12. 軸承
- 2個

13. 電池盒
- 3號電池2只裝，附開關

※請按照說明書組裝。
※附贈的電線用來與馬達連接。

14. 六角軸心
- 3×100mm　2根

第3章　製作四連桿機構

● **材料加工**　在開始組裝之前，請先按照下列說明加工材料。

① 萬用齒輪減速機

將六角軸心切成50mm。接著，用六角軸心，以低速模式，按照說明書組裝，如右圖。

② 六角軸心 2根

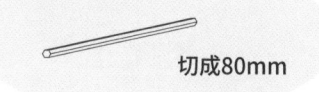

切成80mm

③ 滑輪

・將2個20mm的滑輪嵌入3W雙層鉚釘中。　　・將2個30mm的滑輪嵌入3S單層鉚釘中。

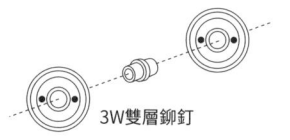

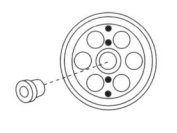

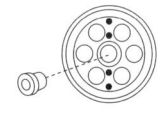

3W雙層鉚釘

※鉚釘嵌入滑輪有凹槽的那一面。
　若無法順利嵌入，請將滑輪的方向倒過來。

67

雙曲柄機構【平行相等曲柄機構】的製作方式

■材料加工

① 請按照上一頁「材料加工」的說明來加工材料。

萬用齒輪減速機 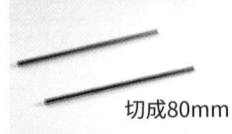　　六角軸心（切成80mm）　　滑輪

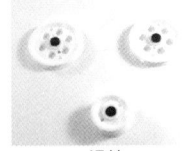

■組裝機構本體

① 使用萬用齒輪減速機附贈的黑色螺栓和螺帽，按照下圖組裝萬用齒輪減速機與多用途打孔平板。

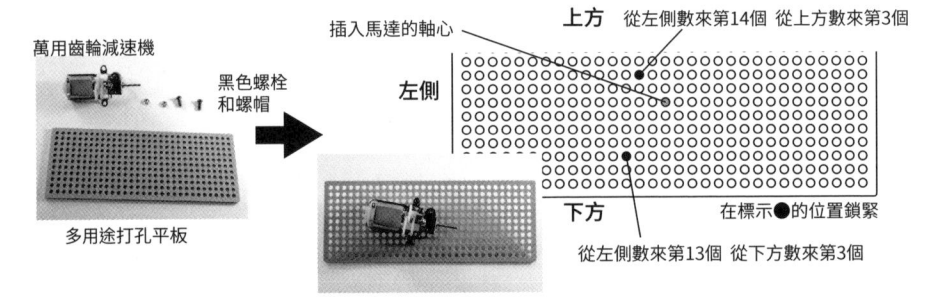

萬用齒輪減速機
黑色螺栓和螺帽
多用途打孔平板

插入馬達的軸心
上方
左側
下方
從左側數來第14個 從上方數來第3個
從左側數來第13個 從下方數來第3個
在標示●的位置鎖緊

② 按照下圖，使用12組鉚釘和定位停止銷，將步驟①組好的本體和4根L型角材組裝在一起。鉚釘和定位停止銷從L型角材這一側插入。

組好的本體
L型角材 4個
12組鉚釘和定位停止銷
在標示●的位置鎖緊

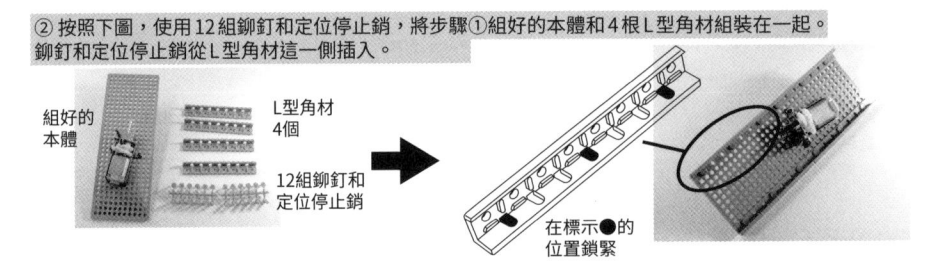

③ 按照下圖，使用12組鉚釘和定位停止銷，組裝多用途打孔平板和4個L型角材。鉚釘和定位停止銷從L型角材這一側插入。

多用途打孔平板
12組鉚釘和定位停止銷
L型角材 4個
在標示●的位置鎖緊

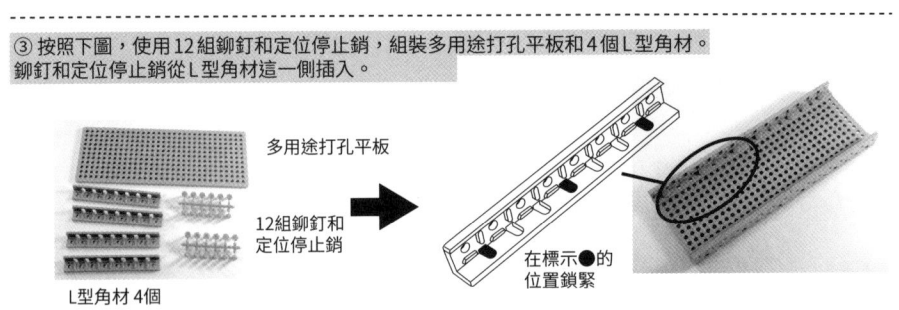

④ 使用8組鉚釘和定位停止銷，按照下圖組裝步驟③組好的本體與2塊多用途打孔平板，③組好的本體夾在2個平板中間。鉚釘和定位停止銷從多用途打孔平板這一側插入。

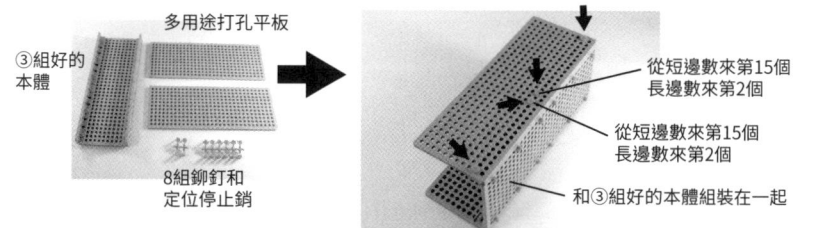

多用途打孔平板
③組好的本體
8組鉚釘和定位停止銷
從短邊數來第15個 長邊數來第2個
從短邊數來第15個 長邊數來第2個
和③組好的本體組裝在一起
※反面也用同樣方式鎖緊。

⑤ 按照下圖，使用8組鉚釘和定位停止銷，將步驟②組好的本體和步驟④組好的本體組裝一起，②組好的本體夾在中間。鉚釘和定位停止銷從多用途打孔平板這一側插入。

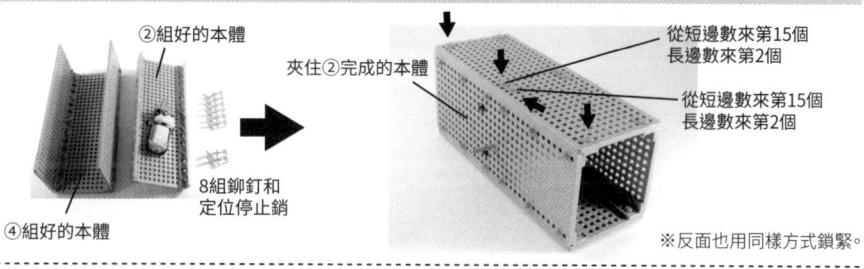

②組好的本體
④組好的本體
8組鉚釘和定位停止銷
夾住②完成的本體
從短邊數來第15個 長邊數來第2個
從短邊數來第15個 長邊數來第2個
※反面也用同樣方式鎖緊。

⑥ 將曲柄組裝在切成80mm的軸心上。

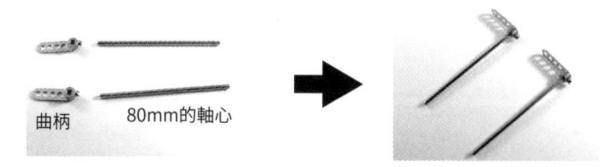

曲柄　80mm的軸心

⑦ 使用螺帽固定步驟⑥完成的軸心和20mm的螺栓。

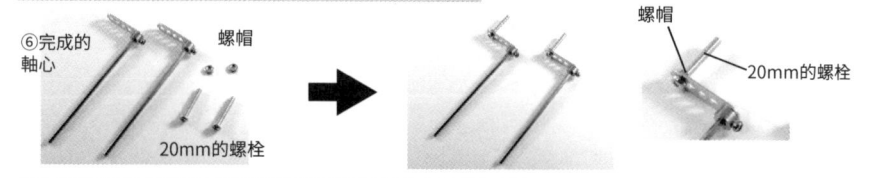

⑥完成的軸心
螺帽
20mm的螺栓
螺帽
20mm的螺栓

⑧ 間隔柱和軸承穿過步驟⑦完成的軸心，並使用樹脂螺帽鎖緊。

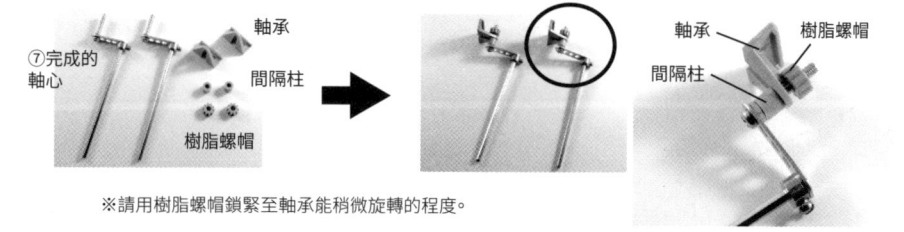

⑦完成的軸心
軸承
間隔柱
樹脂螺帽
軸承
樹脂螺帽
間隔柱

※請用樹脂螺帽鎖緊至軸承能稍微旋轉的程度。

第3章 製作四連桿機構

⑨ 按照下圖，使用4組鉚釘和定位停止銷，將步驟⑧完成的軸心與多用途打孔平板組裝在一起。

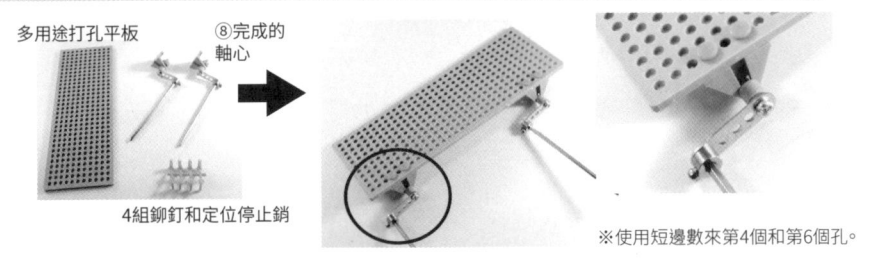

多用途打孔平板　⑧完成的軸心

4組鉚釘和定位停止銷

※使用短邊數來第4個和第6個孔。

⑩ 使用滑輪將步驟⑨完成的軸心和步驟⑤組好的本體組裝在一起。步驟⑤組好的本體側面，馬達軸心必須是從上方數來第5個孔（不是第6個孔）的那一面在上方才對。

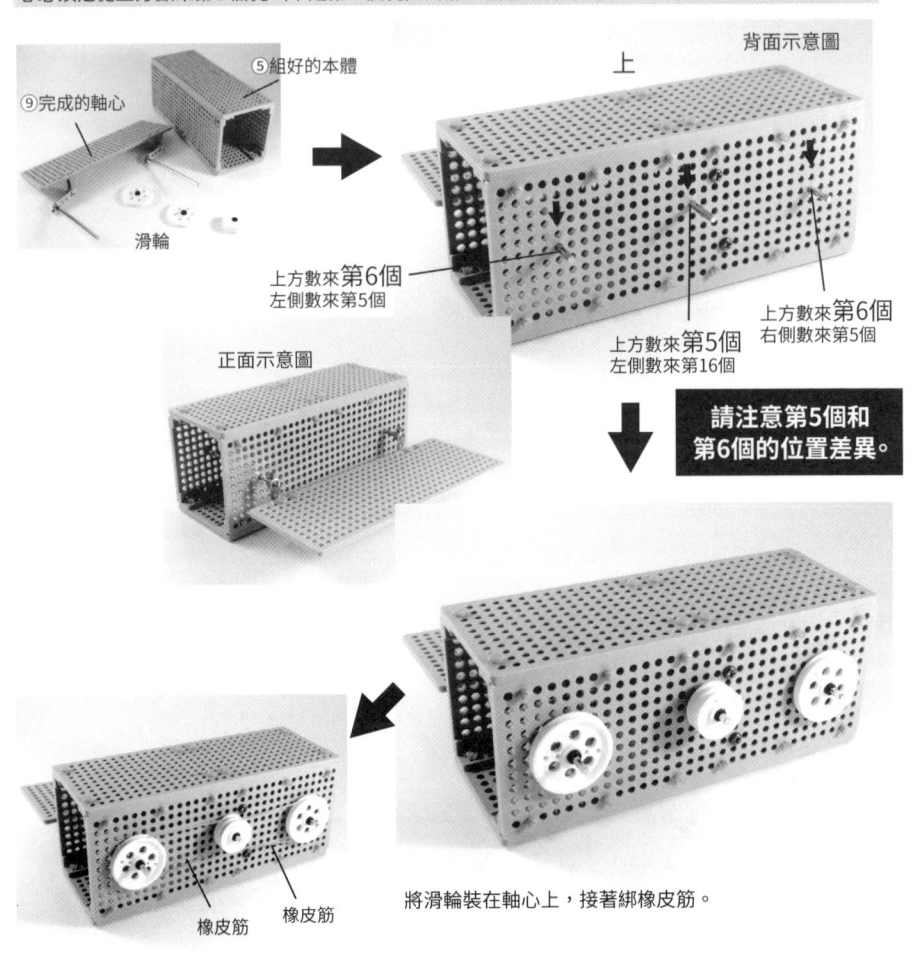

⑨完成的軸心　⑤組好的本體

背面示意圖

上

滑輪

上方數來第6個
左側數來第5個

上方數來第5個
左側數來第16個

上方數來第6個
右側數來第5個

正面示意圖

請注意第5個和第6個的位置差異。

橡皮筋　橡皮筋

將滑輪裝在軸心上，接著綁橡皮筋。

⑪ 使用電池盒附贈的電線錫焊接電池盒與馬達。電池盒的端子使用上端子與下端子。難以錫焊接時，請拆掉上方的多用途打孔平板。

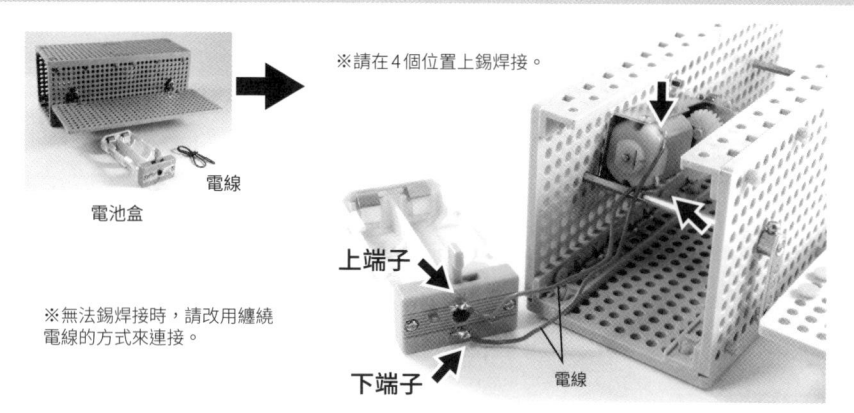

※請在4個位置上錫焊接。

電池盒

電線

上端子

下端子

電線

※無法錫焊接時，請改用纏繞電線的方式來連接。

第 3 章　製作四連桿機構

⑫ 在電池盒背面貼上雙面膠帶，組裝到本體上。

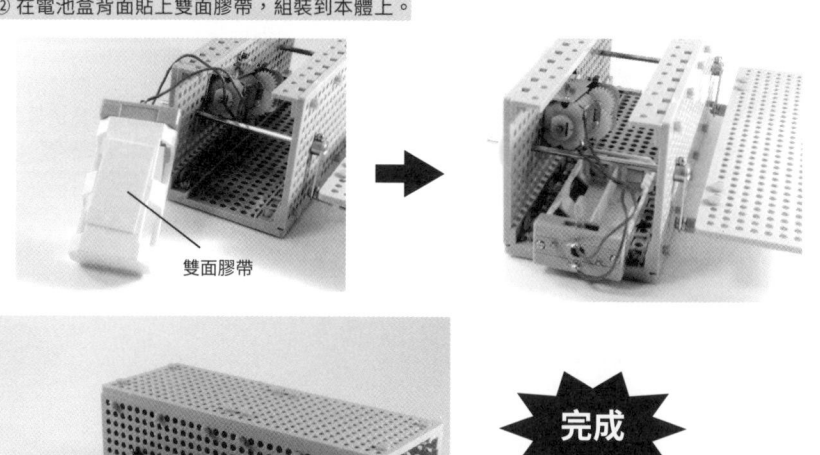

雙面膠帶

完成

只要按下電池盒的開關，多用途打孔平板就能藉由平行相等曲柄機構來動作（飛行魔毯的動作）。

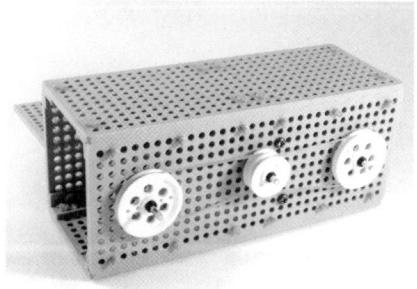

71

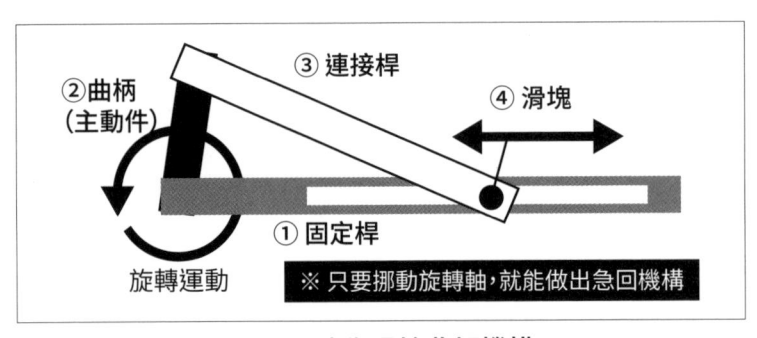

3-4 往復滑塊曲柄機構

「往復滑塊曲柄機構」是一種能夠將旋轉運動轉換為直線運動，或反過來將直線運動轉換為旋轉運動的機構。

它被應用在汽車引擎、火車頭以及縫紉機車針部分等。

這是利用往復滑塊曲柄機構的一個範例，我們來試著重現機器人出拳的動作。

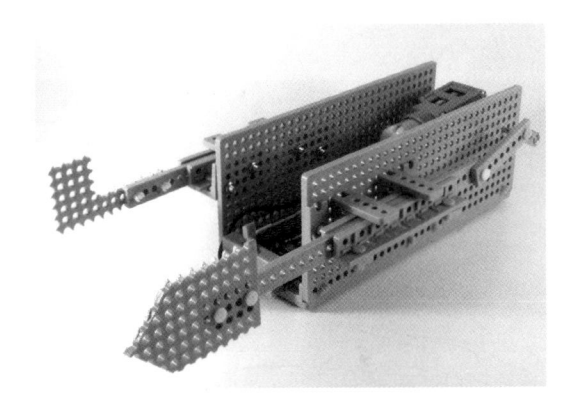

※ 這裡使用的往復滑塊曲柄機構零件組「DEN-K-005」，由於該零件組移除了外蓋及裝飾部分，僅靠結構材料來組成。因此，能更輕鬆了解這個機器人使用「往復滑塊曲柄機構」出拳的原理。

圖3-11 出拳機器人的模型

■往復滑塊曲柄機構（出拳機器人）的構造

往復滑塊曲柄機構的構造如圖 **3-12** 所示。

圖3-12 往復滑塊曲柄機構

當曲柄（主動件）旋轉時，滑塊便會做直線運動。

此外，若挪動曲柄（主動件）的旋轉軸與滑塊的軸，就可以做出去程與回程速度不同的「急回機構」。

在出拳機器人的模型中，組裝「鉚釘」和「I型打孔條板」（機器人的手臂），當做滑塊使用。

然後，讓「I型打孔條板（機器人的手臂）」一起滑動，藉此來重現出拳機器人。

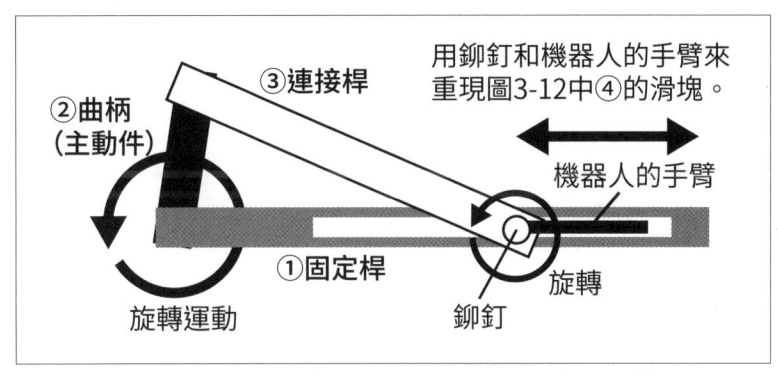

圖3-13用於出拳機器人的往復滑塊曲柄機構

若要實際使用往復滑塊曲柄機構，就需要針對滑塊下工夫。在出拳機器人的模型中，關鍵是用「鉚釘」連接了連接桿與機器人的手臂。

（若用螺栓等固定住的話，機構就無法正常運作。）

若使用鉚釘，就能將鉚釘當做軸，連接桿與機器人的手臂因此能夠旋轉。而正是這個旋轉，使機器人的手臂能夠做直線運動。

往復滑塊曲柄機構可以將「馬達」的旋轉運動轉換為直線運動，也可以將直線運動轉換為旋轉運動，因此在電子工程中應用的範圍也很廣泛。

★零件清單

1. 3段速曲軸齒輪減速機
・1台
※請按照說明書，以低速模式組裝。

2. 多用途打孔平板
・4塊

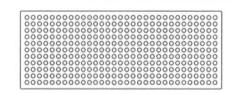

3. L型角材
・9個

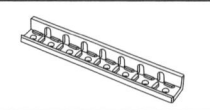

4. I型打孔條板
　　　　　　　2條 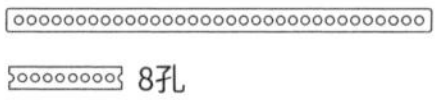
8孔　　　　　2條

5. L型打孔條板
・10個

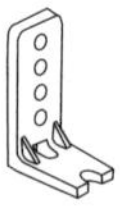

6. 鉚釘和定位停止銷
・橘色　26組
・黃色　6組

7. 螺栓和螺帽
・螺栓3×10mm　14個
・螺帽3mm　16個

8. 電池盒
・3號電池2只裝，附開關
※請按照說明書組裝。

9. 紅黑電線
・20cm　1條
紅
黑

●材料加工　在開始組裝之前，請先按照下列說明加工材料。

① 3段速曲軸齒輪減速機

以低速模式
（齒輪比203.7:1）組裝。

曲柄以不同方向組裝
（之後會移除一側的曲柄，所以不用鎖太緊）。

② L型角材

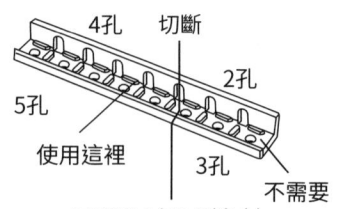

4孔　切斷
2孔
5孔
使用這裡
3孔
不需要

只需要1個L型角材
請按照上圖加工。

③ 多用途打孔平板

請自由切割，當做機器人手臂的前端使用。

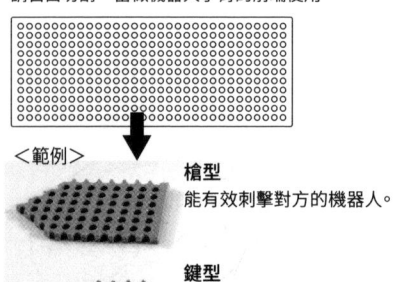

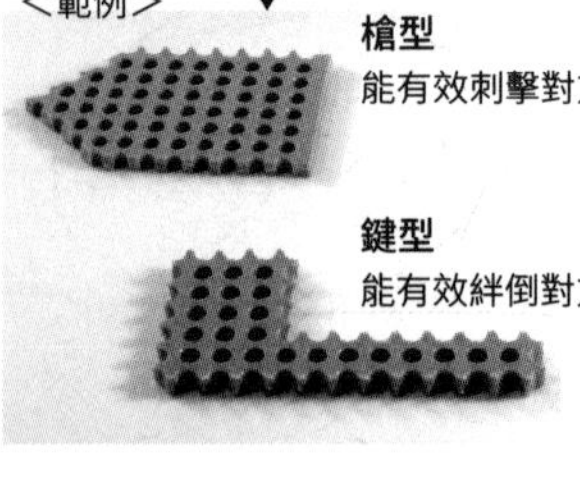

＜範例＞

槍型
能有效刺擊對方的機器人。

鍵型
能有效絆倒對方的機器人。

④ L型打孔條板

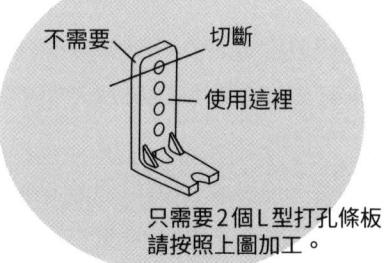

不需要　切斷
使用這裡

只需要2個L型打孔條板
請按照上圖加工。

往復滑塊曲柄機構（出拳機器人）的製作方式

■材料加工

① 請按照上一頁「材料加工」的說明來加工材料。

以低速模式組裝。
（齒輪比 203.7:1）

曲柄以不同方向組裝
（之後會移除一側的曲柄，所以不用鎖太緊）。

3段速曲軸齒輪減速機　　L型角材 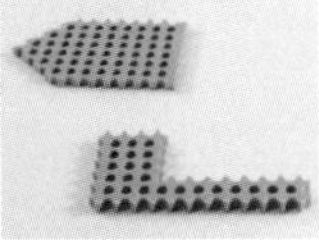　　多用途打孔平板 　　L型打孔條板

■將齒輪減速機組裝到機構本體上

① 使用螺栓和螺帽，按照下圖組裝齒輪減速機與加工完成的L型角材。

齒輪減速機
加工完成的L型角材
螺栓
螺帽

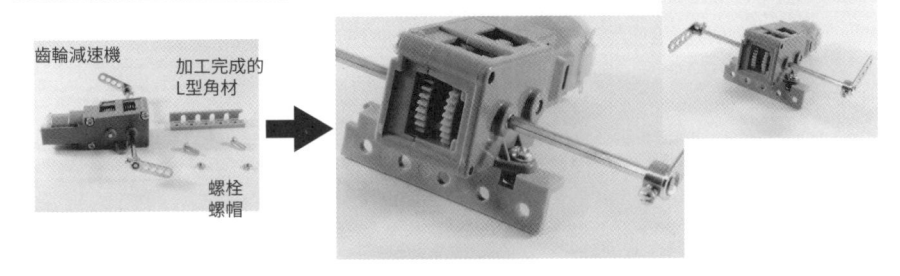

② 按照下圖，使用螺栓和螺帽，將步驟①完成的齒輪減速機與2個加工完成的L型打孔條板組裝在一起。

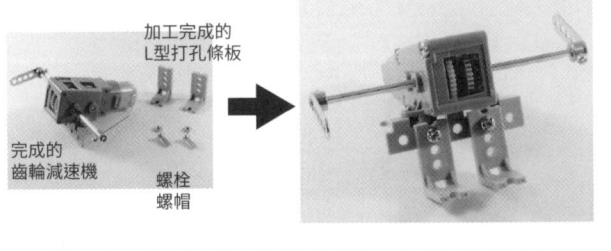

加工完成的L型打孔條板
完成的齒輪減速機
螺栓
螺帽

③ 將螺栓插入步驟②齒輪減速機的L型打孔條板，再裝上螺帽（間隔柱）。接著，插入多用途打孔平板，用螺帽鎖住。螺帽是為了當做間隔柱使用，請不要忘記安裝。組裝完後，請確認組裝的順序是否為螺栓→L型打孔條板→螺帽（間隔柱）→多用途打孔平板→螺帽。

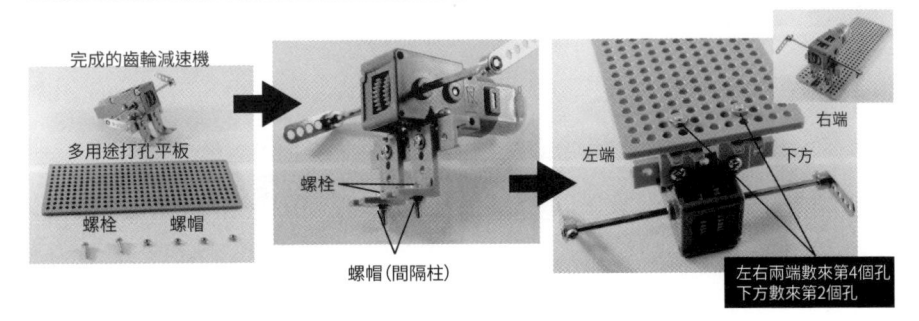

完成的齒輪減速機
多用途打孔平板
螺栓　螺帽
螺栓
螺帽（間隔柱）
左端　右端　下方
左右兩端數來第4個孔
下方數來第2個孔

第3章　製作四連桿機構

75

■製作滑塊（右）

① 按照下圖，使用螺栓和螺帽，將多用途打孔平板與L型打孔條板組裝在一起。螺栓插入L型打孔條板角落的孔。

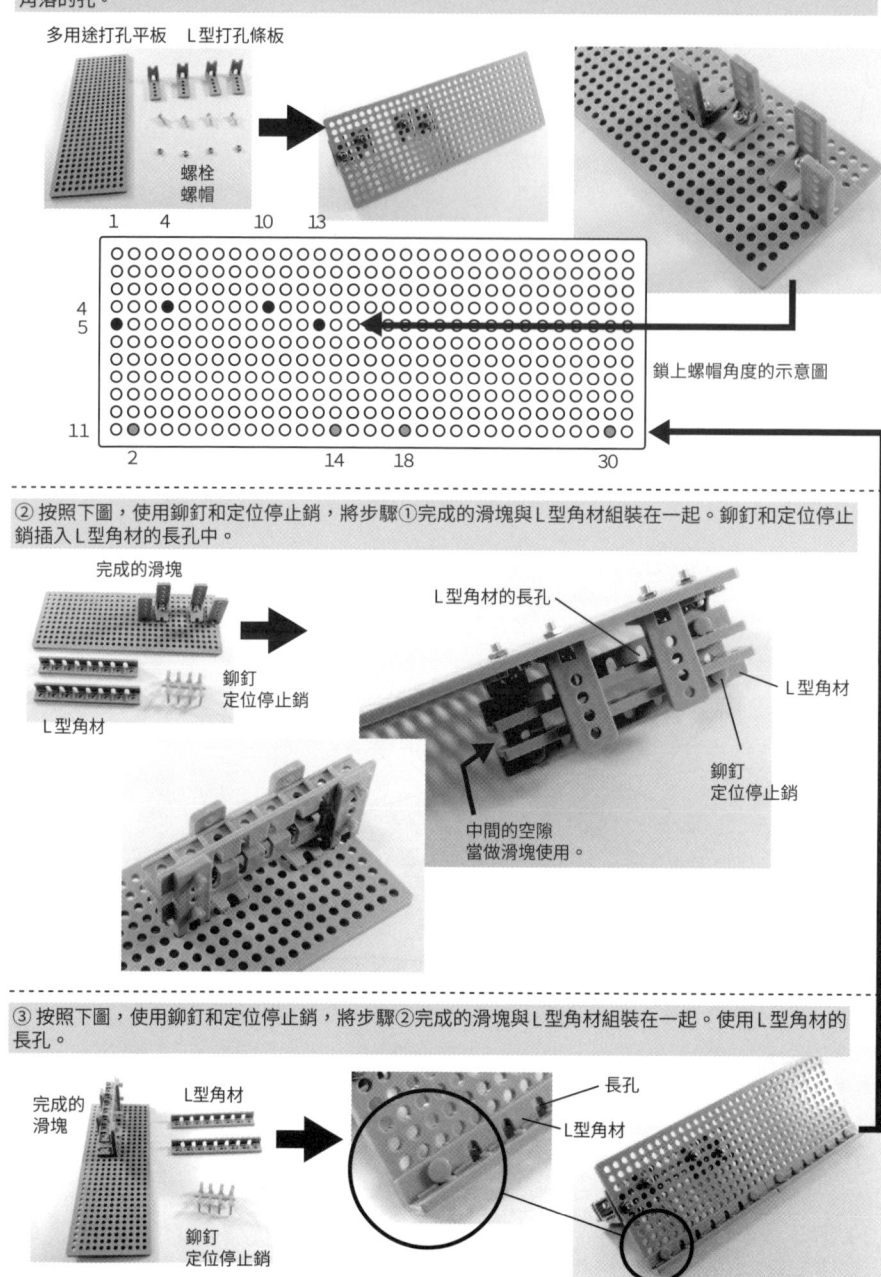

多用途打孔平板　L型打孔條板

螺栓
螺帽

鎖上螺帽角度的示意圖

② 按照下圖，使用鉚釘和定位停止銷，將步驟①完成的滑塊與L型角材組裝在一起。鉚釘和定位停止銷插入L型角材的長孔中。

完成的滑塊

鉚釘
定位停止銷

L型角材

L型角材的長孔

L型角材

鉚釘
定位停止銷

中間的空隙
當做滑塊使用。

③ 按照下圖，使用鉚釘和定位停止銷，將步驟②完成的滑塊與L型角材組裝在一起。使用L型角材的長孔。

完成的滑塊

L型角材

鉚釘
定位停止銷

長孔

L型角材

■製作滑塊(左)

① 按照下圖，使用螺栓和螺帽，將多用途打孔平板與L型打孔條板組裝在一起。螺栓插入L型打孔條板角落的孔。

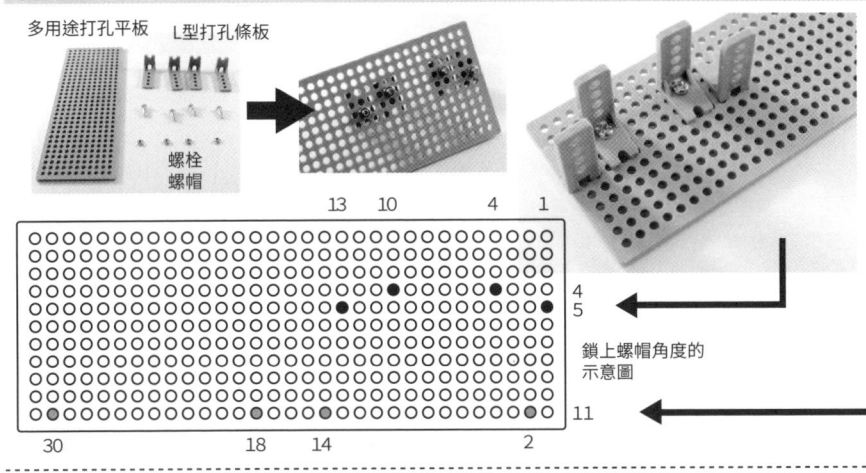

多用途打孔平板　L型打孔條板

螺栓
螺帽

13　　10　　　4　　1

4
5

鎖上螺帽角度的
示意圖

11

30　　　　　18　14　　　　　2

② 按照下圖，使用鉚釘和定位停止銷，將步驟①完成的滑塊與L型角材組裝在一起。鉚釘和定位停止銷插入L型角材的長孔中。

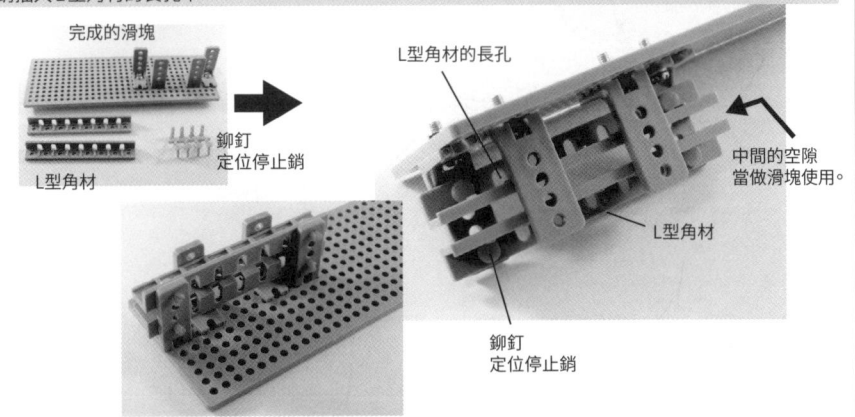

完成的滑塊

鉚釘
定位停止銷
L型角材

L型角材的長孔

中間的空隙
當做滑塊使用。

L型角材

鉚釘
定位停止銷

③ 按照下圖，使用鉚釘和定位停止銷，將步驟②完成的滑塊與L型角材組裝在一起。使用L型角材的長孔。

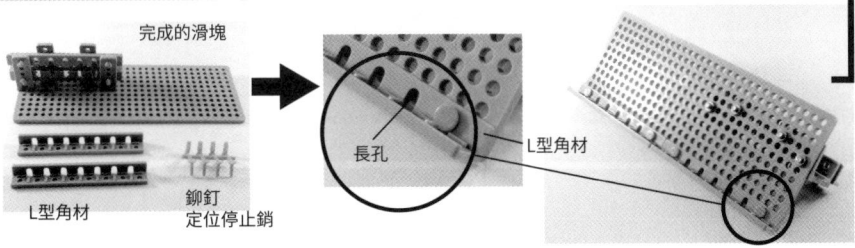

完成的滑塊

L型角材
鉚釘
定位停止銷

長孔
L型角材

第3章 製作四連桿機構

■組裝滑塊與機構本體

① 拆下本體馬達軸心左右兩側的曲柄。

組好的本體　　拆下曲柄

② 按照下圖，使用鉚釘和定位停止銷，將左側滑塊、右側滑塊與本體組裝在一起。鉚釘和定位停止銷從底部插入。

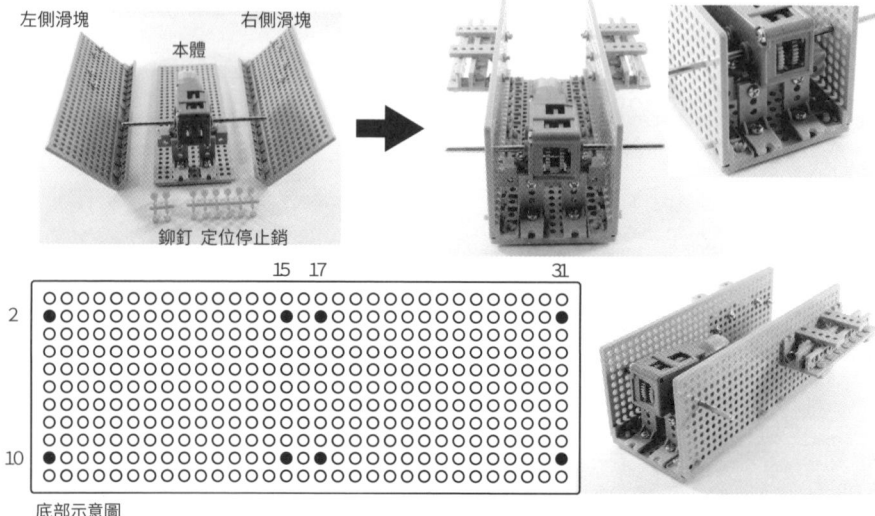

左側滑塊　右側滑塊
本體
鉚釘　定位停止銷

底部示意圖

③ 左右兩側的曲柄，以不同方向組裝到馬達軸心上。

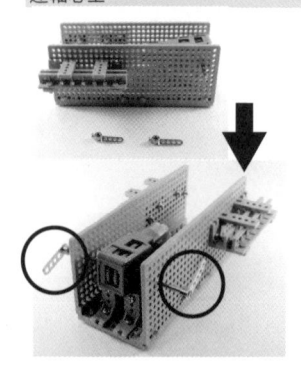

④ 使用黃色鉚釘和黃色定位停止銷，組裝I型打孔長條板與I型打孔短條板。

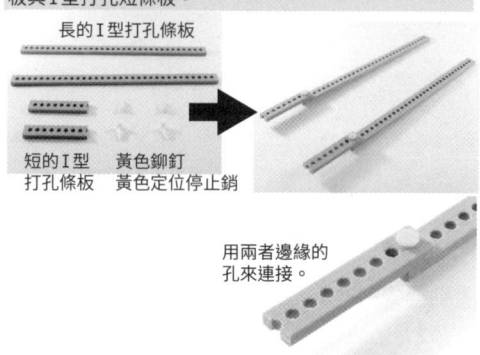

長的I型打孔條板

短的I型打孔條板　黃色鉚釘　黃色定位停止銷

用兩者邊緣的孔來連接。

78

⑤ 按照下圖，使用鉚釘和定位停止銷，將本體與完成的I型打孔條板組裝在一起。

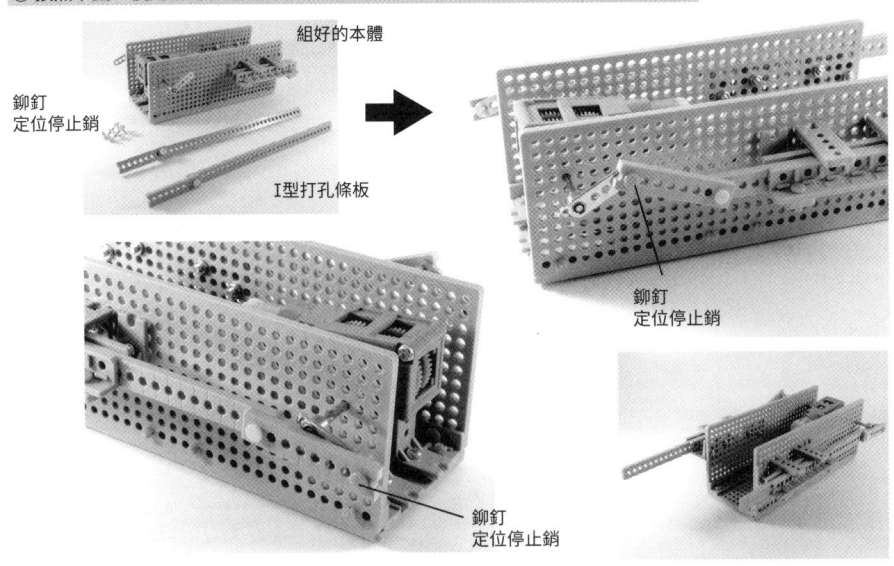

組好的本體

鉚釘
定位停止銷

I型打孔條板

鉚釘
定位停止銷

鉚釘
定位停止銷

⑥ 錫焊接電池盒與紅黑電線。紅黑電線使用電池盒的上端子與下端子，為無極性。

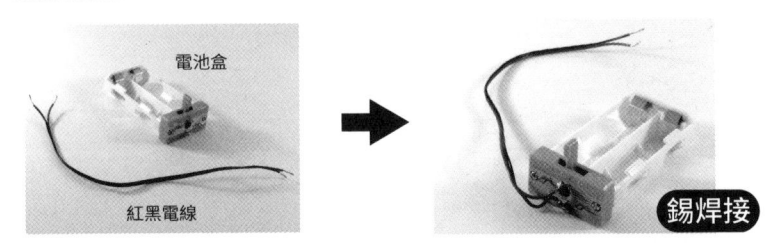

電池盒

紅黑電線

錫焊接

⑦ 錫焊接電池盒與馬達，紅黑電線無極性之分。難以在馬達上錫焊接時，只要將馬達從本體取出，就能輕鬆地錫焊接了。

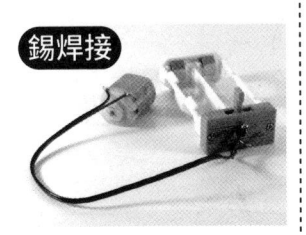

錫焊接

⑧ 在電池盒背面貼上雙面膠帶，組裝到本體上。

雙面膠帶

用雙面膠帶固定。

第3章 製作四連桿機構

79

■機器人手臂的前端

① 試著在機器人手臂的前端組裝武器。
請自行切割多用途打孔平板，做出想要的武器。

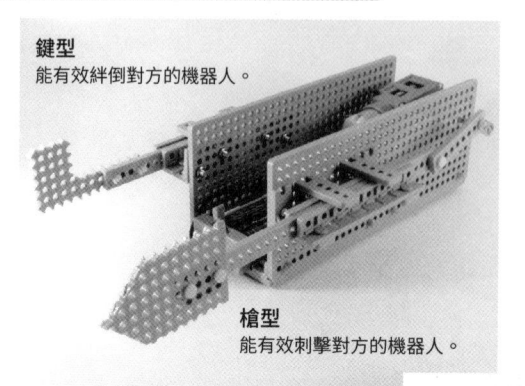

鍵型
能有效絆倒對方的機器人。

槍型
能有效刺擊對方的機器人。

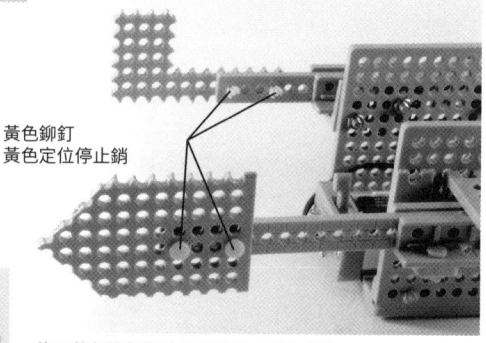

黃色鉚釘
黃色定位停止銷

使用黃色鉚釘與黃色定位停止銷來組裝。

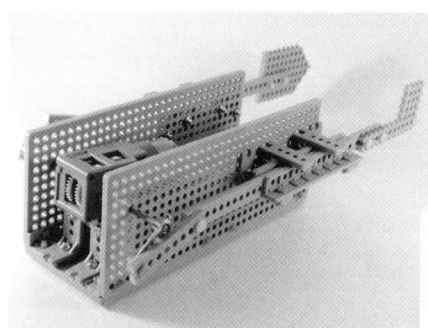

只要按下開關，
機器人就會出拳。

完成

3-5 迴轉滑塊曲柄機構（惠式急回機構）

迴轉滑塊曲柄機構是讓「曲柄」旋轉時，「迴轉桿」（滑塊）也會一起旋轉的機構。

這個機構的特點是迴轉桿需要一定程度的轉速。

在本節，將組合「迴轉滑塊曲柄機構」與「擺動滑塊曲柄機構」，製作讓機器人出拳的模型。

不過，由於這個模型是使用滑輪當做動力源，因此出拳力道較弱，並不實用。

若要彌補這個缺點，就必須用其他方式改善，例如以「齒輪」代替「滑輪」來傳達動力等。

※ 這裡使用的迴轉滑塊曲柄機構零件組「DEN-K-006」，由於該零件組移除了外蓋及裝飾部分，因此能夠更輕鬆了解迴轉滑塊曲柄機構運作的原理。

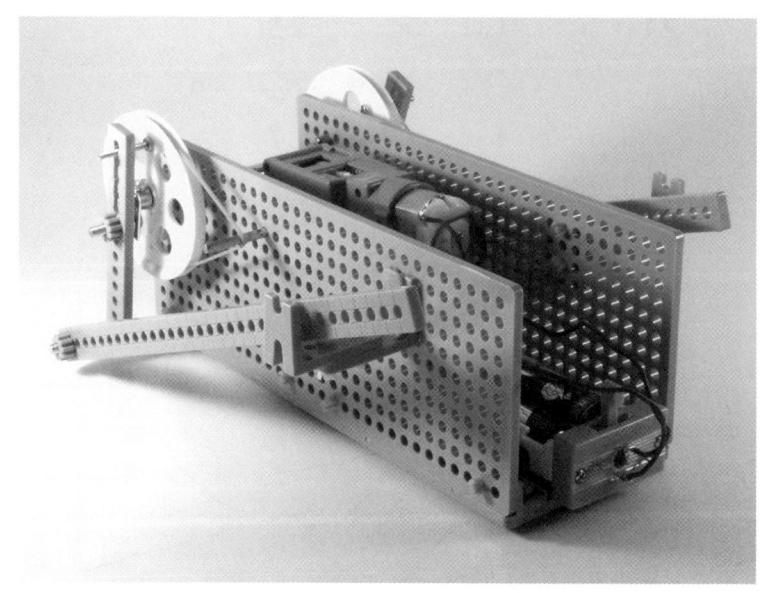

圖3-14 使用迴轉滑塊曲柄機構的出拳機器人模型

■迴轉滑塊曲柄機構的構造

迴轉滑塊曲柄機構的構造如**圖 3-15** 所示。

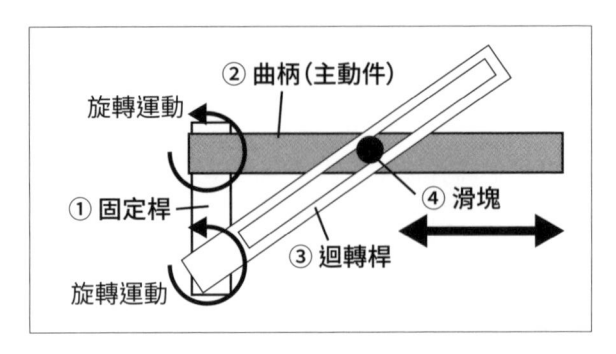

圖3-15 迴轉滑塊曲柄機構

運動方式如**圖 3-16** 所示,讓曲柄(主動件)以等速旋轉時,迴轉桿則以非等速旋轉。

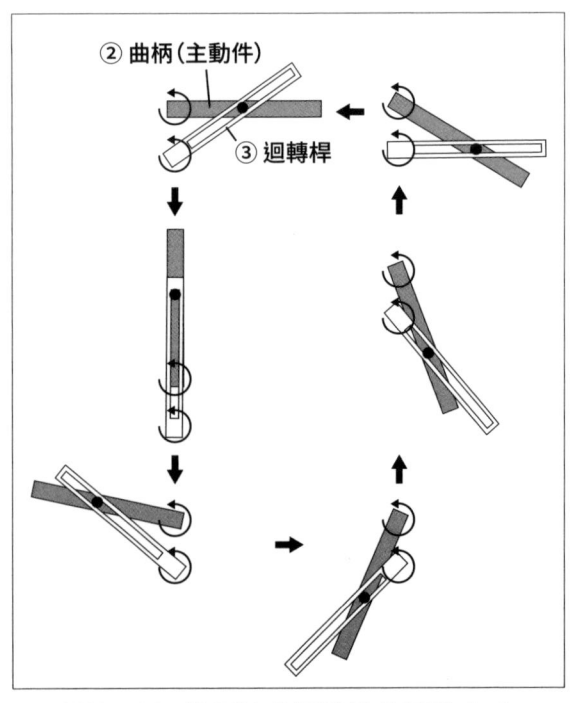

圖3-16 迴轉滑塊曲柄機構的運動方式

「**惠式急回機構**」是使用迴轉滑塊曲柄機構的一個範例。

本書製作的出拳機器人模型，就是使用此機構來重現機器人出拳的動作。

如圖 **3-17** 所示，惠式急回機構同時使用「迴轉滑塊曲柄機構」與「擺動滑塊曲柄機構」。

運作的流程，先將曲柄（主動件）的連桿當做滑輪，用馬達讓滑輪旋轉。

組裝在滑輪上的螺栓當做滑塊，讓迴轉桿旋轉（迴轉滑塊曲柄機構）。

接著，加長迴轉桿，在迴轉桿前端組裝連桿（機器人手臂），用 2 個 L 型打孔條板在本體上做出滑塊。

然後，讓迴轉桿旋轉時，連桿會沿著 L 型打孔條板的滑軌做搖擺運動（擺動滑塊曲柄機構）。

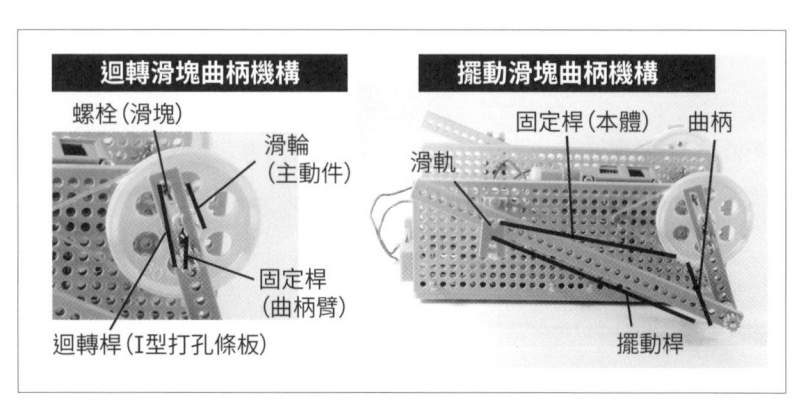

圖3-17 惠式急回機構

★零件清單

1. 3段速曲軸齒輪減速機
・1台
※請按照說明書，以中速模式組裝。
※曲柄臂於加工後使用。

2. 多用途打孔平板
・3塊

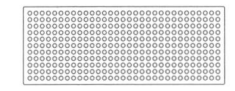

3. L型角材
・5個

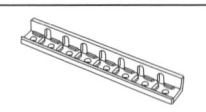

4. I型打孔條板 
・3條

5. L型打孔條板
・6個

6. 滑輪用鉚釘
・3.1S 單層鉚釘 2個

7. 滑輪
・50mm 2個

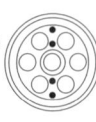

8. 橡皮筋
・2條

9. 樹脂螺帽
・4個

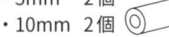

10. 間隔柱
・5mm 2個
・10mm 2個

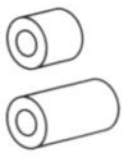

11. 六角軸心
・3×100mm 1根

12. 鉚釘和定位停止銷
・橘色 22組
・黃色 4組

13. 螺栓和螺帽
・螺栓2×20mm 2個
・螺帽2mm 2個
・螺栓3×10mm 6個
・螺栓3×15mm 2個
・螺栓3×25mm 2個
・螺帽3mm 10個

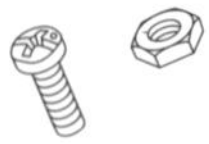

14. 電池盒
・3號電池2只裝，附開關
※請按照說明書組裝。

15. 曲柄臂
・2個

●材料加工　在開始組裝之前，請先按照下列說明加工材料。

① 3段速曲軸齒輪減速機
以中速模式（齒輪比58.2:1）組裝。
曲柄臂按照右圖加工使用。

② 曲柄臂　2個
切斷 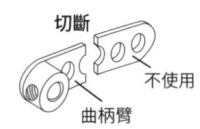
不使用
曲柄臂
切斷時，請將曲柄臂固定在萬力上，用折彎的方式切斷，或使用弓形鋸。

③ L型角材　1個 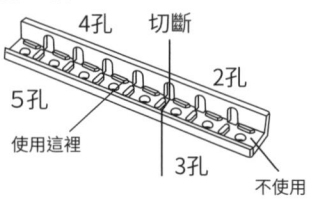
4孔 切斷
2孔
5孔
使用這裡
3孔
不使用

④ I型打孔條板　1條
13個孔　不使用　13個孔
滑塊　切斷　切斷　滑塊
用斜口鉗切出縫隙，用銼刀連接5個孔。
用斜口鉗切出縫隙，用銼刀連接5個孔。

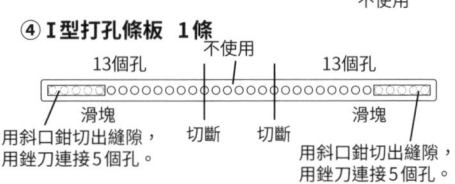

⑤ 六角軸心　1根
長度90mm　切斷　不使用
用水管剪和弓形鋸切割。

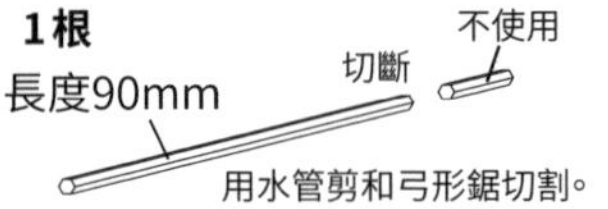

迴轉滑塊曲柄機構的製作方式

■材料加工

① 請按照上一頁「材料加工」的說明來加工材料。

中速58.2:1

長度90mm

3段速曲軸齒輪減速機 　　曲柄臂 　　L型角材 　　I型打孔條板 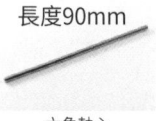　　六角軸心

■將齒輪減速機組裝到機構本體上

① 按照下圖，使用螺栓和螺帽，將齒輪減速機與加工完成的L型角材組裝在一起。使用L型角材的長孔。

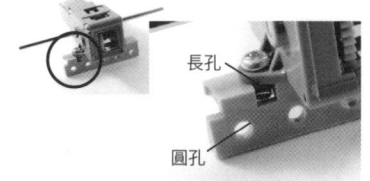

齒輪減速機
加工完成的L型角材
螺栓　螺帽
長孔
圓孔

② 按照下圖，使用3×10mm的螺栓和螺帽，將步驟①完成的齒輪減速機與2個L型打孔條板組裝在一起。

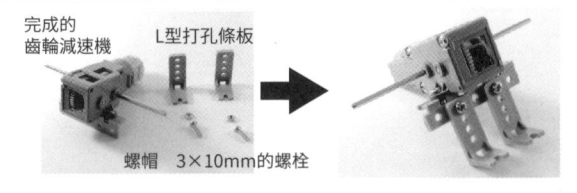

完成的齒輪減速機
L型打孔條板
螺帽　3×10mm的螺栓

③ 按照下圖，使用3×10mm的螺栓和螺帽，將步驟②完成的齒輪減速機與多用途打孔平板組裝在一起。

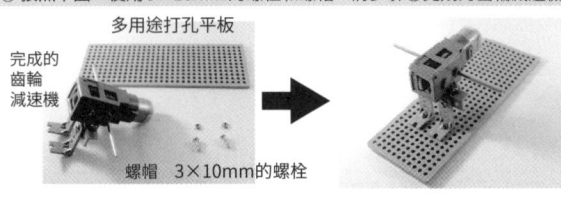

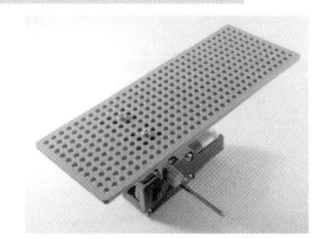

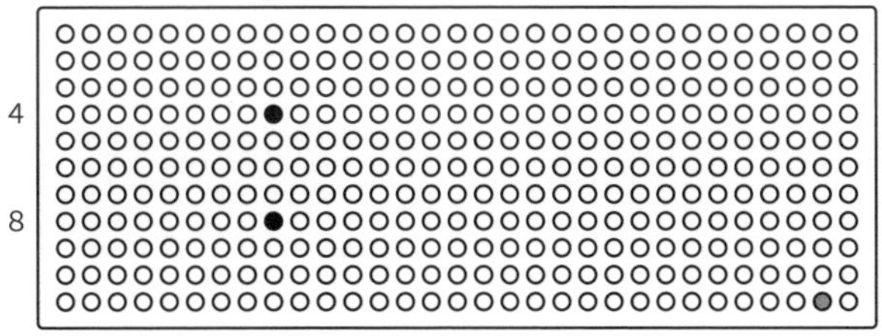

完成的齒輪減速機
多用途打孔平板
螺帽　3×10mm的螺栓

第 3 章　製作四連桿機構

■製作機構本體的側面

① 按照下圖，使用鉚釘和定位停止銷，將多用途打孔平板與L型角材組裝在一起。鉚釘和定位停止銷使用L型角材的長孔。

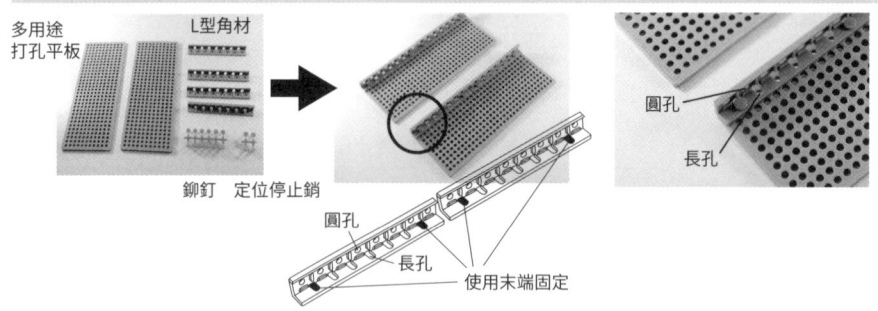

多用途打孔平板　L型角材

鉚釘　定位停止銷

圓孔

長孔

圓孔

長孔

使用末端固定

② 按照下圖，使用鉚釘和定位停止銷，將步驟①組好的本體側面與齒輪減速機組裝在一起。馬達軸心插入從上方數來第3個、側邊數來第12個孔。如果無法順利通過孔洞，請選擇能通過的位置。無論如何都無法通過時，請在多用途打孔平板上開孔，插入軸心。

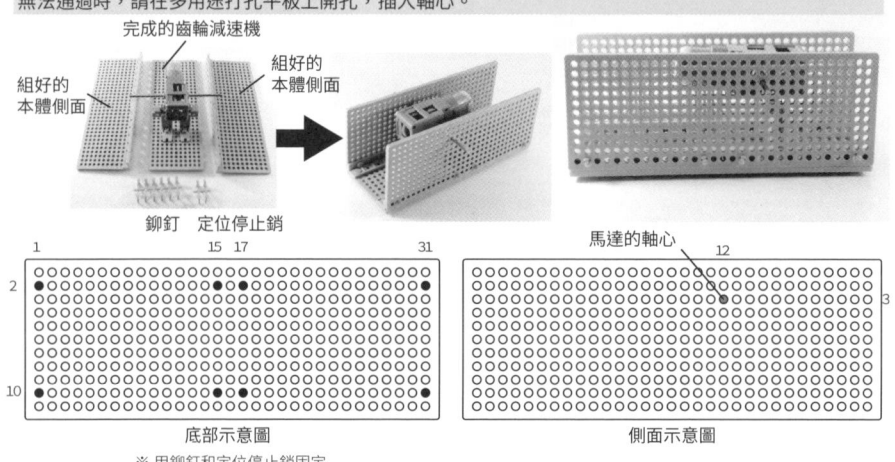

完成的齒輪減速機

組好的本體側面

組好的本體側面

鉚釘　定位停止銷

底部示意圖

※ 用鉚釘和定位停止銷固定

馬達的軸心

側面示意圖

③ 按照下圖，使用曲柄臂、鉚釘和定位停止銷，將步驟②組好的本體與加工完成的六角軸心組裝在一起。加工完成的六角軸心插入從上方數來第3個、側邊數來第3個孔。鉚釘和定位停止銷用曲柄臂的孔固定。固定時，只要曲柄臂與多用途打孔平板上有孔位能固定即可，無須尋找特定孔位。

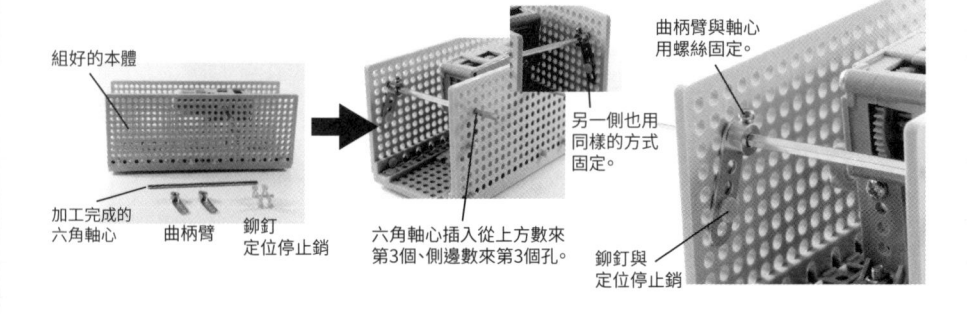

組好的本體

加工完成的六角軸心　曲柄臂　鉚釘定位停止銷

六角軸心插入從上方數來第3個、側邊數來第3個孔

曲柄臂與軸心用螺絲固定。

另一側也用同樣的方式固定。

鉚釘與定位停止銷

86

④ 按照下圖，使用鉚釘和定位停止銷，將步驟③組好的本體與L型打孔條板組裝在一起。插入從右側數來第8個、上方數來第2個及第4個孔。

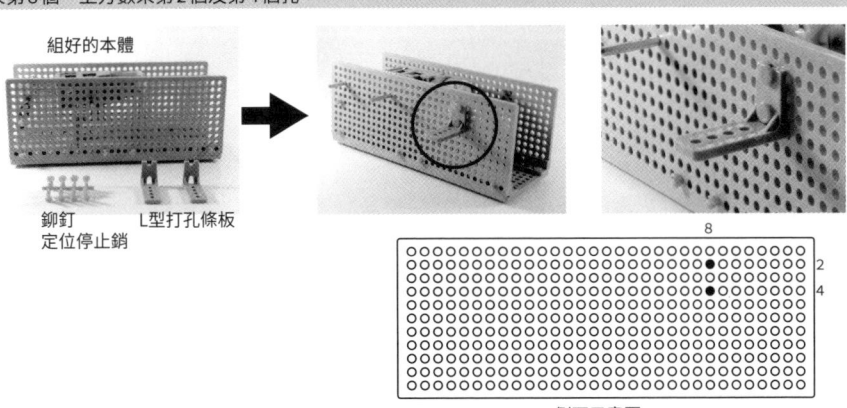

組好的本體
鉚釘
定位停止銷
L型打孔條板

側面示意圖

⑤ 按照下圖，使用黃色的鉚釘和定位停止銷，將步驟④組好的本體與L型打孔條板組裝在一起。

組好的本體
黃色的鉚釘
定位停止銷
L型打孔條板

■組裝機器人手臂

① 將滑輪用鉚釘插入滑輪裡。滑輪有正反面，所以無法順利插入時，請翻面使用。接著，裝上2mm的螺栓即可。總共做2組。

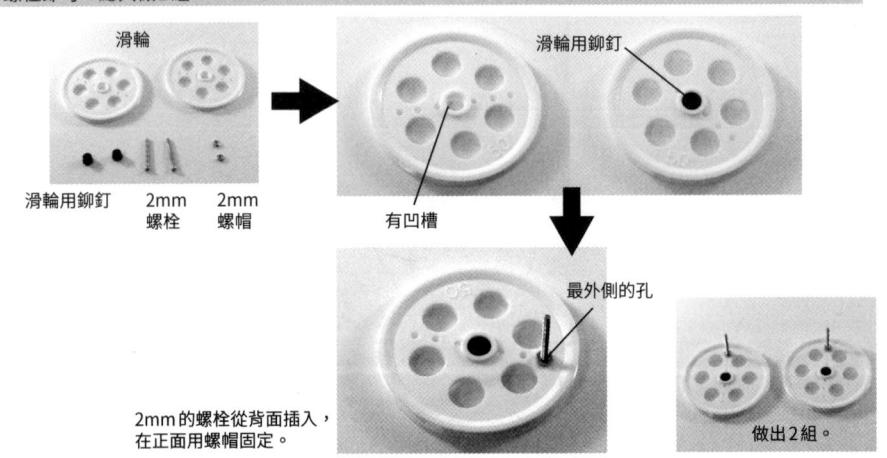

滑輪
滑輪用鉚釘
2mm 螺栓
2mm 螺帽
有凹槽
最外側的孔

2mm的螺栓從背面插入，在正面用螺帽固定。

做出2組。

第3章 製作四連桿機構

87

② 按照下圖，將3×15mm的螺栓組裝到加工完成的曲柄臂上。

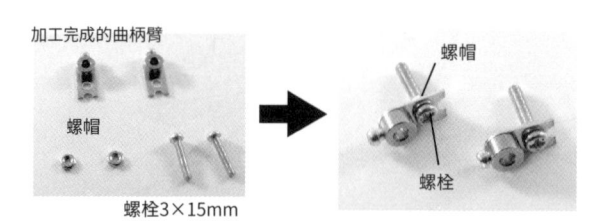

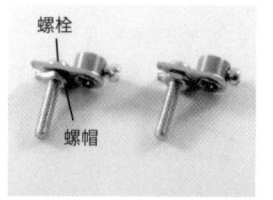

加工完成的曲柄臂
螺帽
螺栓3×15mm
螺帽
螺栓
螺栓
螺帽

③ 按照下圖，將滑輪、曲柄臂、5mm的間隔柱組裝到組好的本體上。曲柄臂用一字起子鎖緊。

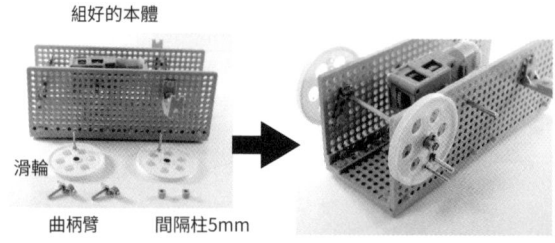

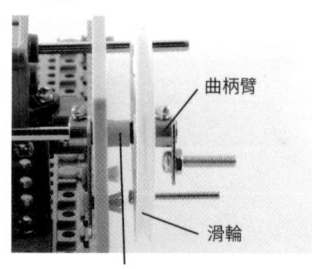

組好的本體
滑輪
曲柄臂
間隔柱5mm
曲柄臂
滑輪
間隔柱5mm

④ 按照下圖，將橡皮筋裝在組好的本體上。

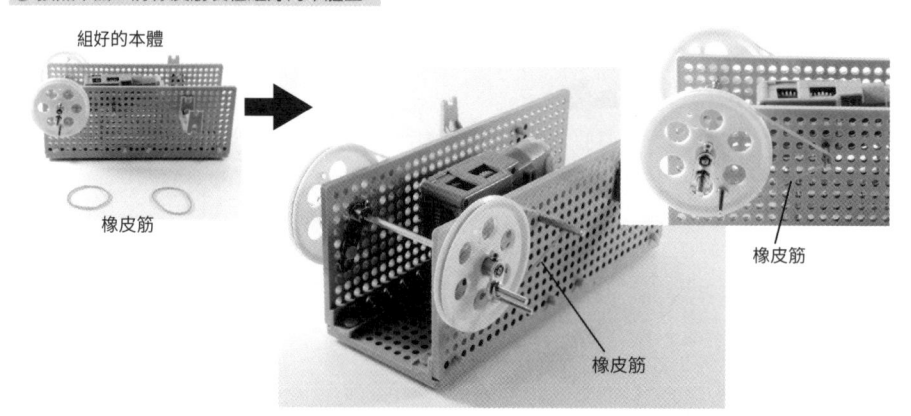

組好的本體
橡皮筋
橡皮筋
橡皮筋

88

⑤ 按照下圖，使用樹脂螺帽，將組好的本體與加工完成的I型打孔條板組裝在一起。左右兩側以相同方式組裝。

組好的本體

加工完成的
I型打孔條板　　樹脂螺帽

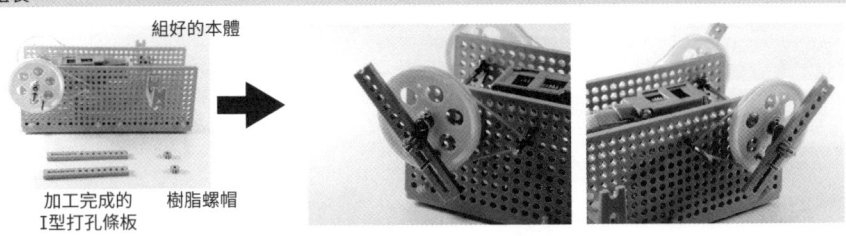

⑥ 使用螺帽，將3×15mm的螺栓組裝到加工完成的I型打孔條板前端。左右兩側以相同方式組裝。

加工完成的
I型打孔條板

螺栓插入前端的孔，
再用螺帽固定住。

螺栓3×15mm　　螺帽

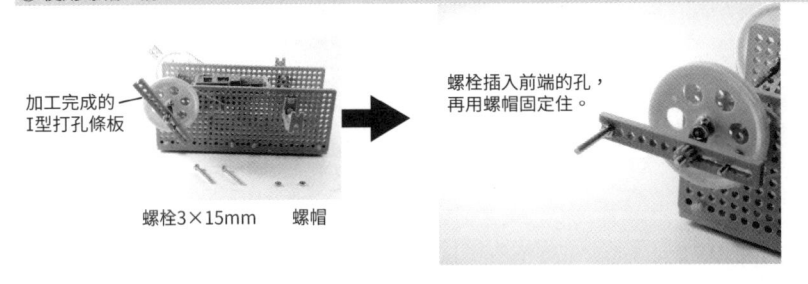

⑦ 使用樹脂螺帽來組裝I型打孔條板與10mm的間隔柱。左右兩側以相同方式組裝。I型打孔條板的前端放在L型打孔條板上。

I型打孔條板

間隔柱10mm　樹脂螺帽

間隔柱
10mm

樹脂螺帽

I型打孔條板

I型打孔條板的
前端放在L型打
孔條板上。

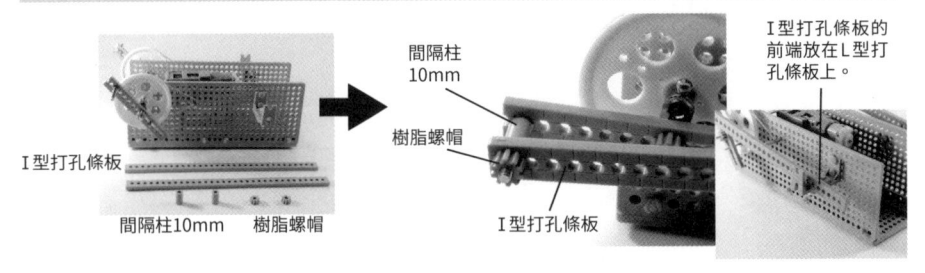

⑧ 錫焊接電池盒與藍色電線，使用電池盒的上端子與下端子。

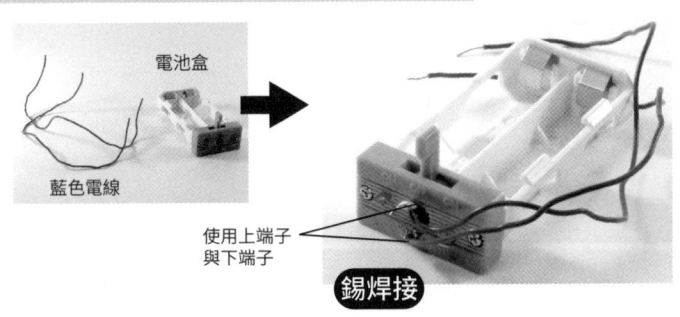

電池盒

藍色電線

使用上端子
與下端子

錫焊接

第 3 章　製作四連桿機構

89

⑨ 錫焊接馬達與電線。因為難以錫焊接,所以先暫時拆下馬達。等到錫焊接完成後,再將馬達裝回本體上。無極性。

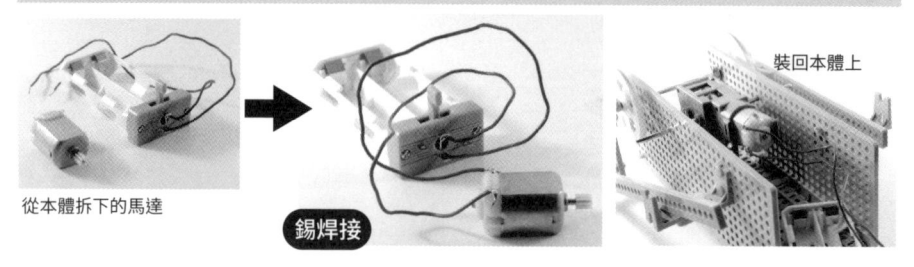

從本體拆下的馬達　錫焊接　裝回本體上

⑩ 在電池盒背面貼上雙面膠帶,固定至本體上,就完成了。

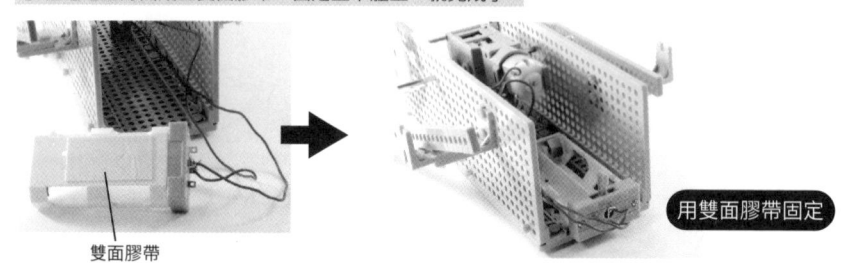

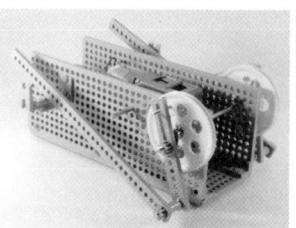

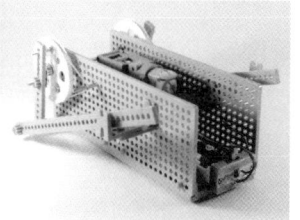

雙面膠帶　用雙面膠帶固定

完成

按下開關,機器人就會出拳。
因為使用迴轉滑塊曲柄機構,
所以可以觀察出拳速度的變化。

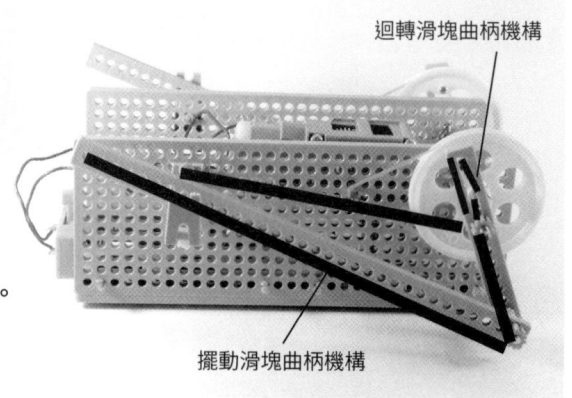

迴轉滑塊曲柄機構

擺動滑塊曲柄機構

3-6 擺動滑塊曲柄機構

　　擺動滑塊曲柄機構是讓「曲柄」旋轉,並讓「滑塊」運動的軌跡類似水滴形狀的機構。

　　本節將製作雙足步行機器人,僅靠一個利用「擺動滑塊曲柄機構」的「DC馬達」,機器人就能夠抬腿行走。

　　雙足步行機器人利用的這種機構,一直以來使用於各種玩具中,所以猜想各位已經看過許多這類型的玩具了。

※ 這裡使用的擺動滑塊曲柄機構零件組「DEN-K-001」,由於該零件組移除了外蓋及裝飾部分,僅由結構材料來組成。因此,能更輕鬆了解擺動滑塊曲柄機構行走的原理。

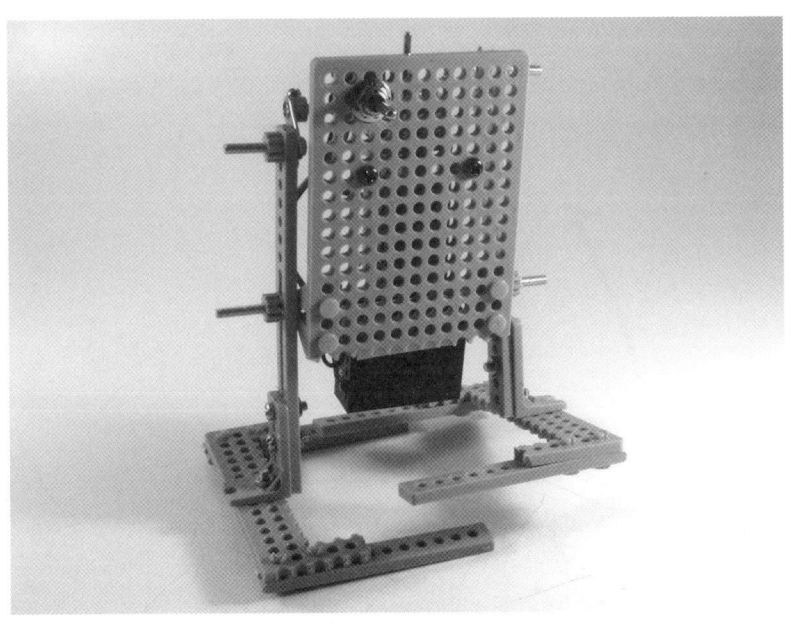

圖3-18 雙足步行機器人的模型

■擺動滑塊曲柄機構的構造

擺動滑塊曲柄機構的構造如圖 3-19 所示，由 3 個連桿（曲柄、滑塊（擺動桿）、固定桿）和 1 個滑軌（引導）組成。

旋轉運動
② 滑塊（擺動桿）
④ 滑軌（引導）
軌跡類似水滴形狀的運動
① 曲柄
③ 固定桿

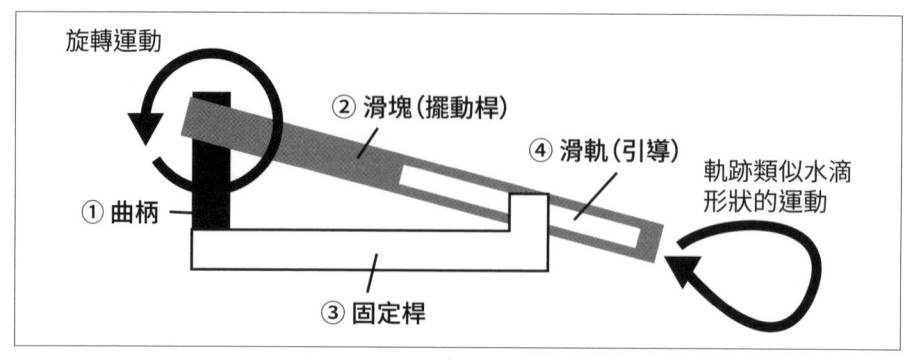

圖3-19 迴轉滑塊曲柄機構

在這個機構中，曲柄的旋轉運動會被轉化為類似雨滴形狀的運動（擺動）。

這種類似雨滴形狀的運動方式，如圖 3-20 所示，非常適合雙足步行機器人的腿部運動，常使用於此類步行機器人的玩具上。

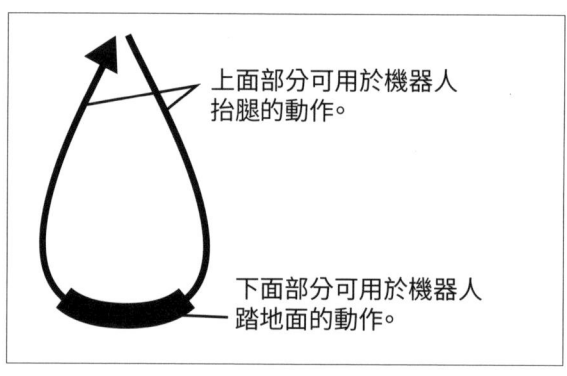

上面部分可用於機器人抬腿的動作。
下面部分可用於機器人踏地面的動作。

圖3-20 「擺動」的使用方式

★零件清單

1. 萬用齒輪減速機
- 1台
※箱子裡面的黑色螺絲和螺帽是在組裝本體時使用。

2. 多用途打孔平板
- 1塊

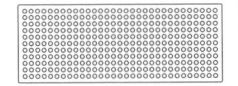

3. I型打孔條板
- 3條

4. L型打孔條板
- 2個

5. 軸承
- 2個

6. 鉚釘和定位停止銷
- 橘色12組

7. 樹脂螺帽
- 4個

8. 螺栓、螺帽和墊圈
- 螺栓 3×10mm　6個
- 螺栓 3×20mm　2個
- 螺帽 3mm　6個
- 墊圈 3mm　4個

9. 曲柄臂
- 2個

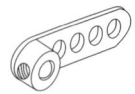

10. 電池盒
- 5號電池盒　1個
（有組裝方向）

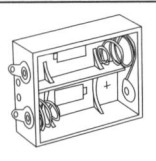

11. 撥動開關（有組裝方向）
- 2迴路2接點（ON-OFF-ON類型）　1個

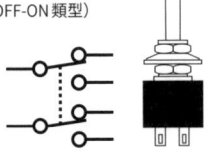

※此開關中間是OFF。

12. 跳線（無組裝方向）
- 1條

※請切割使用。

13. 紅黑電線
- 20cm　1條
紅
黑

●**材料加工**　在開始組裝之前，請先按照下列說明加工材料。

① **萬用齒輪減速機**
將六角軸心切成60mm。接著，用六角軸心、以低速模式，按照說明書的指示，如右圖組裝。

② **多用途打孔平板**
本體
不使用
不使用
腳底
5個孔
5個孔
腳底
15個孔　15個孔
開φ6.5mm的孔

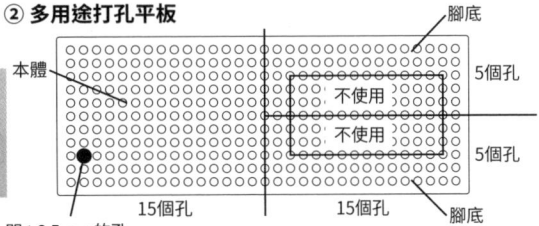

③ **I型打孔條板**
20個孔　20個孔　×2條
腳　腳的支撐
用斜口鉗切出縫隙，再用銼刀連接。

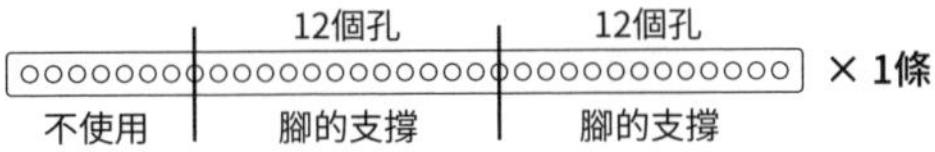

12個孔　12個孔　×1條
不使用　腳的支撐　腳的支撐

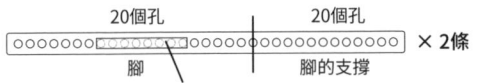

④ **曲柄臂** 2個 
不使用
曲柄臂
切斷時，請用萬力固定折彎弄斷或使用弓形鋸等。

⑤ **紅黑電線**
11cm　9cm
紅
黑

第3章　製作四連桿機構

擺動滑塊曲柄機構的製作方式

■材料加工

① 請按照上一頁「材料加工」的說明來加工材料。

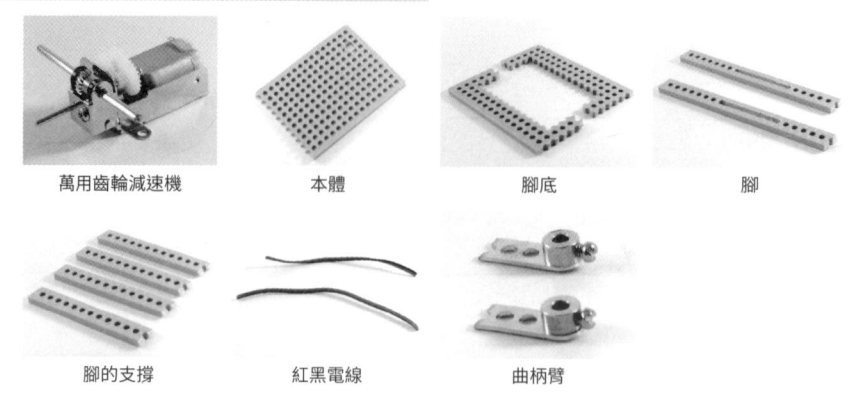

萬用齒輪減速機　　本體　　腳底　　腳

腳的支撐　　紅黑電線　　曲柄臂

■組裝腳的部分

① 按照下圖，使用3×10mm的螺栓和3mm的螺帽，將L型打孔條板和腳組裝在一起，共做出2組。

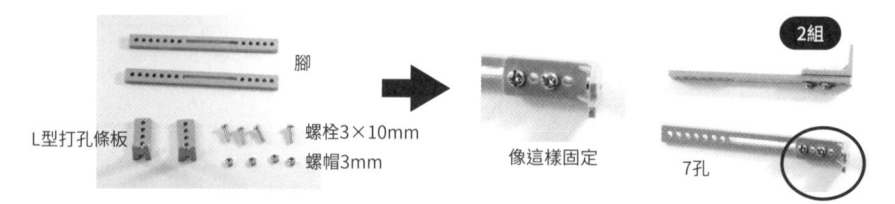

L型打孔條板　　腳　　螺栓3×10mm　　螺帽3mm　　像這樣固定　　2組　　7孔

② 按照下圖，使用3×10mm的螺栓和3mm的螺帽，將步驟①組好的足部和腳底組裝在一起，做出2組。螺栓從腳底插入。

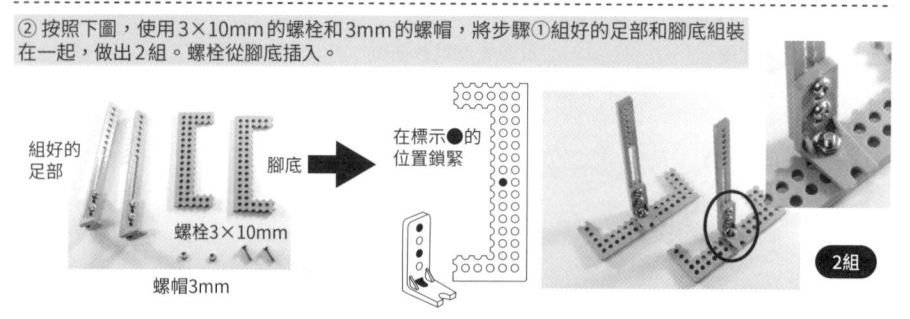

組好的足部　　腳底　　螺栓3×10mm　　螺帽3mm　　在標示●的位置鎖緊　　2組

③ 按照下圖，使用鉚釘和定位停止銷，將步驟②組好的足部和腳的支撐組裝在一起，做出2組。鉚釘和定位停止銷從腳底插入。

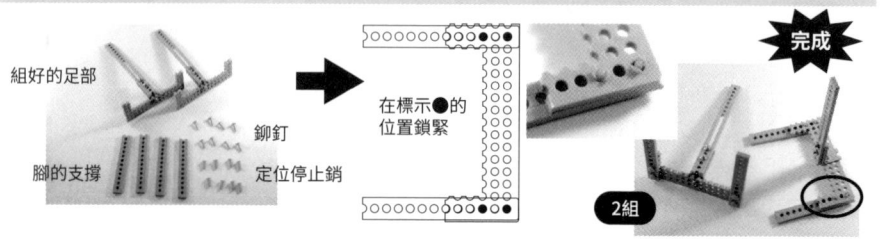

組好的足部　　腳的支撐　　鉚釘　　定位停止銷　　在標示●的位置鎖緊　　完成　　2組

■組裝本體

① 將曲柄臂組裝在萬用齒輪減速機上。組裝曲柄臂需朝不同方向，如圖所示。

② 使用萬用齒輪減速機附的黑色螺栓和螺帽，按照下圖組裝步驟①的萬用齒輪減速機和多用途打孔平板。

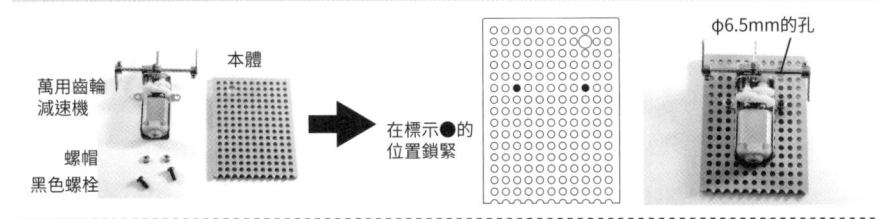

③ 使用鉚釘和定位停止銷，按照下圖組裝步驟②組好的本體和軸承。

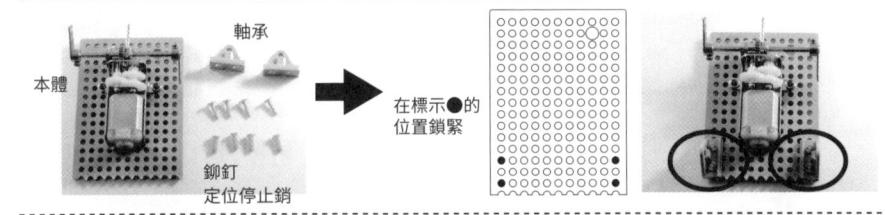

④ 使用樹脂螺帽和3×20mm的螺栓，按照下圖組裝步驟③組好的本體和足部。曲柄臂使用外側的孔，足部則使用最上側的孔。

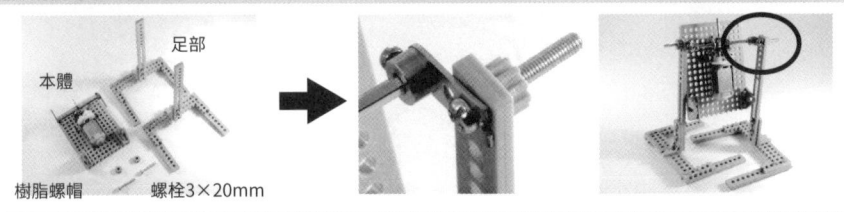

⑤ 按照下圖，使用墊圈和樹脂螺帽，將步驟④組好的本體和萬用齒輪減速機附的軸心組裝在一起。足部用墊圈夾住，讓足部能夠順利動作。

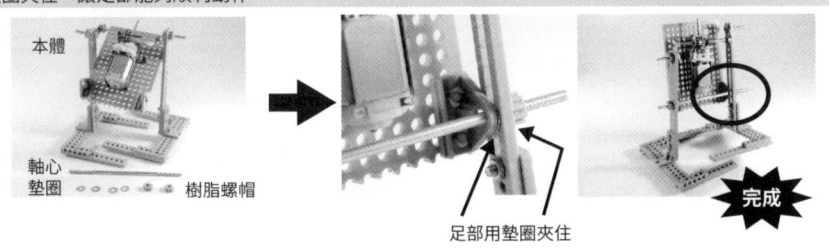

完成

第 3 章 製作四連桿機構

■組裝電路

① 按照下圖，將跳線、9cm 的紅黑電線、11cm 的紅黑電線，錫焊接到撥動開關上。

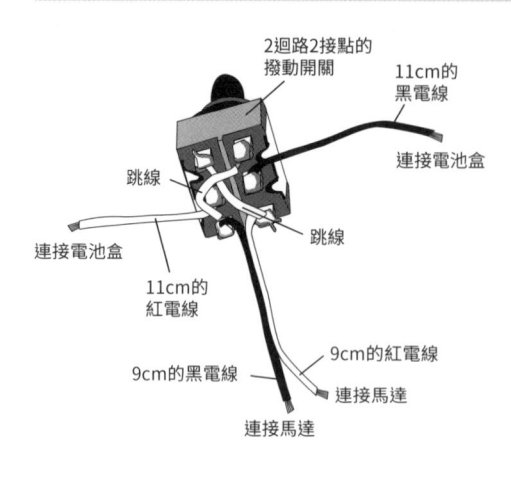

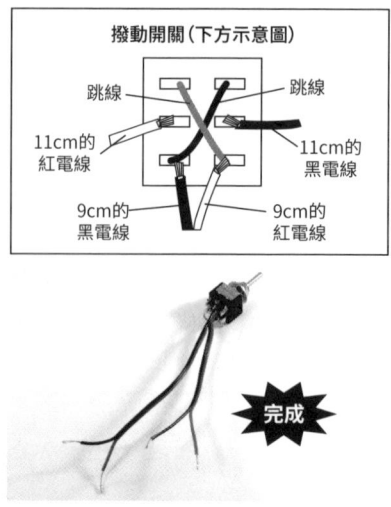

- 2迴路2接點的撥動開關
- 11cm的黑電線
- 連接電池盒
- 跳線
- 連接電池盒
- 11cm的紅電線
- 9cm的黑電線
- 9cm的紅電線
- 連接馬達
- 連接馬達

撥動開關（下方示意圖）
- 跳線
- 跳線
- 11cm的紅電線
- 11cm的黑電線
- 9cm的黑電線
- 9cm的紅電線

完成

---

② 錫焊接完撥動開關後，按照下圖組裝。

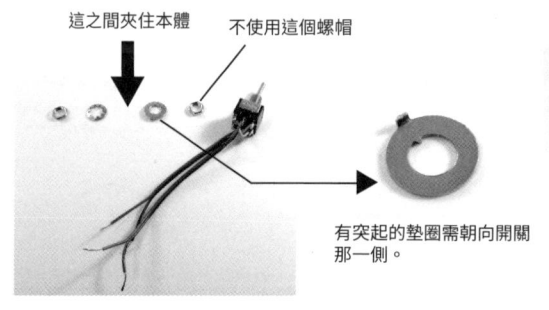

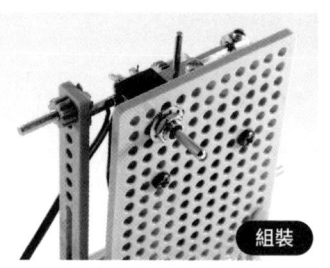

- 這之間夾住本體
- 不使用這個螺帽
- 有突起的墊圈需朝向開關那一側。

組裝

---

③ 將 9cm 的紅黑電線錫焊接到馬達上。
將 11cm 的紅黑電線錫焊接到電池盒上
※錫焊接時，這次不需要在意極性，因此配線時不需要在意紅黑電線的顏色。

- 9cm的紅黑電線
- 11cm的紅黑電線
- 11cm的紅黑電線
- 9cm的紅黑電線

96

④用雙面膠帶將電池盒固定在本體下方。

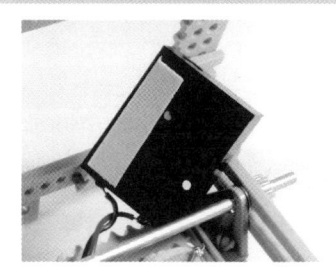

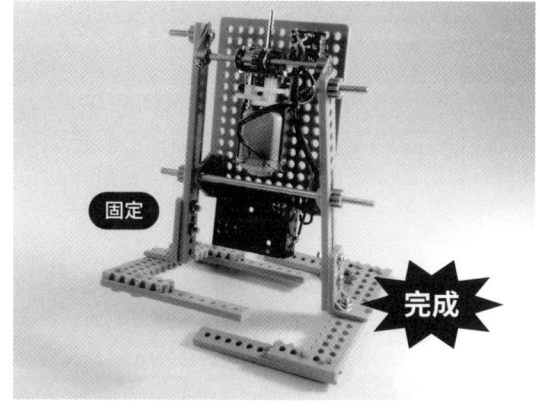

固定

完成

第3章 製作四連桿機構

■操作方式
推動撥動開關時,會向前走或向後走。中間位置則是停止(電源OFF)。

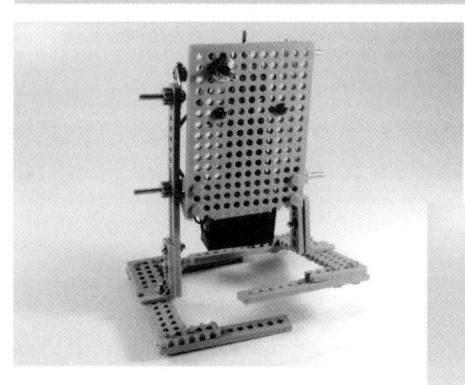

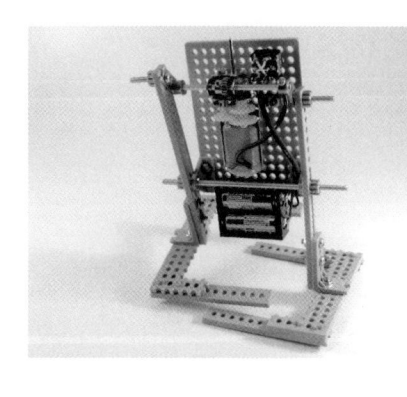

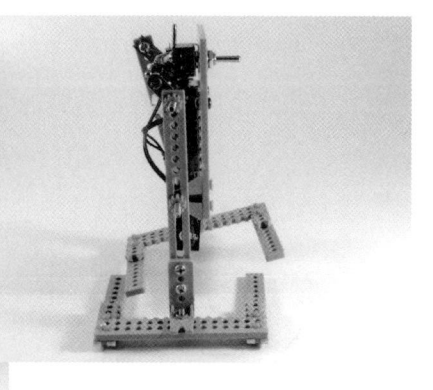

97

專欄

雙足行走的巧思

　　擺動滑塊曲柄機構零件組「DEN-K-001」中，為了利用擺動滑塊曲柄機構實現雙足行走，在以下幾點特別花心思。

- 由於轉動「曲柄」的馬達位於上側（重心位於上方）而容易倒下。因此，本書將「5號電池盒」組裝在下側，盡可能地把重心放低。

- 為了能把腳抬起來向前走，就必須要能夠單腳站立。因此，本書將足底設計成「U字型」，將重心移動至中央，以便能夠單腳站立。

　（如果無法單腳站立，就算讓馬達旋轉，機器人只會在原地左右搖晃，無法前進。）

- 當做腳來使用的「滑塊」（擺動桿）是直的，所以機器人才呈「前傾姿勢」。

　因此，機器人在後退時容易摔倒。

- 為了讓機器人能夠前進與後退，每個連桿和滑軌的長度等經過實驗後才決定。

- 為了讓機器人能夠前進、後退與停止，使用中間為關閉（OFF）電源的撥動開關，來製作「H橋電路」。

- 組裝電池盒時，使用「熱熔膠」會更簡單。

　　雖然是一個簡單的機構，但若是材料加工與組裝不夠精確，機器人就無法順利行走。

　　此外，配線經常會纏繞到「軸心」或「馬達」上，請多加注意。

3-7 固定滑塊曲柄機構

固定滑塊曲柄機構是將「往復運動」轉換成「搖擺運動」的機構。
本節討論的模型是應用固定滑塊曲柄機構，來重現機器人出拳的動作。

由於馬達的轉速很快，可以打出像刺拳那樣快速的拳擊。
因此，螺帽容易鬆動。想要長時間使用時，必須使用「尼龍螺帽」等。

※ 這裡使用的固定滑塊曲柄機構零件組「DEN-K-007」，由於該零件組移除了外蓋及裝飾部分，因此能更輕鬆了解固定滑塊曲柄機構運作的原理。

圖3-21 使用固定滑塊曲柄機構的出拳機器人模型

■固定滑塊曲柄機構的構造

固定滑塊曲柄機構如圖 3-22 所示。
當連桿（主動件）做往復運動時，迴轉桿就會旋轉，而擺動桿會隨之擺動。

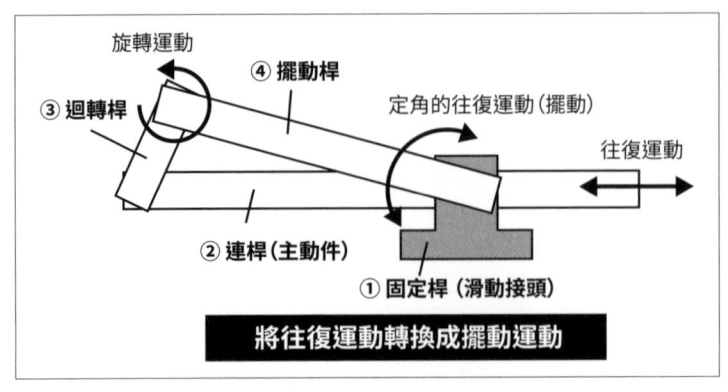

圖3-22 固定滑塊曲柄機構

本節討論的模型是應用固定滑塊曲柄機構，來重現出拳機器人的動作。

不過，有一點與圖3-22不同，就是這裡不是將「往復運動」轉換為「擺動運動」，而是將「旋轉運動」轉換成「往復運動」。

為此，需要縮短圖3-22中的「擺動桿」，並裝上馬達，將其轉換為「迴轉桿」（主動件）；再進一步延長「迴轉桿」，並將其轉換為「擺動桿」。

此外，如圖3-23所示，將固定桿（滑動接頭）與連桿的軸錯開，當迴轉桿旋轉時，就能讓連桿順利地滑動。

因此，當迴轉桿（主動件）反向旋轉時，動作將變得不順暢，有時甚至無法正常運作。

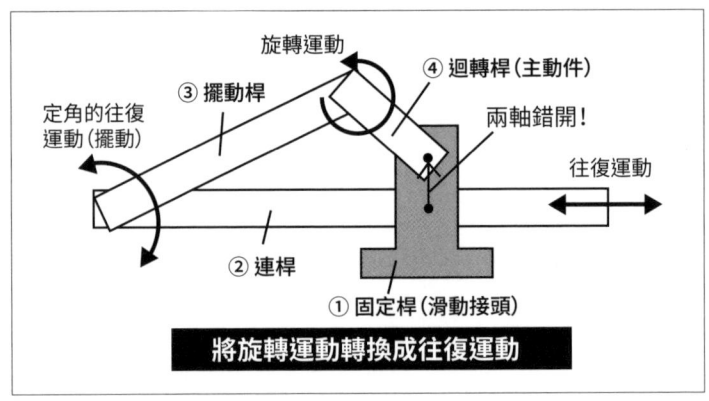

圖3-23 固定滑塊曲柄機構零件組「DEN-K-007」的運動方式

★零件清單

1. 單層齒輪減速機（4段速）
・1台

※按照說明書，使用C Type
（齒輪比114.7:1）組裝。
※裡面的3×10mm螺栓和
3mm螺帽用來固定馬達。

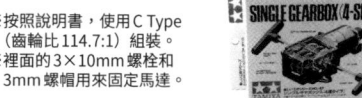

2. 多用途打孔平板
・1塊

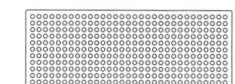

3. L型角材
・1個

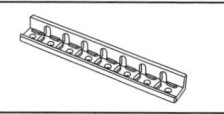

4. I型打孔條板
15孔　　1條
　　　　1條

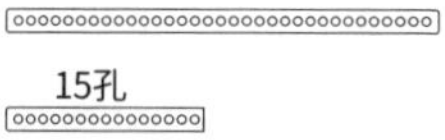

5. 軸承
・4個

6. 樹脂螺帽
・3個

7. 間隔柱
・15mm　1個

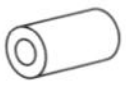

8. 鉚釘和定位停止銷
・橘色14組

9. 螺栓與螺帽
・螺栓3×10mm　1個
・螺栓3×20mm　1個
・螺栓3×35mm　1個

10. 電池盒
・3號電池2只裝，
　附開關

※請按照說明書組裝。

●**材料加工**　在開始組裝之前，請先按照下列說明加工材料。

① 單層齒輪減速機（4段速）
使用C Type（齒輪比
114.7:1）組裝。

② L型角材
5孔　切斷
使用此處
6孔
1孔
2孔　不使用

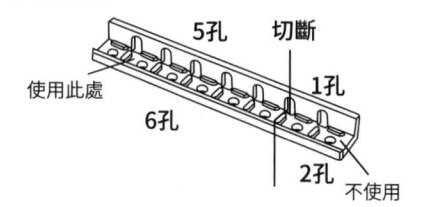

③ 多用途打孔平板
11孔　切斷　19孔
底面　　側面

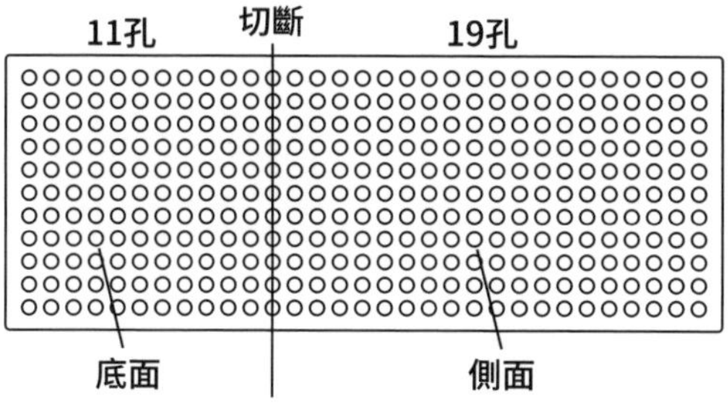

固定滑塊曲柄機構的製作方式

■材料加工

① 請按照上一頁「材料加工」的說明來加工材料。

C Type（齒輪比114.7:1） 
單層齒輪減速機(4段速)

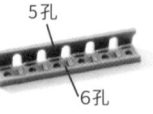

5孔
6孔
L型角材

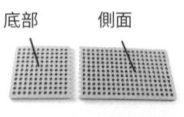

底部　側面
多用途打孔平板

■組裝機構本體

① 按照下圖，使用齒輪減速機附的螺栓和螺帽，將齒輪減速機和加工完成的多用途打孔平板側面組裝在一起。

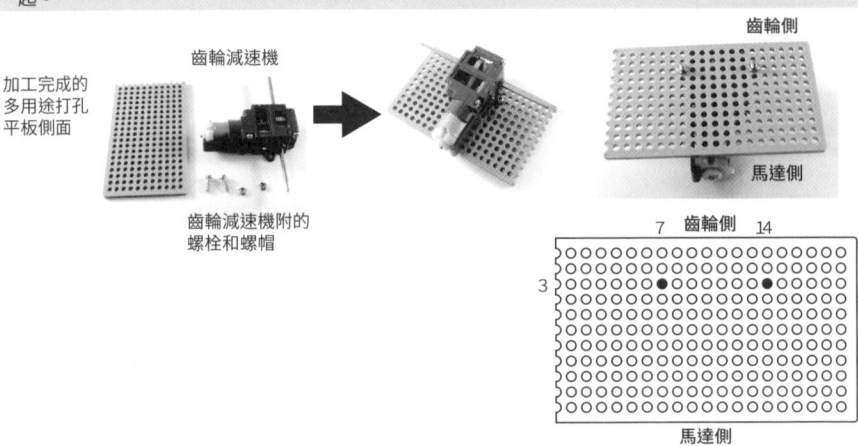

加工完成的多用途打孔平板側面
齒輪減速機
齒輪減速機附的螺栓和螺帽

齒輪側
馬達側

7　齒輪側　14
3
馬達側

② 按照下圖，使用3個鉚釘和3個定位停止銷，將步驟①組好的本體和加工完成的L型角材組裝在一起。使用L型角材的長孔。

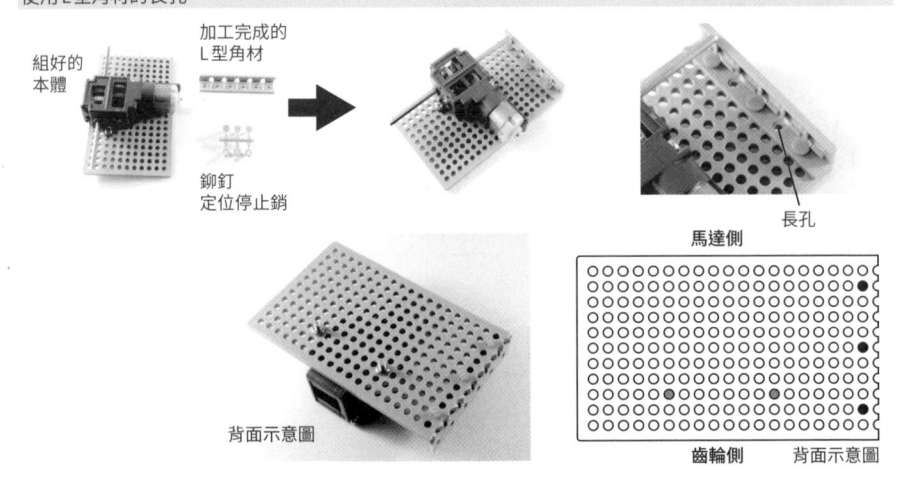

組好的本體
加工完成的L型角材
鉚釘
定位停止銷

長孔
馬達側

背面示意圖

齒輪側　背面示意圖

102

③ 按照下圖，使用8個鉚釘和8個定位停止銷，將步驟②組好的本體和4個軸承組裝在一起。此時，請穿入馬達軸心。

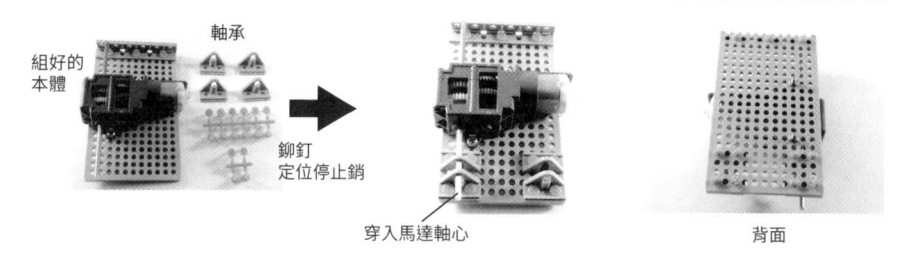

組好的本體　軸承　鉚釘　定位停止銷　穿入馬達軸心　背面

④ 按照下圖，將步驟③組好的本體、3×20mm 的螺帽和1個樹脂螺帽組裝在一起。

組好的本體　螺帽 3×20mm　樹脂螺帽

⑤ 按照下圖，將15孔I型打孔條板、之前裝在馬達上的曲柄、3×10mm 的螺帽和1個樹脂螺帽組裝在一起。曲柄則使用最外側的孔。

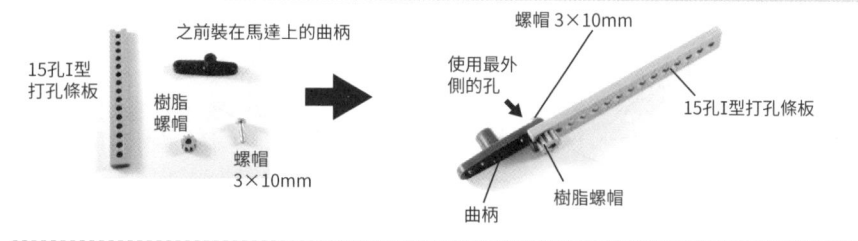

15孔I型打孔條板　之前裝在馬達上的曲柄　樹脂螺帽　螺帽 3×10mm　使用最外側的孔　15孔I型打孔條板　曲柄　樹脂螺帽

⑥ 按照下圖，將步驟④組好的本體和步驟⑤組裝完成的打孔條板組裝在一起。組裝方法只需將軸心插進曲柄的孔內而已。

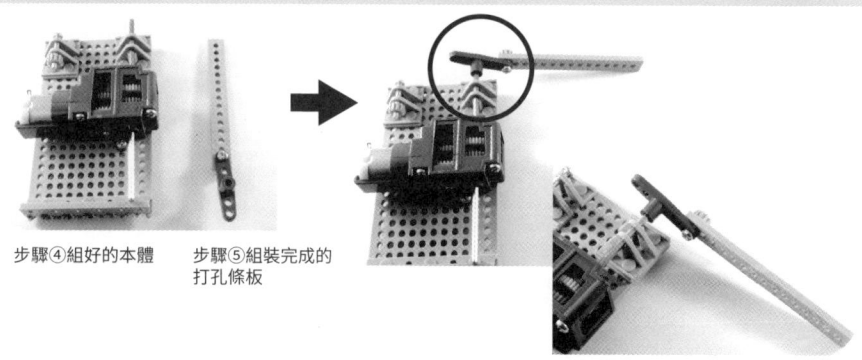

步驟④組好的本體　步驟⑤組裝完成的打孔條板

第3章 製作四連桿機構

103

⑦ 按照下圖，使用間隔柱、3×35mm 的螺帽和樹脂螺帽，將步驟⑥組好的本體和 I 型打孔條板組裝在一起。首先，將 I 型打孔條板穿過軸承。接著，將間隔柱、螺帽和樹脂螺帽固定在最尾端。

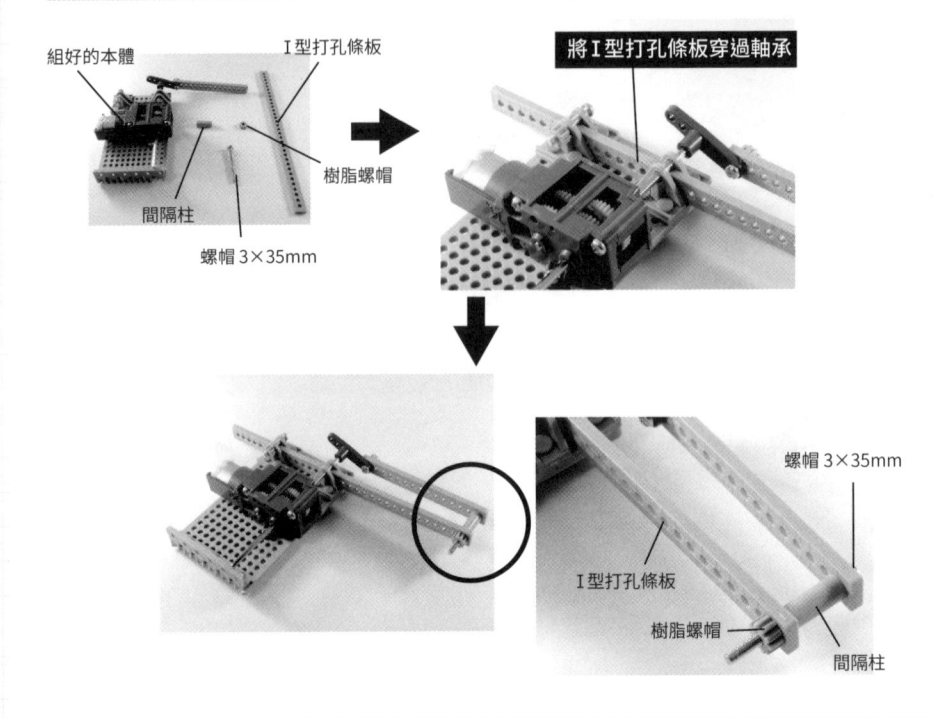

將 I 型打孔條板穿過軸承

組好的本體
I 型打孔條板
樹脂螺帽
間隔柱
螺帽 3×35mm

螺帽 3×35mm
I 型打孔條板
樹脂螺帽
間隔柱

⑧ 按照下圖，使用 3 個鉚釘和 3 個定位停止銷，將步驟⑦組好的本體和多用途打孔平板底部組裝在一起。鉚釘和定位停止銷從底部插入。

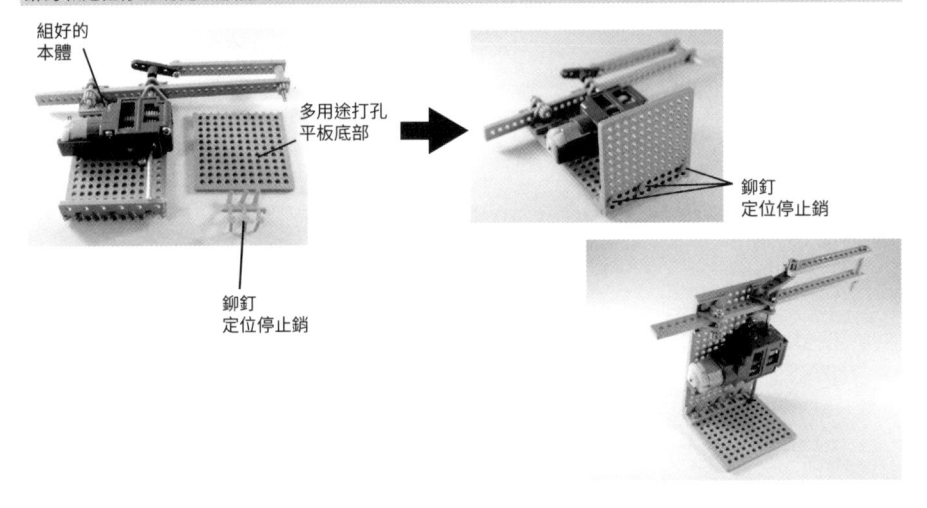

組好的本體
多用途打孔平板底部
鉚釘
定位停止銷
鉚釘
定位停止銷

⑨ 錫焊接電池盒與電池盒附的藍色電線。藍色電線切成一半來使用。使用電池盒的上端子與下端子。

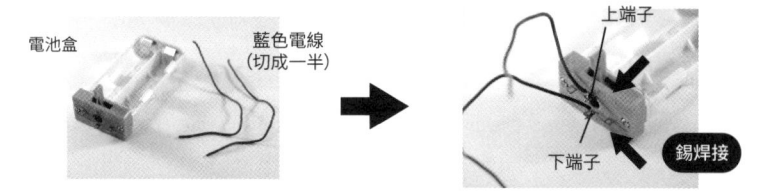

電池盒　　藍色電線
　　　　　（切成一半）

上端子
下端子
錫焊接

⑩ 錫焊接馬達和電池盒外的電線。不需要在意極性。

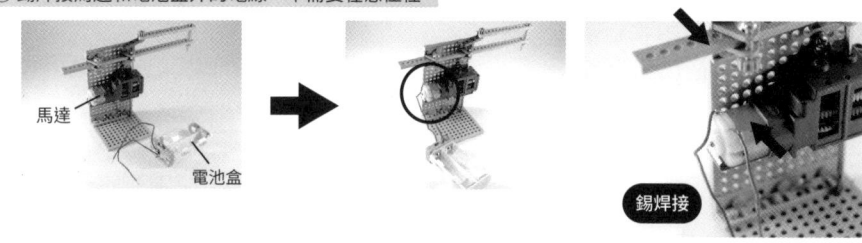

馬達
電池盒
錫焊接

⑪ 在電池盒背面貼上雙面膠帶，然後貼在多用途打孔平板底部。

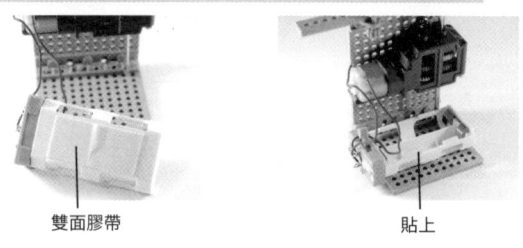

雙面膠帶
貼上

⑫ 在馬達上裝上馬達外蓋，即完成！

馬達外蓋

按下開關，I型打孔條板就會滑動，開始動作。透過左右撥動開關，來控制馬達的正反轉。
但是，會有一個方向無法讓I型打孔條板順利運作。這是因為馬達軸心軸和滑塊軸錯位所導致的現象。
請選擇能夠順利運作的方向，讓I型打孔條板旋轉。

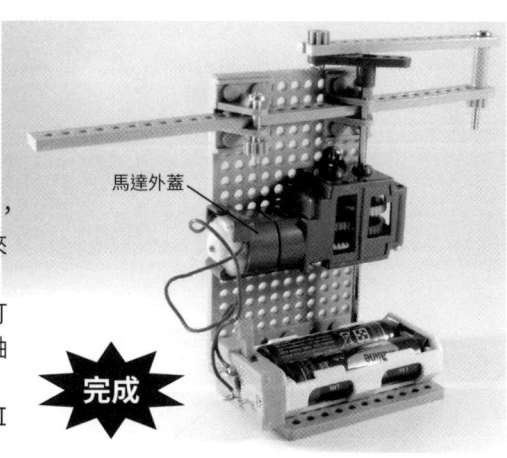

馬達外蓋

完成

第 3 章　製作四連桿機構

105

3-8 往復雙滑塊曲柄機構（蘇格蘭軛）

往復雙滑塊曲柄機構，是將「擺動運動」（旋轉運動）轉換成「往復運動」的機構。

根據其結構，有時也稱為「蘇格蘭軛」，常用於機械零件中。

優點是整體結構較為小巧。

缺點是因為使用了滑塊，會產生較大的振動，且螺帽容易鬆動。因此，想要長時間使用時，需要使用黏著劑等固定螺帽。

※ 這裡使用的往復雙滑塊曲柄機構零件組「DEN-K-008」，由於該零件組移除了外蓋及裝飾部分，因此能更輕鬆了解往復雙滑塊曲柄機構運作的原理。

圖3-24 使用往復雙滑塊曲柄機構上下運動的模型

■往復雙滑塊曲柄機構（蘇格蘭軛）的構造

往復雙滑塊曲柄機構是依「滑動對偶→滑動對偶→迴轉對偶→迴轉對偶」的順序組成，其結構如**圖 3-25** 所示。

而運動方式是，讓擺動桿（主動件）做擺動運動時，滑動接頭會滑動，而連桿做往復運動。

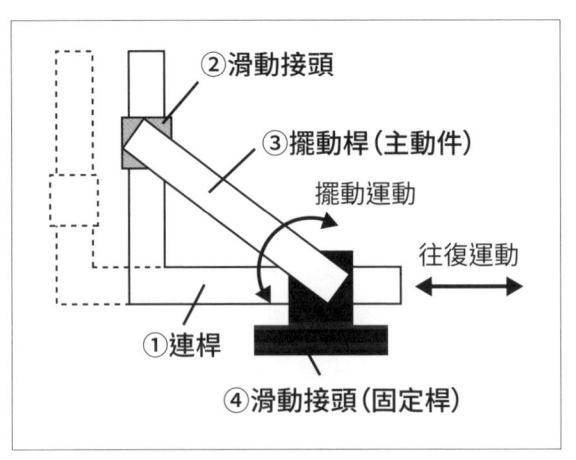

圖3-25 往復雙滑塊曲柄機構的原理

上下運動的模型，是將往復雙滑塊曲柄機構按照**圖 3-26** 的流程調整，變成蘇格蘭軛。雖然樣貌與**圖 3-25** 不同，但機構原理是一樣的。

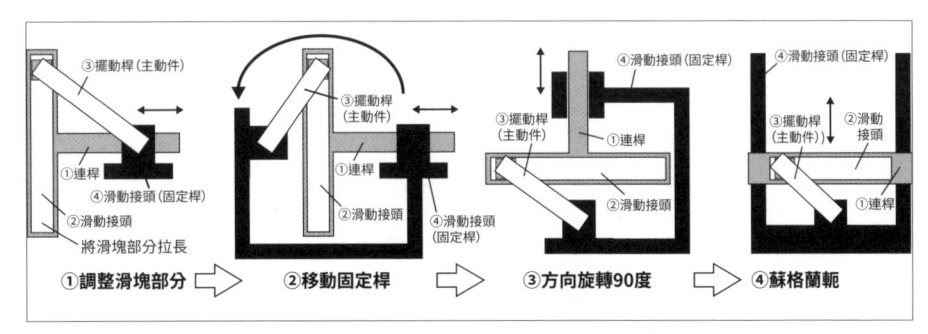

圖3-26 往復雙滑塊曲柄機構調整成蘇格蘭軛的流程

雖然機構本身的體積很小，但由於需要馬達和電池盒來驅動，因此整體看起來很大。

此外，將 I 型打孔條板組裝在兩根導軌上的原因，是因為能藉此讓導軌的間距維持平行。

圖3-27 組裝 I 型打孔條板

蘇格蘭軛容易產生振動，因此導軌底部的螺帽容易鬆動，如果螺帽鬆動了，請重新鎖緊。

接著，若為了解決螺帽鬆動問題，而將軸心更換為長螺栓，將其當做軸心使用時，螺栓上的螺紋會導致機構無法正常運作，因此請避免使用長螺栓。

★零件清單

1. 萬用齒輪減速機
・1台

※箱子裡面的黑色螺絲和螺帽是在組裝本體時使用。
※雙頭螺絲也用於其他地方。

使用加工成35mm的六角軸心，以中速模式製作

2. 多用途打孔平板
・1塊

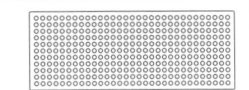

3. I型打孔條板
1條 

4. 曲柄臂
・1個

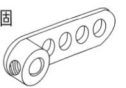

5. 間隔柱
・5mm　2個
・15mm　4個

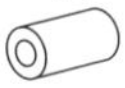

6. 雙頭螺絲
・圓頭 3 × 100mm 1根

7. 螺栓與螺帽
・螺栓3×20mm 3個
・螺栓3×35mm 2個
・螺帽3mm　　15個

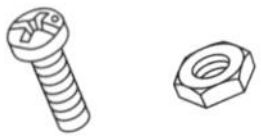

8. 電池盒
・3號電池2只裝，附開關

※請按照說明書組裝。

●**材料加工**　在開始組裝之前，請先按照下列說明加工材料。

① 萬用齒輪減速機
使用加工成35mm的六角軸心，
以中速模式製作

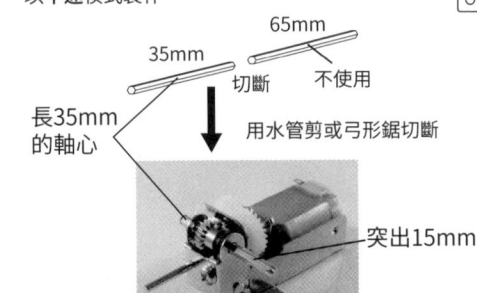

35mm　65mm
切斷　不使用

長35mm
的軸心

用水管剪或弓形鋸切斷

突出15mm

② I型打孔條板
8孔　　15孔　　8孔
切斷　　切斷

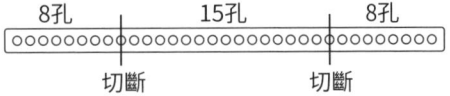

③ 多用途打孔平板
11孔　7孔　11孔 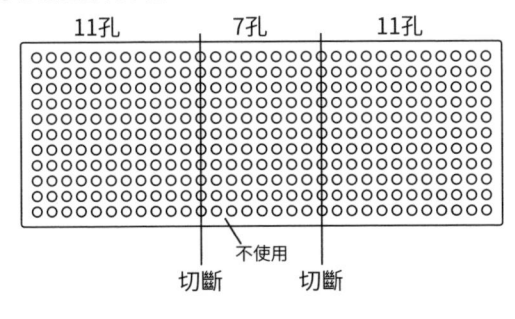
不使用
切斷　切斷

④ 曲柄臂
切斷
不使用
曲柄臂

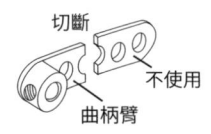

切斷時，請將曲柄臂固定在萬力上，
用折彎的方式切斷，或使用弓形鋸。

第 3 章　製作四連桿機構

109

往復雙滑塊曲柄機構的製作方式

■材料加工

① 請按照上一頁「材料加工」的說明來加工材料。

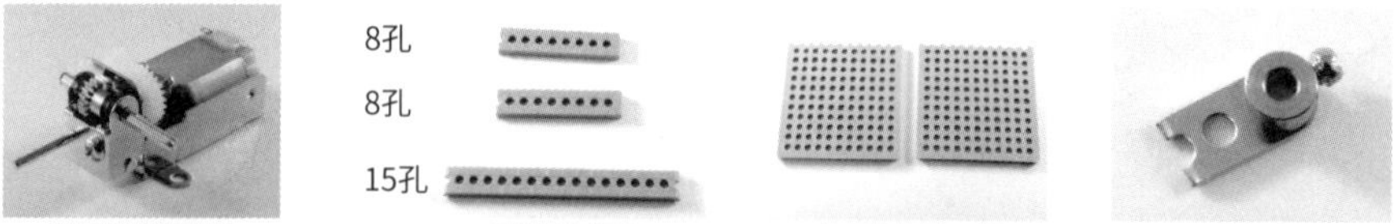

| 萬用齒輪減速機 | I型打孔條板 (8孔、8孔、15孔) | 多用途打孔平板 | 曲柄臂 |

■組裝馬達

① 按照下圖，使用齒輪減速機附的螺栓和螺帽，將齒輪減速機和加工完成的多用途打孔平板組裝在一起。

- 加工完成的多用途打孔平板
- 齒輪減速機
- 齒輪減速機附的螺栓和螺帽

(位置：1、7，3)

■組裝機構本體

① 按照下圖，用2個螺帽，將加工完成的多用途打孔平板與2根3×35mm的螺栓組裝在一起。

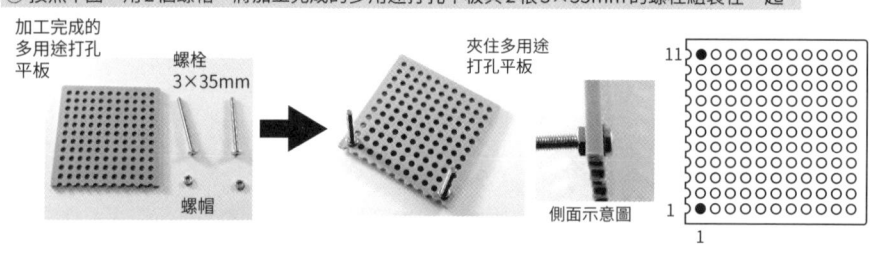

- 加工完成的多用途打孔平板
- 螺栓 3×35mm
- 螺帽
- 夾住多用途打孔平板
- 側面示意圖

(位置：11、1，1)

② 按照下圖，使用4個螺帽，步將驟①組好的本體和2根雙頭螺絲組裝在一起。

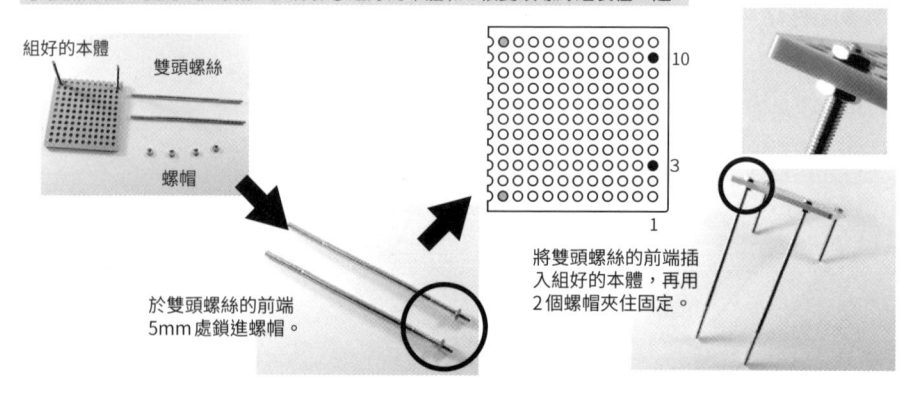

- 組好的本體
- 雙頭螺絲
- 螺帽
- 於雙頭螺絲的前端5mm處鎖進螺帽。

(位置：10、3，1)

將雙頭螺絲的前端插入組好的本體，再用2個螺帽夾住固定。

110

③ 按照下圖,將步驟②組好的本體和4個間隔柱組裝在一起。

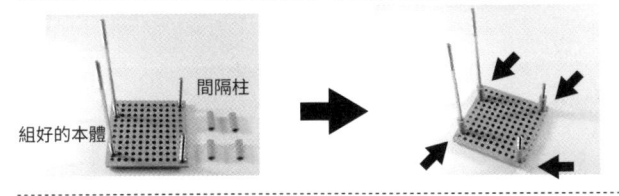

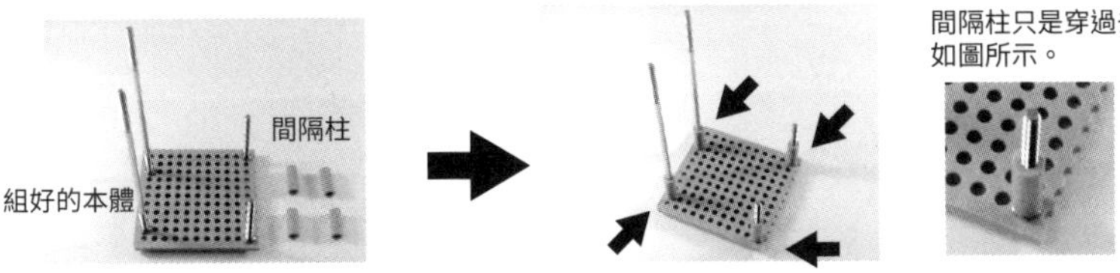

間隔柱只是穿過去而已,如圖所示。

組好的本體　　間隔柱

④ 使用2個螺帽,將步驟②組好的本體和裝載馬達的多用途打孔平板組裝在一起。

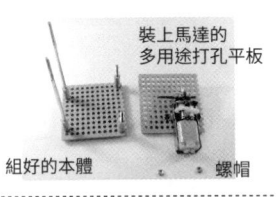

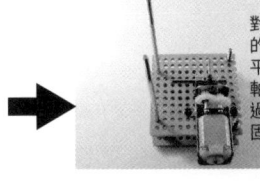

裝上馬達的多用途打孔平板

對齊裝載馬達的多用途打孔平板,然後將軸心與螺栓穿過這些孔,再固定於上方。

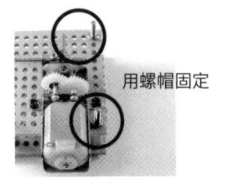

用螺帽固定

組好的本體　　螺帽

⑤ 按照下圖,使用螺帽,將8孔I型打孔條板、3×20mm的螺栓、5mm的間隔柱組裝在一起。

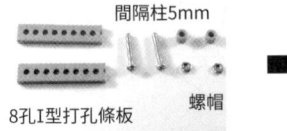

螺栓3×20mm
間隔柱5mm

8孔I型打孔條板　　螺帽

螺帽
螺栓3×20mm
間隔柱5mm
8孔I型打孔條板

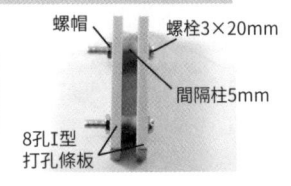

⑥ 按照下圖,將軸心穿過組好的本體和組裝好的8孔I型打孔條板。

組裝好的8孔I型打孔條板

穿過軸心。螺帽側在上方。

組好的本體

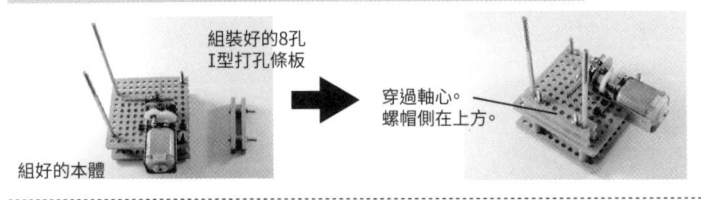

⑦ 按照下圖,將螺帽組裝於步驟⑥組好的本體軸心上。

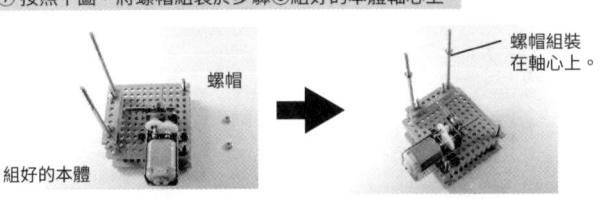

螺帽

螺帽組裝在軸心上。

組好的本體

⑧ 按照下圖,使用2個螺帽,將步驟⑦組好的本體和15孔I型打孔條板組裝在一起。

15孔I型打孔條板

將15孔I型打孔條板穿過軸心

螺帽
左3孔　右4孔

組好的本體　　螺帽

第3章 製作四連桿機構

111

⑨ 按照下圖，使用螺帽，將加工完成的曲柄臂和3×20mm的螺栓組裝在一起。

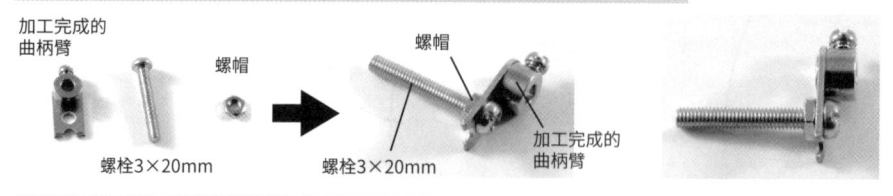

加工完成的
曲柄臂

螺帽

螺栓3×20mm　　螺栓3×20mm　　螺帽　　加工完成的曲柄臂

---

⑩ 將步驟⑨完成的曲柄臂，組裝到步驟⑧完成的馬達軸心上。

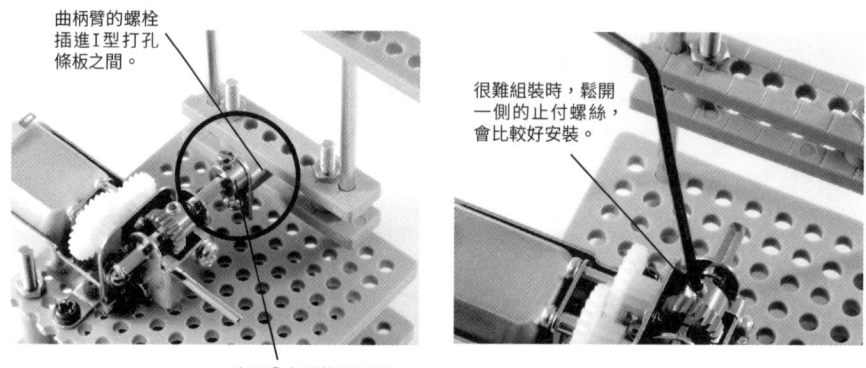

曲柄臂的螺栓
插進I型打孔
條板之間。

很難組裝時，鬆開
一側的止付螺絲，
會比較好安裝。

步驟⑨完成的曲柄臂

---

⑪ 將電池盒附的藍色電線錫焊接到電池盒上。藍色電線切成一半來使用。錫焊接時，使用電池盒的上端子與下端子。

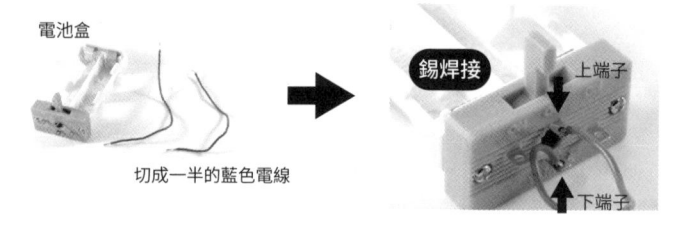

電池盒

切成一半的藍色電線

錫焊接

上端子

下端子

---

⑫ 分別錫焊接電池盒外的電線和馬達端子。無極性。

錫焊接

112

⑬ 在電池盒內裝入電池。

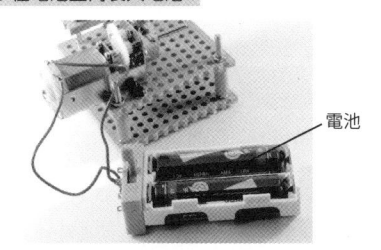

電池

⑭ 在電池盒背面貼上雙面膠帶。

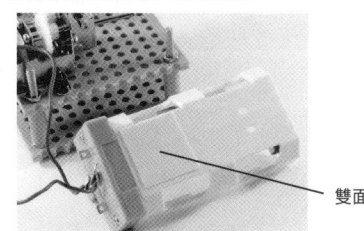

雙面膠帶

⑮ 用雙面膠帶將電池盒固定到完成的本體上，即完成。

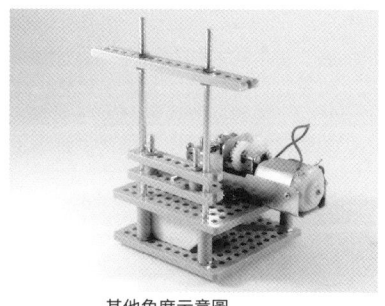

完成

用雙面膠帶固定

其他角度示意圖

● 按下開關時，藉由往復雙滑塊曲柄機構（蘇格蘭軛）做上下往復運動。參考冷知識的圖1，往復雙滑塊曲柄機構與組裝完成的零件組之間的關係如下。
①連桿是方形連桿，非常小巧，是負責上下往復運動的部分。
②滑動接頭是由打孔條板間的空隙及螺栓所構成。
③主動件會旋轉，因此不再是擺動桿，而是變成了迴轉桿。
④滑動接頭（固定桿）是由軸心、馬達部分及本體組成，是一個非常大的固定桿。

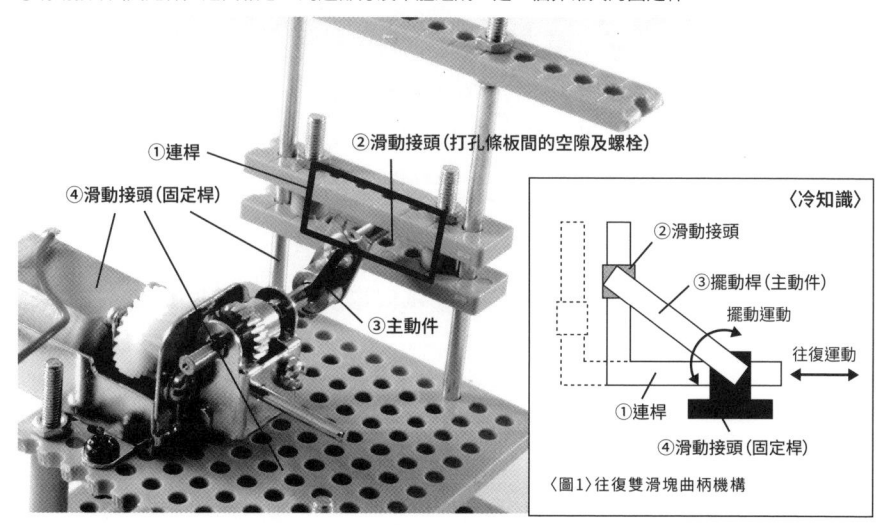

①連桿
②滑動接頭（打孔條板間的空隙及螺栓）
④滑動接頭（固定桿）
③主動件

〈冷知識〉
②滑動接頭
③擺動桿（主動件）
擺動運動
往復運動
①連桿
④滑動接頭（固定桿）
〈圖1〉往復雙滑塊曲柄機構

第3章 製作四連桿機構

113

3-9 迴轉雙滑塊曲柄機構（奧爾德姆聯軸器）

本節要介紹的是，利用迴轉雙滑塊曲柄機構製作的「奧爾德姆聯軸器」。奧爾德姆聯軸器可以將馬達的旋轉軸轉移到其他軸上。

不過，由於這種機構的規模較大，在電子工程中通常會使用「接頭」來代替。

> ※ 這裡使用的迴轉雙滑塊曲柄機構零件組「DEN-K-009」，類似於立體拼圖。若不按照說明書的順序組裝，會組裝失敗，請多加注意。
> 此外，由於該零件組移除了外蓋及裝飾部分，因此能更輕鬆了解迴轉雙滑塊曲柄機構（奧爾德姆聯軸器）運作的原理。

圖3-28 利用迴轉雙滑塊曲柄機構的奧爾德姆聯軸器

■迴轉雙滑塊曲柄機構（奧爾德姆聯軸器）的構造

迴轉雙滑塊曲柄機構是依「滑動對偶→滑動對偶→迴轉對偶→迴轉對偶」的順序組成，其結構如**圖3-29**所示。

而運動方式是，當「③連桿（主動件）」做如虛線的旋轉運動時，「②滑動接頭」和「④滑動接頭」也會隨之旋轉。

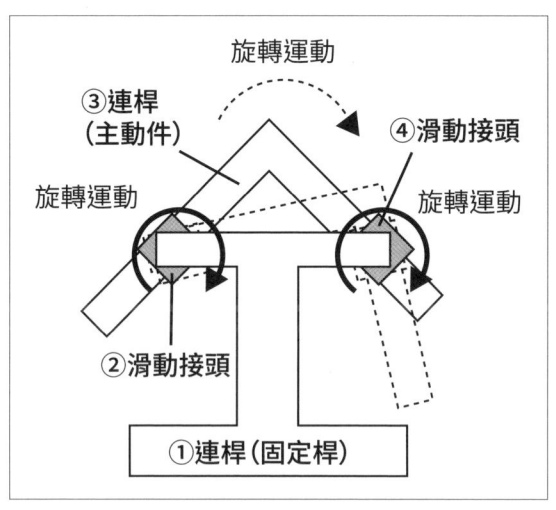

圖3-29 迴轉雙滑塊曲柄機構

本節所製作的模型如**圖3-30**所示，「U字型的多用途打孔平板」當做「②和④的滑動接頭」，而「十字形的多用途打孔平板」當做「③連桿（主動件）」。

用2個「U字型的多用途打孔平板」夾住「十字形的多用途打孔平板」。

然後，將馬達組裝到其中一個「U字型的多用途打孔平板」上，當做固定桿。

圖1 此零件組的奧爾德姆聯軸器

U字型的多用途打孔平板
(②和④的滑動接頭)

十字形的多用途打孔平板
(③連桿(並非為固定桿))

圖3-30奧爾德姆聯軸器的構造。

　奧爾德姆聯軸器基本上是市售的商品，因此通常不需要自行製作。

　此外，在電子工程中，想要錯開馬達的旋轉軸，使用接頭會比較便宜、簡單。

圖3-31接頭

★零件清單

1. 萬用齒輪減速機
・1台
※箱子裡面的黑色螺絲和螺帽是在組裝本體時使用。 
使用六角軸心，以低速模式（齒輪比719:1）製作

2. 多用途打孔平板
・3塊

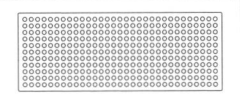

3. I型打孔條板
5條 

4. L型角材
・3個

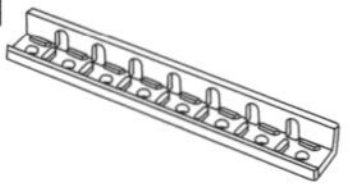

5. 間隔柱
・10mm　1個

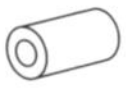

6. 螺栓與螺帽
・螺栓3×10mm　1個
・螺栓3×20mm　12個
・螺栓3×35mm　1個
・螺帽3mm　14個

7. 鉚釘和定位停止銷
・橘色　21組

8. 電池盒
・3號電池2只裝，附開關
※請按照說明書組裝。

9. 曲柄臂
・2個

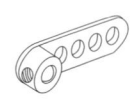

第3章　製作四連桿機構

●**材料加工**　在開始組裝之前，請先按照下列說明加工材料。

① 萬用齒輪減速機

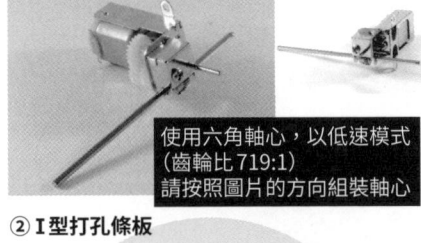

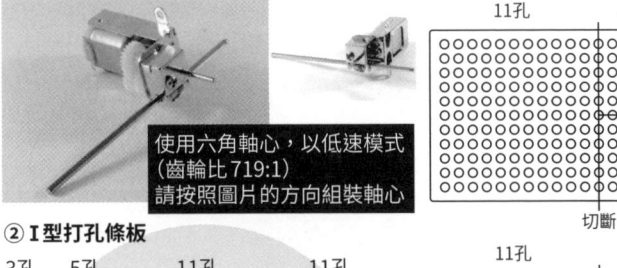

使用六角軸心，以低速模式
（齒輪比719:1）
請按照圖片的方向組裝軸心

② I型打孔條板

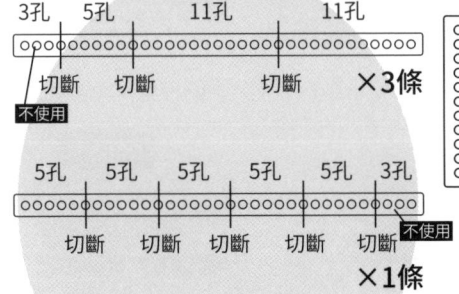

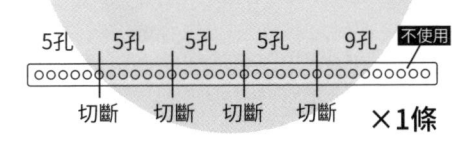

3孔　5孔　11孔　11孔
切斷　切斷　　切斷
不使用　　　　　　　×3條

5孔　5孔　5孔　5孔　3孔
切斷　切斷　切斷　切斷　不使用
×1條

5孔　5孔　5孔　5孔　9孔
切斷　切斷　切斷　切斷　不使用
×1條

③ 多用途打孔平板
※3塊中1塊不加工。

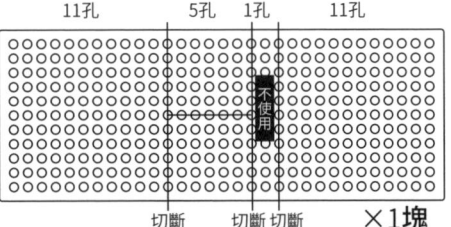

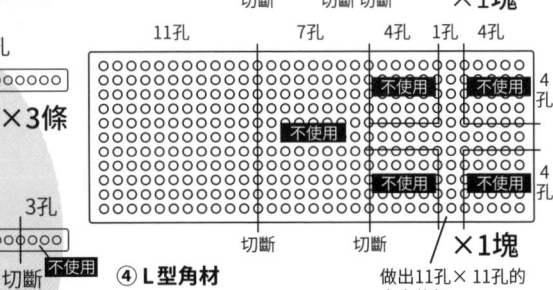

11孔　5孔　1孔　11孔
不使用
切斷　切斷　×1塊

11孔　7孔　4孔　1孔　4孔
不使用　　不使用
不使用　　　　　4孔
不使用　　不使用
切斷　切斷　×1塊
做出11孔×11孔的十字條板

④ L型角材

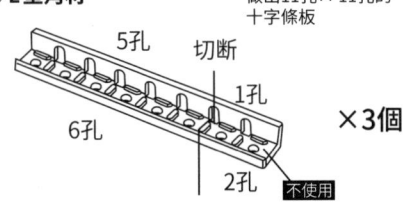

5孔　切斷
6孔　1孔
2孔　不使用
×3個

117

迴轉雙滑塊曲柄機構的製作方式

■材料加工

① 請按照上一頁「材料加工」的說明來加工材料。

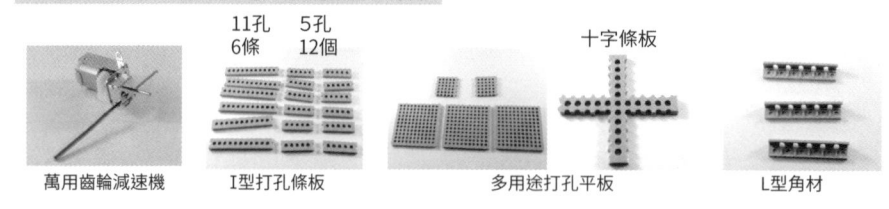

| 萬用齒輪減速機 | I型打孔條板 (11孔6條、5孔12個) | 多用途打孔平板 | 十字條板 | L型角材 |

■組裝本體

① 按照下圖，使用齒輪減速機附的螺栓和螺帽，將齒輪減速機和加工成11孔×11孔的多用途打孔平板組裝在一起。

加工成11孔×11孔的多用途打孔平板
齒輪減速機
齒輪減速機附的螺栓和螺帽

穿過馬達軸心
  2 6 8
1 ○○○○○○○○○○○
  ○○●○○○○○○○○
3 ○●○○○○○●○○○
4 ○○○○○○○○○○○

② 按照下圖，使用3組鉚釘和定位停止銷，將步驟①組好的本體和L型角材組裝在一起。

L型角材
鉚釘和定位停止銷3組
組好的本體
長孔
圓孔

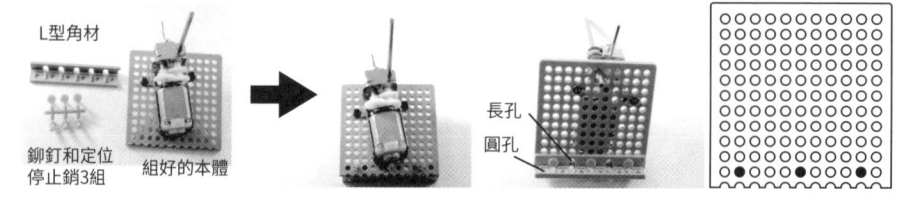

③ 按照下圖，使用3組鉚釘和定位停止銷，將加工成11孔×11孔的多用途打孔平板和L型角材組裝在一起，總共做出2組。

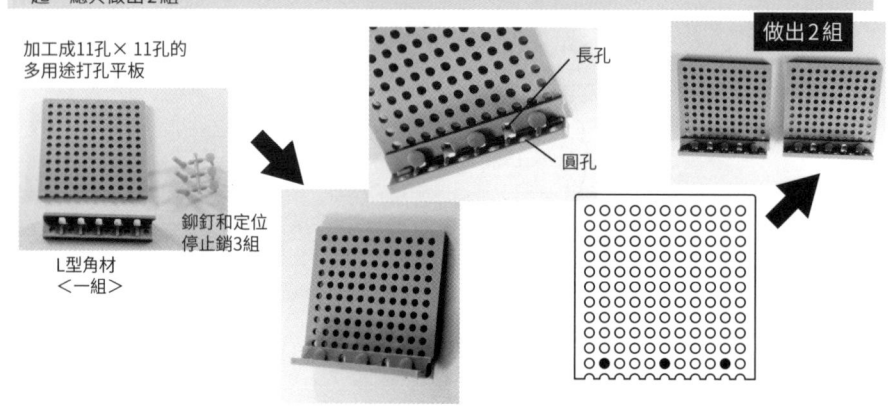

加工成11孔×11孔的多用途打孔平板
鉚釘和定位停止銷3組
L型角材
<一組>
長孔
圓孔
做出2組

④ 按照下圖，使用8組鉚釘和定位停止銷，將步驟③組好的2組平板和未加工的多用途打孔平板組裝在一起。

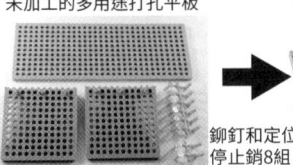

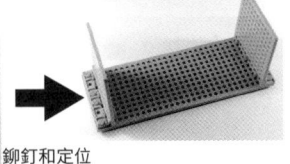

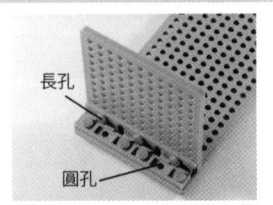

未加工的多用途打孔平板

鉚釘和定位停止銷8組

2組平板

長孔

圓孔

在標示●的位置鎖緊

⑤ 按照下圖，使用4組鉚釘和定位停止銷，將步驟④組好的2組底座和步驟②組好的零件組裝在一起。

步驟④組好的底座

鉚釘和定位停止銷4組

步驟②組好的本體

在標示●的位置鎖緊 14

將軸心穿過上端的中央處

⑥ 將切成一半的藍色電線錫焊接到電池盒上。

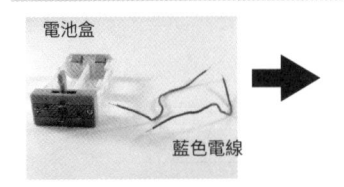

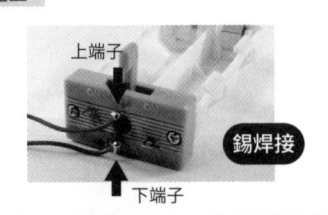

電池盒

藍色電線

上端子

下端子

錫焊接

⑦ 分別錫焊接電池盒外的藍色電線和馬達端子。無極性。

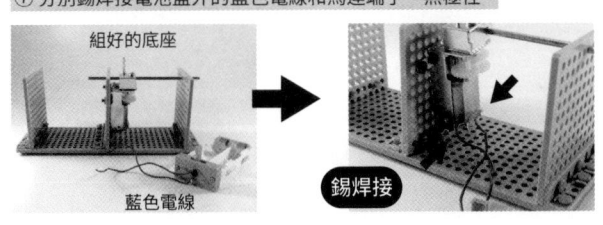

組好的底座

藍色電線

錫焊接

第3章 製作四連桿機構

119

⑧ 在電池盒的背面貼上雙面膠帶，固定在底座上。請裝入電池，確認馬達是否能順利運轉。

雙面膠帶　貼上　確認是否能運轉　完成

■組裝聯軸器

① 按照下圖，使用3×20mm的螺栓，將十字條板和11孔I型打孔條板組裝在一起。螺栓從I型打孔條板側插入。

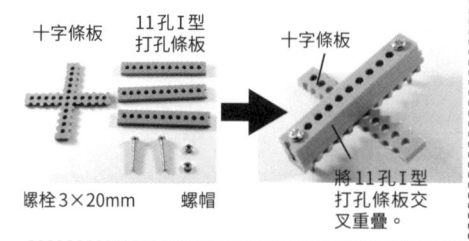

② 按照下圖，另一側同樣使用3×20mm的螺栓和螺帽，將十字條板和11孔I型打孔條板組裝在一起。螺栓從I型打孔條板側插入。

十字條板　11孔I型打孔條板　十字條板

螺栓3×20mm　螺帽　將11孔I型打孔條板交叉重疊。

十字條板　11孔I型打孔條板　十字條板

螺栓3×20mm　螺帽　完成　將11孔I型打孔條板交叉重疊。

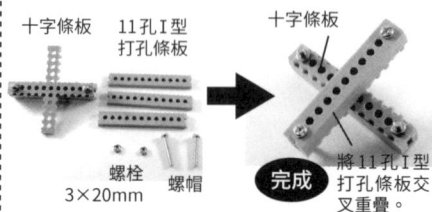

③ 按照下圖，使用3×10mm的螺栓和螺帽，將5孔×5孔的多用途打孔平板和曲柄臂組裝在一起。螺栓從多用途打孔平板側插入。

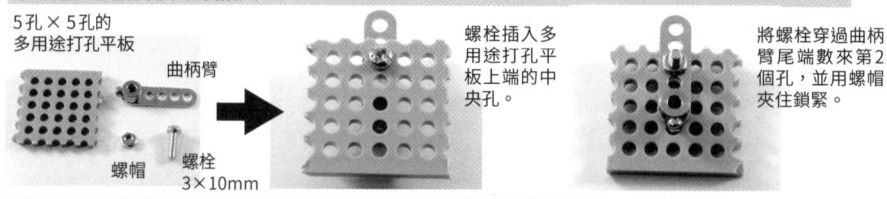

5孔×5孔的多用途打孔平板　曲柄臂

螺帽　螺栓3×10mm

螺栓插入多用途打孔平板上端的中央孔。

將螺栓穿過曲柄臂尾端數來第2個孔，並用螺帽夾住鎖緊。

④ 按照下圖，使用4根3×20mm的螺栓和4個螺帽，將步驟③組好的5孔×5孔多用途打孔平板和6個5孔I型打孔條板組裝在一起。

組好的5孔×5孔多用途打孔平板　螺栓3×20mm

I型打孔條板6個　插入4根3×20mm的螺栓。

將2個I型打孔條板分別放在左右兩側。

將2個I型打孔條板分別放在上下兩側。

將2個I型打孔條板分別放在上下兩側。

插入4根3×20mm的螺栓。

完成　翻過來後，用螺帽鎖緊。

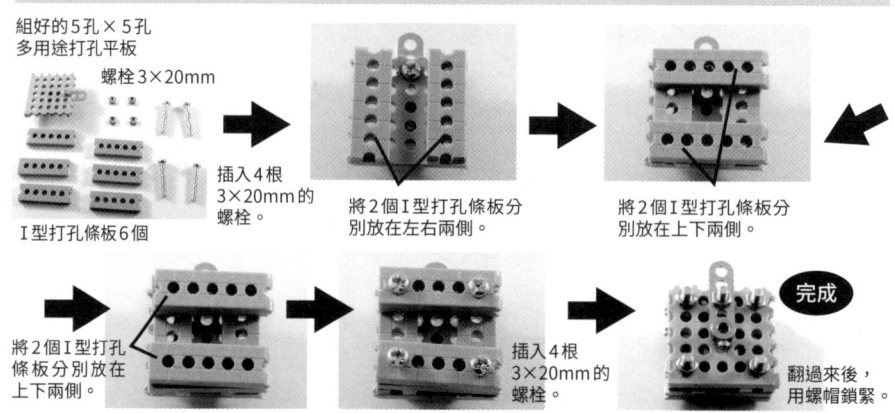

⑤ 按照下圖將3×20mm的螺栓和螺帽，組裝到5孔×5孔多用途打孔平板上。

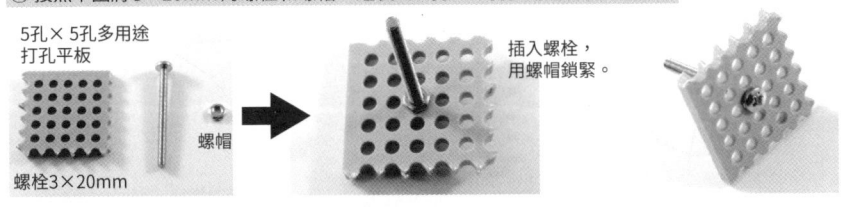

5孔×5孔多用途打孔平板　螺栓3×20mm　螺帽　→　插入螺栓，用螺帽鎖緊。

⑥ 按照下圖，使用4根3×20mm的螺栓和4個螺帽，將步驟⑤組好的5孔×5孔多用途打孔平板和6個5孔I型打孔條板組裝在一起。

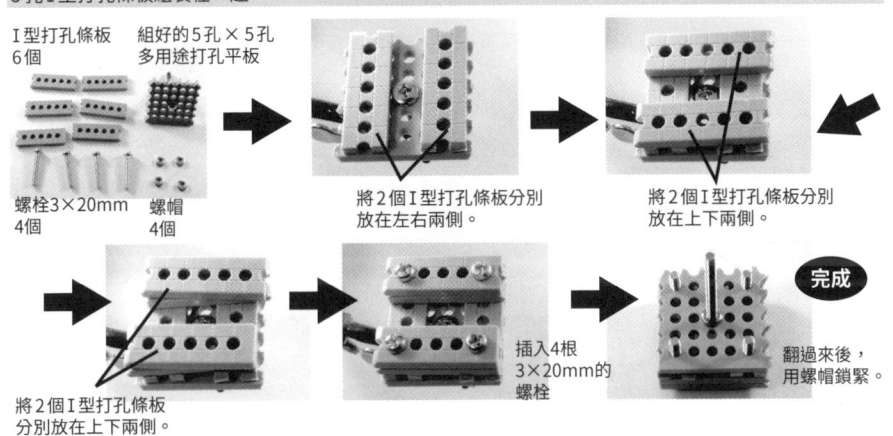

I型打孔條板 6個　組好的5孔×5孔多用途打孔平板　螺栓3×20mm 4個　螺帽 4個

將2個I型打孔條板分別放在左右兩側。　將2個I型打孔條板分別放在上下兩側。

將2個I型打孔條板分別放在上下兩側。　插入4根3×20mm的螺栓　完成　翻過來後，用螺帽鎖緊。

第3章 製作四連桿機構

⑦ 將間隔柱穿過步驟⑥組好的5孔×5孔多用途打孔平板。

組好的5孔×5孔多用途打孔平板　間隔柱　將間隔柱穿過螺栓，只是穿過沒有固定住。

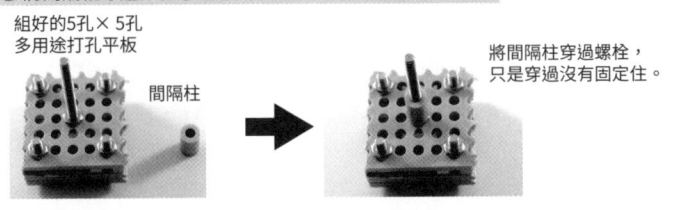

⑧ 用曲柄臂組裝步驟⑦組好的5孔×5孔多用途打孔平板和底座。請先鬆開曲柄臂的止付螺絲再組裝。

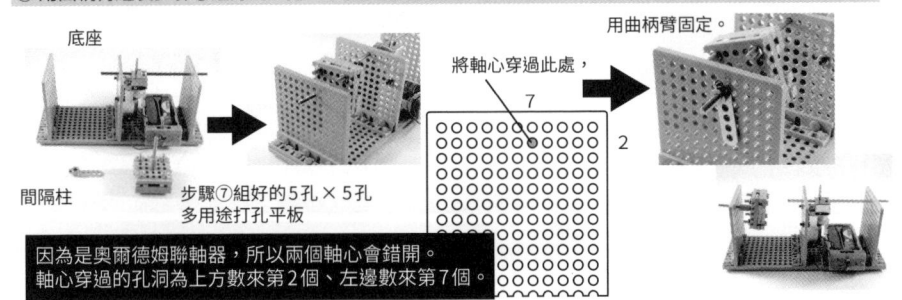

底座　間隔柱　步驟⑦組好的5孔×5孔多用途打孔平板　將軸心穿過此處，7 2　用曲柄臂固定。

因為是奧爾德姆聯軸器，所以兩個軸心會錯開。軸心穿過的孔洞為上方數來第2個、左邊數來第7個。

121

⑨ 將步驟④組好的5孔×5孔多用途打孔平板組裝到馬達軸心上。請先鬆開曲柄臂的止付螺絲再組裝。

底座

先鬆開曲柄臂的止付螺絲再組裝。

步驟④組好的5孔×5孔多用途打孔平板。

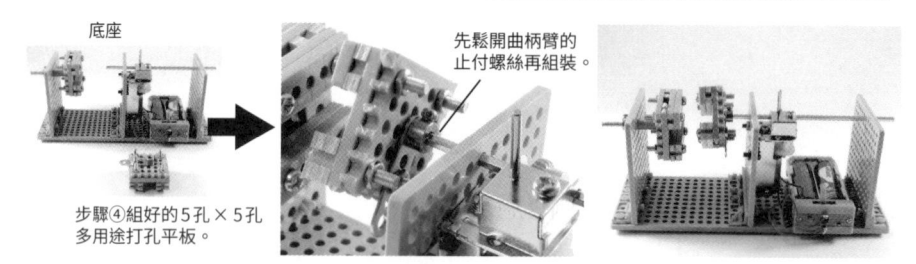

⑩ 組裝先前組好的十字條板。組裝方式為嵌入5孔×5孔多用途打孔平板的溝槽。難以嵌入時，請鬆開5孔×5孔多用途打孔平板的螺帽。

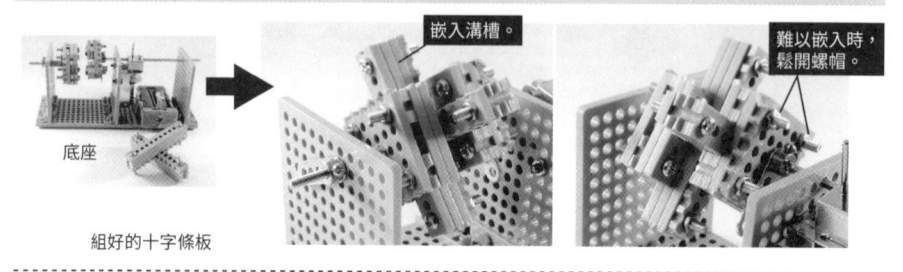

嵌入溝槽。

難以嵌入時，鬆開螺帽。

底座

組好的十字條板

⑪ 嵌入十字條板後，若出現下圖的歪斜狀況，請鬆開連接馬達和軸心的止付螺絲，改善歪斜狀況。

歪曲

鬆開止付螺絲，

改善歪斜狀況。

軸心從這裡拿出來。

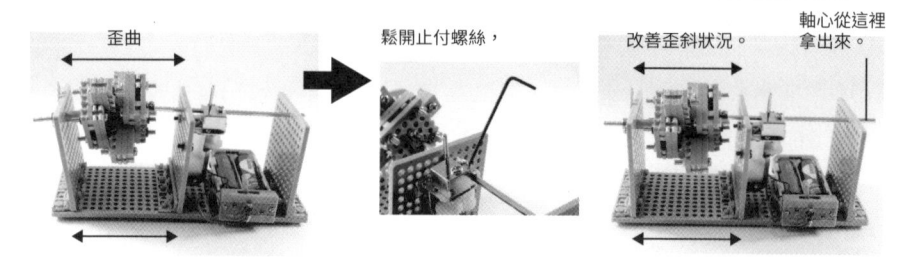

⑫ 完成！

按下開關，奧爾德姆聯軸器就會開始旋轉。能看出馬達軸和聯軸器的軸是分開旋轉的。此外，也會發現十字條板會滑動。
若十字條板無法順利滑動，這是因為5孔×5孔多用途打孔平板的螺栓鎖太緊了。請稍微鬆開看看。

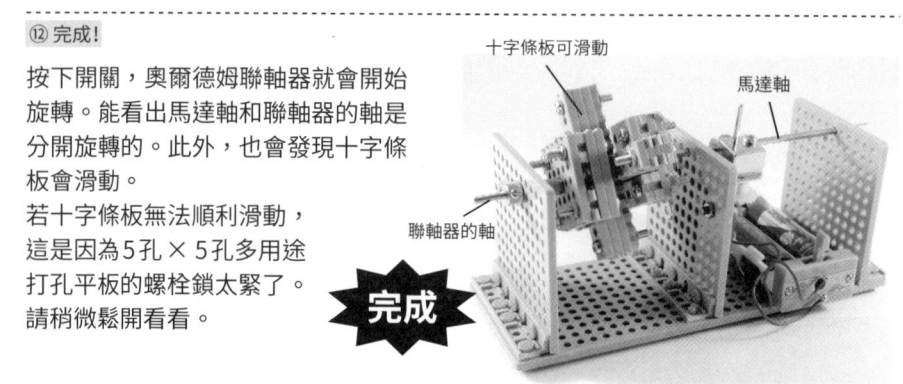

十字條板可滑動

馬達軸

聯軸器的軸

完成

3-10 固定雙滑塊曲柄機構（橢圓規）

本節要解說的是，利用固定雙滑塊曲柄機構的「橢圓規」。

「滑塊接頭」在「十字條板」內移動的樣子，十分有趣，看起來就像汽車工廠生產線上的機器人。

此外，在製作十字條板時，需要用到斜口鉗和銼刀。

這個部分是製作過程中最困難的地方，如果加工不夠漂亮，滑塊接頭就無法順利移動。

※ 這裡使用的固定雙滑塊曲柄機構零件組「DEN-K-010」，由於該零件組移除了外蓋及裝飾部分，因此能更輕鬆了解固定雙滑塊曲柄機構（橢圓規）運作的原理。

圖3-32 利用固定雙滑塊曲柄機構的「橢圓規」

■固定雙滑塊曲柄機構（橢圓規）的構造

固定雙滑塊曲柄機構是依「滑動對偶→滑動對偶→迴轉對偶→迴轉對偶」的順序組成，其結構如**圖 3-33** 所示。

此外，橢圓規的模型固定了「①連桿（固定桿）」。

運動方式為移動「②滑動接頭（主動件）」時，透過「③連桿」，使「④滑動接頭」隨之動作。

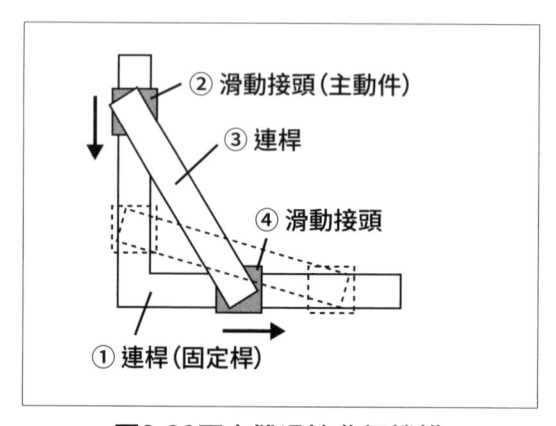

圖3-33固定雙滑塊曲柄機構

橢圓規的模型如**圖 3-34** 所示，透過移動「③連桿」來操控②和④的滑塊接頭（螺栓）。

為了移動「③連桿」，將曲柄組裝到馬達上，藉由曲柄的圓周運動來推動「③連桿」。

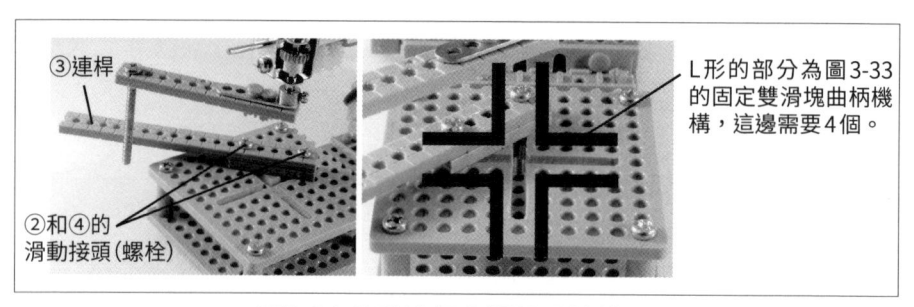

圖3-34 移動連桿來操控滑塊接頭

雖然馬達前端的曲柄是做圓周運動，但由於「③連桿」是固定雙滑塊曲柄機構的一部分，因此連桿的前端會做橢圓運動。

在這個模型中，為了將馬達固定在上端，使用Ｉ型打孔條板組成一個三角形結構，當做靜止不動的「梁」。此結構稱為「固定鏈」。

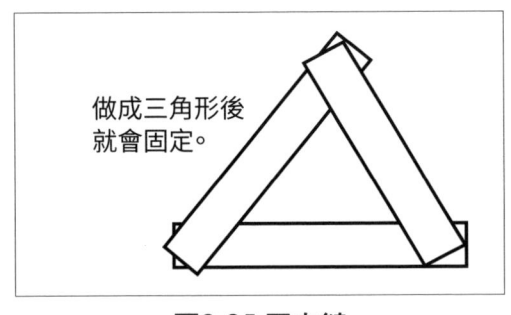

圖3-35 固定鏈

★零件清單

1. 萬用齒輪減速機
・1台

※箱子裡面的黑色螺絲和螺帽是在組裝本體時使用。
※3×100mm的雙頭螺絲用於組裝本體時。

使用30mm的六角軸心，以低速模式（齒輪比719:1）製作

2. 多用途打孔平板
・3塊

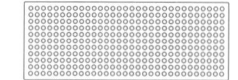

3. I型打孔條板
3條 

4. L型角材
・2個

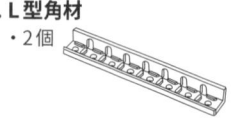

5. 間隔柱
・15mm 4個

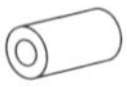

6. 軸承
・6個

7. 樹脂螺帽
・2個

8. 雙頭螺絲
・圓頭3×100mm 2根

9. 鉚釘和定位停止銷
・橘色 22組

10. 螺栓與螺帽
・3塊

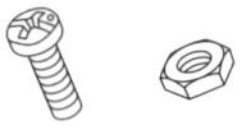

11. 紅黑電線
・20cm 1條
紅
黑

12. 電池盒
・3號電池2只裝，附開關

※請按照說明書組裝。

13. 曲柄臂
・1個

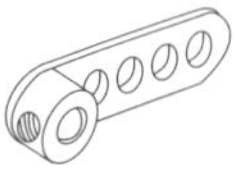

● **材料加工** 在開始組裝之前，請先按照下列說明加工材料。

① **萬用齒輪減速機**

請將六角軸心切成30mm後組裝。

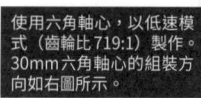

使用六角軸心，以低速模式（齒輪比719:1）製作。30mm六角軸心的組裝方向如右圖所示。

② **I型打孔條板**

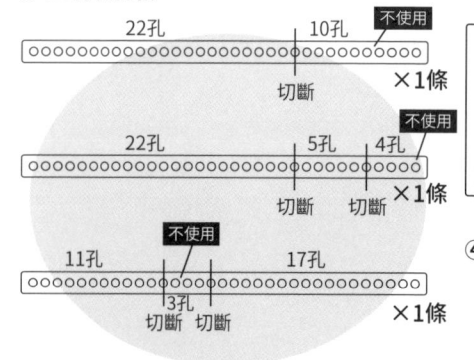

22孔　　　10孔　不使用
切斷
×1條

22孔　　5孔　4孔　不使用
切斷　切斷
×1條

11孔　不使用　17孔
切斷　切斷
3孔
×1條

③ **多用途打孔平板** ※3塊中1塊不加工。

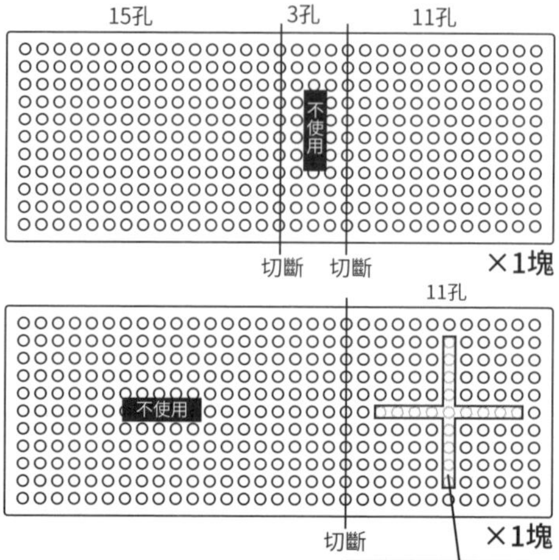

15孔　3孔　11孔
不使用
切斷　切斷
×1塊

11孔
不使用
切斷
×1塊

請將形狀修整成3mm螺栓能穿過的大小

④ **L型角材**

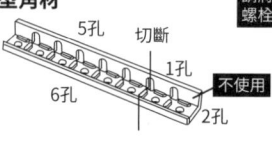

5孔　切斷
1孔　不使用
6孔
2孔
×2個

固定雙滑塊曲柄機構的製作方式

■材料加工

① 請按照上一頁「材料加工」的說明來加工材料。

萬用齒輪減速機 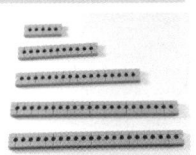　　I型打孔條板 　　多用途打孔平板 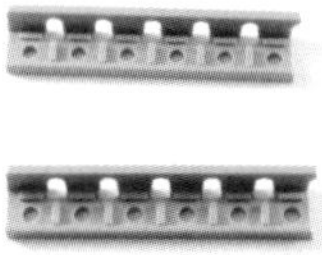　　L型角材

■組裝馬達

① 按照下圖，使用齒輪減速機附的螺栓和螺帽，將齒輪減速機和加工成11孔×11孔的多用途打孔平板組裝在一起。螺栓從哪側固定都可以。

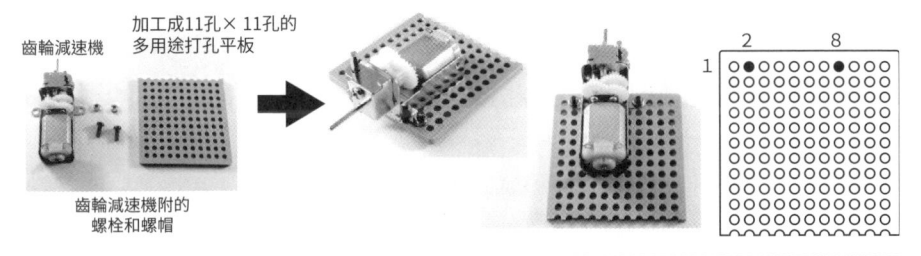

齒輪減速機　加工成11孔×11孔的多用途打孔平板

齒輪減速機附的螺栓和螺帽

② 按照下圖，使用鉚釘和定位停止銷，將步驟①組好的齒輪減速機和2個軸承組裝在一起。鉚釘從軸承側固定。

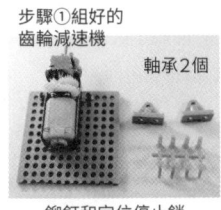

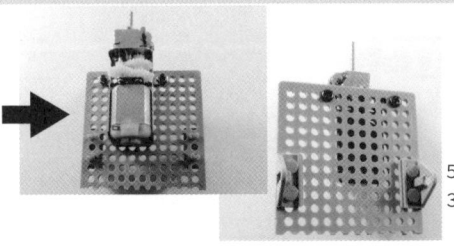

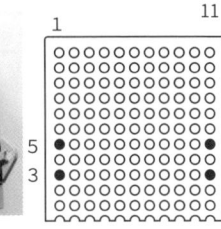

步驟①組好的齒輪減速機

軸承2個

鉚釘和定位停止銷

■組裝機構本體

① 將17孔I型打孔條板、5孔I型打孔條板、十字條板依序重疊，從17孔I型打孔條板側穿入3×20mm的螺栓。穿入位置在第1孔及第5孔。接著，穿進十字條板的溝槽，從背面用樹脂螺帽固定。參考下方圖片會比較好懂。請確認I型打孔條板可否順利動作。
若不能順利動作時，請鬆開樹脂螺帽或重新挖溝槽等等。

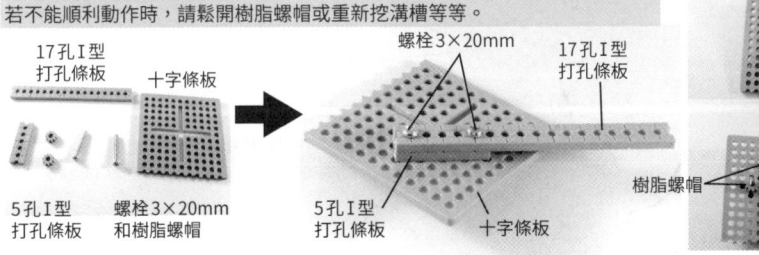

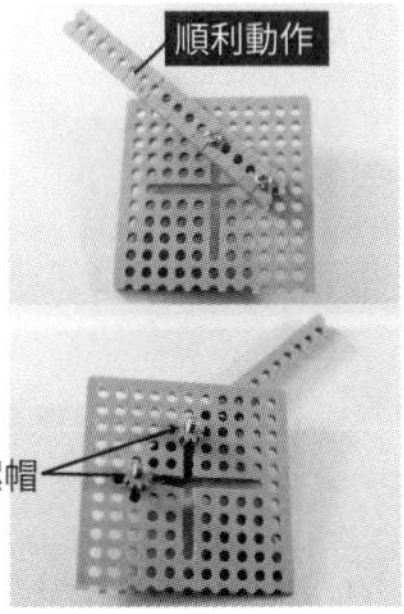

17孔I型打孔條板　　十字條板

5孔I型　螺栓3×20mm
打孔條板　和樹脂螺帽

螺栓3×20mm　　17孔I型打孔條板

5孔I型打孔條板　十字條板

順利動作

樹脂螺帽

第3章　製作四連桿機構

127

② 按照下圖，使用3×25mm的螺栓和螺帽，用間隔柱夾住，將步驟①組好的本體和多用途打孔平板組裝在一起。步驟①組好的本體組裝在多用途打孔平板最末端的位置。

多用途打孔平板

步驟①組好的本體　間隔柱　螺帽

3×25mm的螺栓

3×25mm的螺栓
間隔柱

---

③ 使用鉚釘和定位停止銷，按照下圖固定步驟②組好的本體和2個軸承。

步驟②組好的本體

鉚釘和定位停止銷　軸承

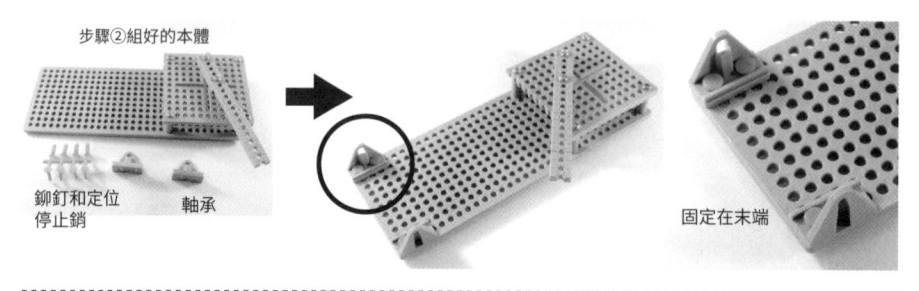

固定在末端

---

④ 按照下圖，使用鉚釘和定位停止銷，將15孔多用途打孔平板和2根L型角材固定。L型角材有組裝方向（圓孔及長孔），請參照下圖組裝。

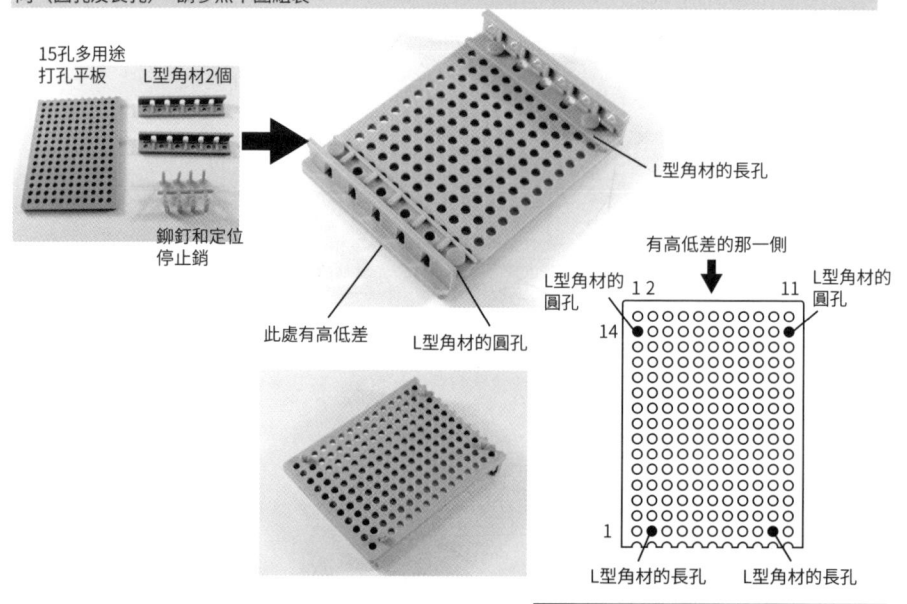

15孔多用途打孔平板　L型角材2個

鉚釘和定位停止銷

L型角材的長孔

此處有高低差　L型角材的圓孔

有高低差的那一側

L型角材的圓孔　12　　　　　　　11　L型角材的圓孔

14

1

L型角材的長孔　L型角材的長孔

L型角材有組裝方向，請多加留意。

⑤ 按照下圖，使用鉚釘和定位停止銷，將步驟④組好的15孔多用途打孔平板和2個軸承固定。軸承組裝在有高低差的那一側。

軸承2個

有高低差的那一側
軸承　軸承

有高低差的那一側

④組好的15孔
多用途打孔平板

鉚釘和定位
停止銷

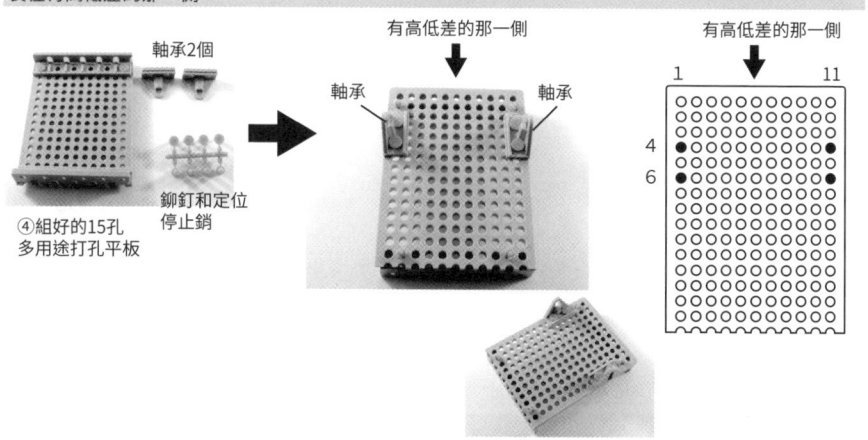

⑥ 按照下圖，使用2個鉚釘和2個定位停止銷，將步驟⑤組好的15孔多用途打孔平板和先前裝上馬達的11孔×11孔多用途打孔平板固定。裝上馬達的11孔×11孔多用途打孔平板組裝在有高低差的那一側。

裝上馬達的11孔×
11孔多用途打孔平板

步驟⑤組好的15孔
多用途打孔平板

鉚釘和定位
停止銷

步驟⑤組好的
15孔多用途打
孔平板

鉚釘和定位
停止銷

裝上馬達的11孔×
11孔多用途打孔平板

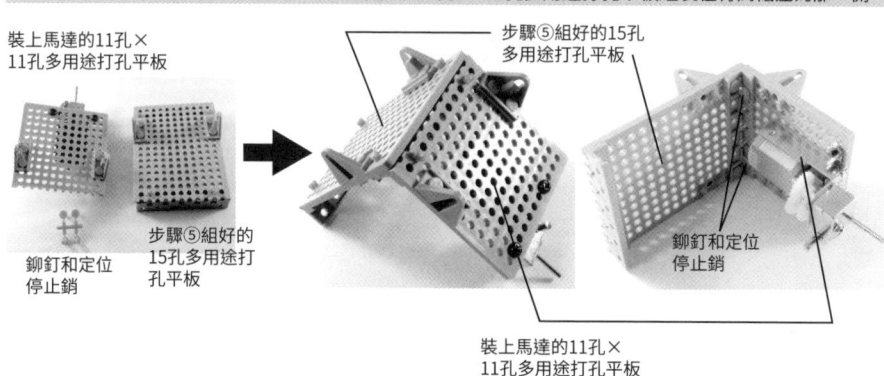

⑦ 按照下圖，使用2個鉚釘和2個定位停止銷，將步驟⑥組好的部分和步驟③組好的本體固定。

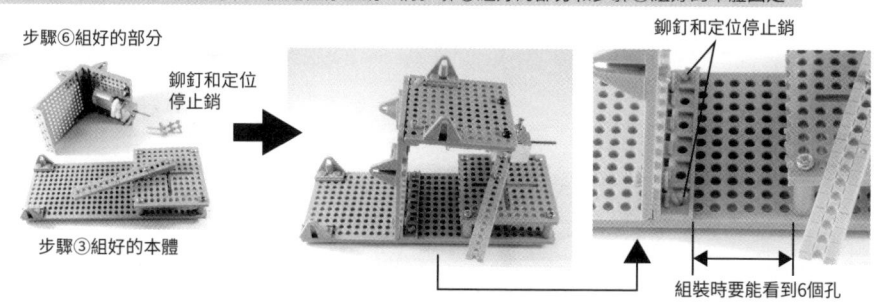

步驟⑥組好的部分

鉚釘和定位
停止銷

步驟③組好的本體

鉚釘和定位停止銷

組裝時要能看到6個孔

第3章 製作四連桿機構

129

⑧ 按照下圖，使用3根雙頭螺絲和6個螺帽，將步驟⑦組好的本體和2條22孔I型打孔條板固定。

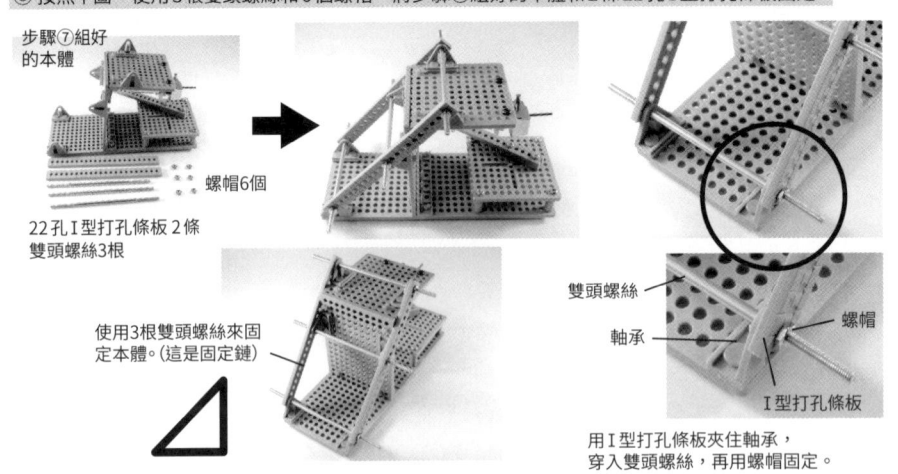

步驟⑦組好的本體

螺帽6個

22孔I型打孔條板 2條
雙頭螺絲3根

使用3根雙頭螺絲來固定本體。(這是固定鏈)

雙頭螺絲
軸承
螺帽
I型打孔條板

用I型打孔條板夾住軸承，
穿入雙頭螺絲，再用螺帽固定。

⑨ 按照下圖，使用鉚釘和定位停止銷，將11孔I型打孔條板和曲柄臂組裝在一起。

11孔I型打孔條板

鉚釘和定位停止銷

曲柄臂

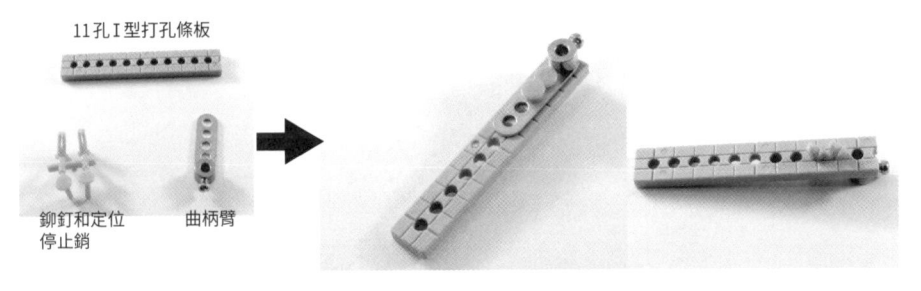

⑩ 按照下圖使用螺帽，將步驟⑨組好的打孔條板和3×35mm的螺栓組裝在一起。

步驟⑨組好的打孔條板

3×35mm的螺栓

螺帽

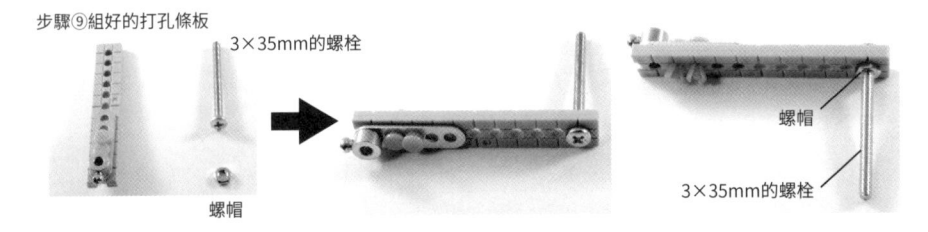

螺帽

3×35mm的螺栓

130

⑪ 按照下圖，將步驟⑩組好的打孔條板裝在本體（馬達的軸心）上。

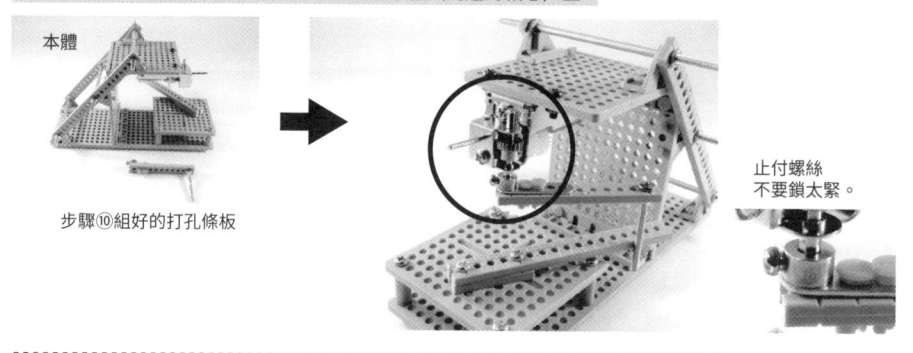

本體

步驟⑩組好的打孔條板

止付螺絲
不要鎖太緊。

⑫ 錫焊接電池盒與紅黑電線，使用電池盒的上端子與下端子

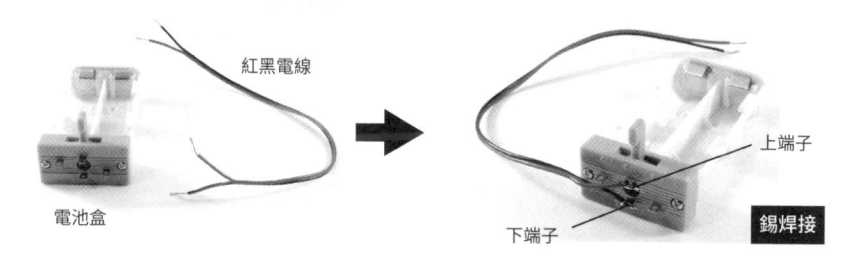

紅黑電線

電池盒

上端子

下端子

錫焊接

⑬ 按在電池盒背面貼上雙面膠帶，組裝到本體上。

雙面膠帶

組裝到本體上

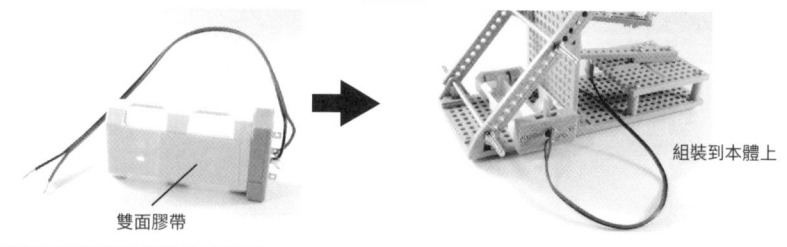

⑭ 先將紅黑電線穿過孔洞，方便將其錫焊接到馬達端子上。

選擇穿過孔洞的位置時，為了避免撞到旋轉的打孔條板，請選擇與馬達端子高度相同的孔洞。

第 3 章　製作四連桿機構

131

⑮ 將紅黑電線錫焊接到馬達端子上。無極性。

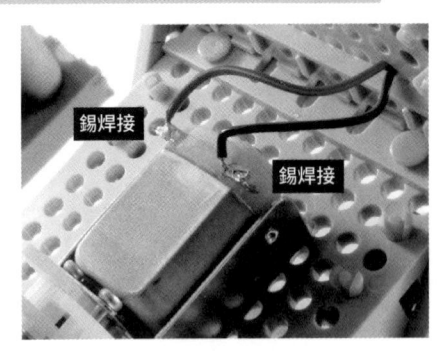

錫焊接

錫焊接

完成

做這種橢圓運動。

按下開關前,將聯軸器前端朝本體方向設置。

3-11 滑塊搖桿機構（拉普森舵機）

滑塊搖桿機構能將「擺動運動」轉換成「往復運動」。
由於沒有其他可以代替的機構，因此只有這種類型。

這個機構的關鍵在於如何製作能夠旋轉和滑動的「旋轉滑塊」（圖3-36 的模型是使用「螺栓」和「螺絲」做出來的）。

雖然機構本身很小，但由於使用搖桿（曲柄搖桿機構）當做主動件，因此體積變大。

此外，製作滑塊時需要用「銼刀加工」。

圖3-36 利用滑塊搖桿機構的出拳機器人

■滑塊搖桿機構（拉普森舵機）的構造

滑塊搖桿機構是依「滑動對偶→迴轉對偶→滑動對偶→迴轉對偶」的順序組成，其結構如圖 3-37 所示。
關鍵在於「旋轉滑塊」，這個連桿可以「旋轉」、也可以「滑動」。

運動方式是讓「④連桿（主動件）」做擺動運動，透過「旋轉滑塊」，使「②連桿」隨之做往復運動。

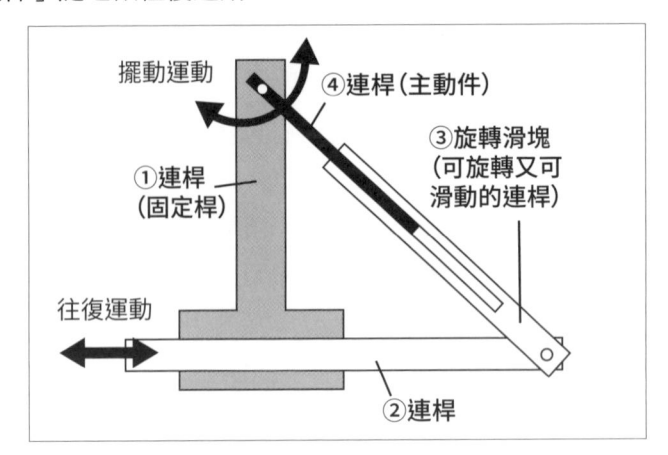

圖3-37滑塊搖桿機構

用於船舵的「拉普森舵機」（有時也稱為「拉普森滑塊」），就是使用這種機構的例子。

本書製作的模型，各個連桿的名稱如圖 **3-38** 所示。

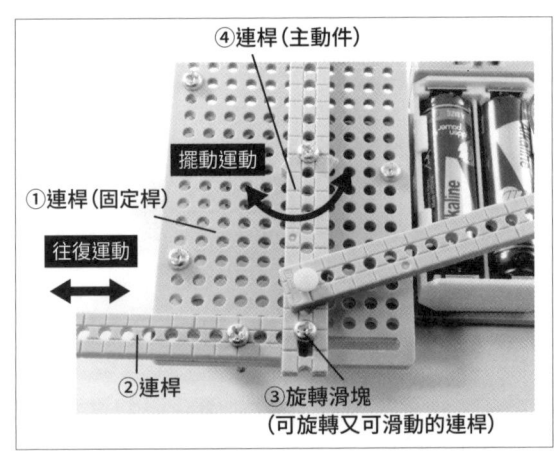

圖3-38 用模型製作的滑塊搖桿機構

關鍵的旋轉滑塊部分，如圖 **3-39** 所示，使用 3mm 的螺栓和溝槽來重現。

使用螺栓和溝槽來當做滑塊！

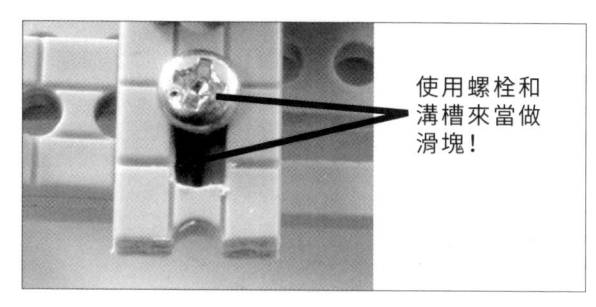

圖3-39 旋轉滑塊的構造

此外，如**圖3-40**所示，為了讓「④連桿（主動件）」做擺動運動，會使用曲柄搖桿機構。

因此，「④連桿（主動件）」也是曲柄搖桿機構的「搖桿」部分。

曲柄搖桿機構

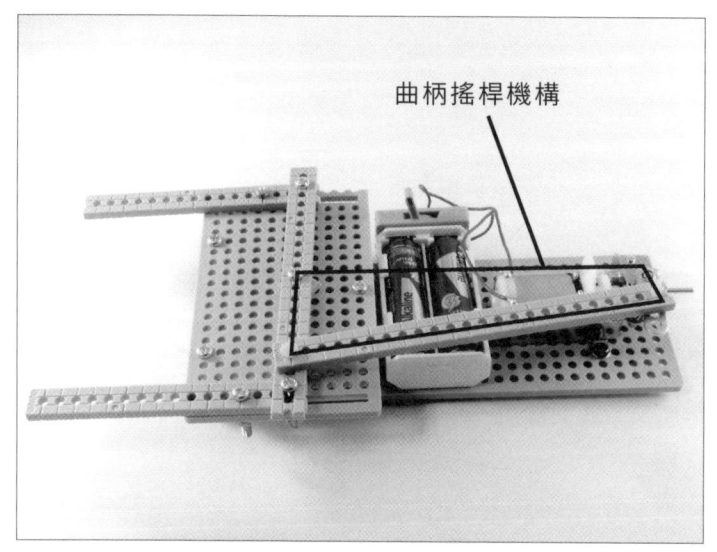

圖3-40 使用曲柄搖桿機構

★零件清單

1. 萬用齒輪減速機
・1台

※箱子裡面的黑色螺絲和螺帽是在組裝本體時使用。

使用25mm的六角軸心，以低速模式（齒輪比719:1）製作

2. 多用途打孔平板
・2塊

3. I型打孔條板
3條

4. 樹脂螺帽
・5個

5. 間隔柱
・15mm 3個

6. 鉚釘和定位停止銷
・橘色 2組

7. 螺栓與螺帽
・螺栓3×20mm 5個
・螺栓3×25mm 3個
・螺帽3mm 3個

8. 電池盒
・3號電池2只裝，附開關

※請按照說明書組裝。

9. 曲柄臂
・1個

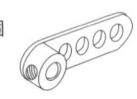

●材料加工

① 萬用齒輪減速機

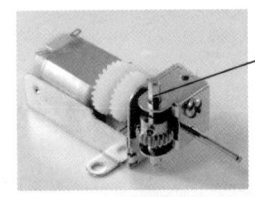

請將六角軸心切成25mm後組裝。

使用六角軸心，以低速模式（齒輪比719:1）製作
25mm六角軸心的組裝方向如右圖所示。

組裝曲柄臂

完成

② 多用途打孔平板　※2塊中1塊不加工

19孔　　11孔

不使用

切斷　　×1枚

請將形狀修整成3mm螺栓能穿過的大小。

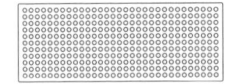

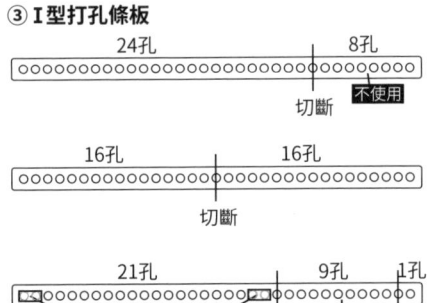

③ I型打孔條板

24孔　　8孔
切斷　不使用

16孔　　16孔
切斷

21孔　　9孔　1孔
切斷　不使用　切斷

請將形狀修整成3mm螺栓能穿過的大小。

滑塊搖桿機構的製作方式

■材料加工

① 請按照上一頁「材料加工」的說明來加工材料。

使用25mm的**六角軸心**，以**低速**模式（齒輪比719:1）製作，並組裝曲柄臂。

萬用齒輪減速機　　　多用途打孔平板 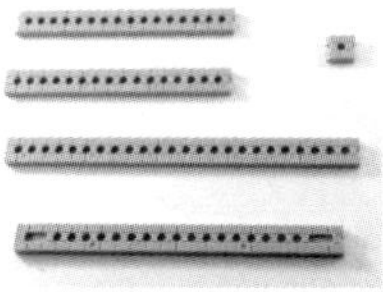　　　I型打孔條板

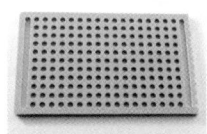

■組裝本體

① 按照下圖，使用2根3×20mm的螺栓和2個樹脂螺帽，將加工完成的多用途打孔平板和16孔I型打孔條板組裝在一起。

加工完成的多用途打孔平板

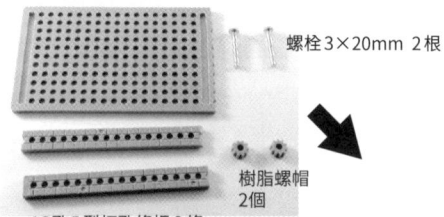

螺栓 3×20mm 2根

樹脂螺帽 2個

16孔I型打孔條板 2條

【正面】

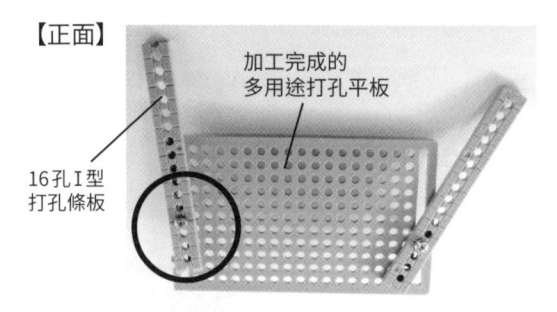

加工完成的多用途打孔平板

16孔I型打孔條板

將螺栓插進I型打孔條板尾端數來第4個孔及加工完的溝槽。

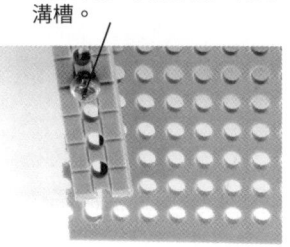

【背面】

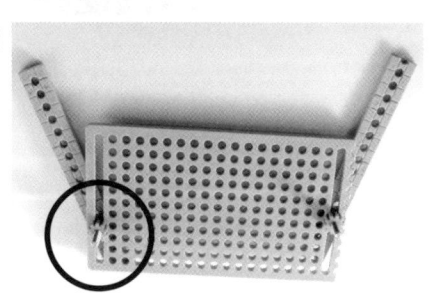

在背面，使用樹脂螺帽來固定。因為是可動的，所以留意不要鎖太緊。

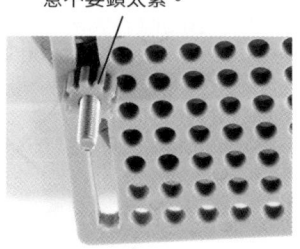

第3章　製作四連桿機構

137

② 按照下圖，使用2根3×20mm的螺栓和2個樹脂螺帽，分別將步驟①組好的本體和加工完成的21孔I型打孔條板組裝在一起。

樹脂螺帽2個
加工完成的21孔I型打孔條板
螺栓3×20mm 2根
步驟①組好的本體

螺栓依序插入21孔I型打孔條板的溝槽、16孔I型打孔條板最尾端的孔、多用途打孔平板的溝槽。

螺栓3×20mm
21孔I型打孔條板的溝槽
16孔I型打孔條板最尾端的孔
多用途打孔平板的溝槽

背面用樹脂螺帽固定。因為是可動的，所以留意不要鎖太緊。

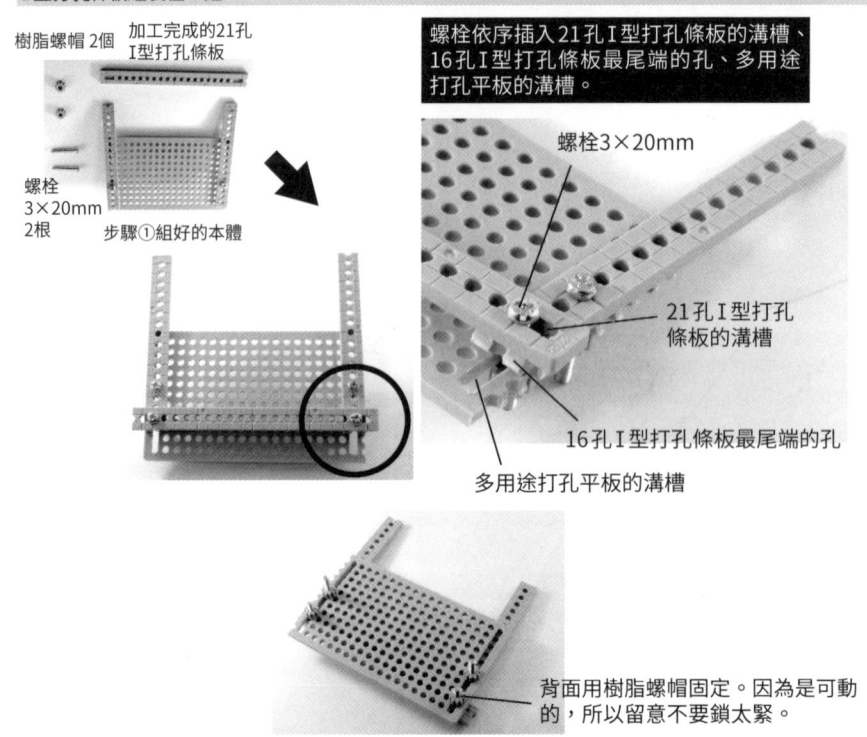

③ 按照下圖，使用3×20mm的螺栓和樹脂螺帽，將步驟②組好的本體和1孔I型打孔條板組裝在一起。

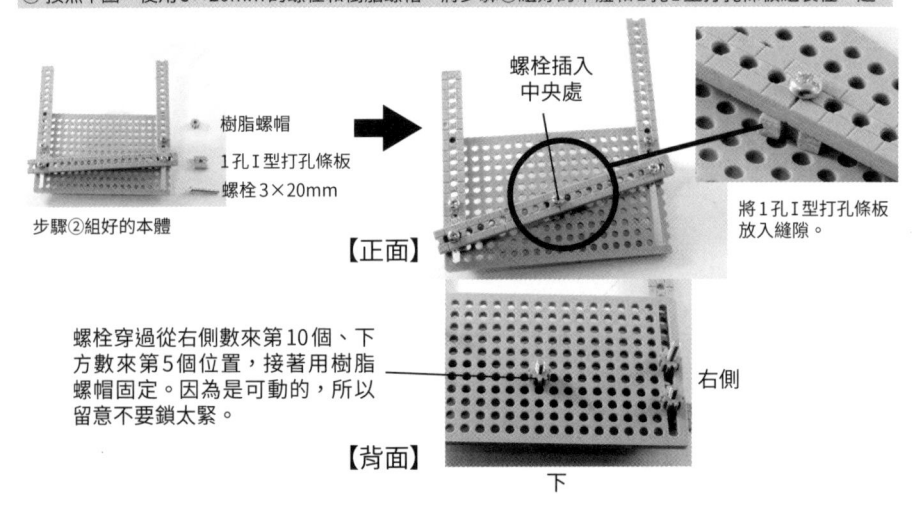

樹脂螺帽
1孔I型打孔條板
螺栓3×20mm
步驟②組好的本體

螺栓插入中央處
將1孔I型打孔條板放入縫隙。

【正面】

螺栓穿過從右側數來第10個、下方數來第5個位置，接著用樹脂螺帽固定。因為是可動的，所以留意不要鎖太緊。

【背面】

右側
下

④ 將步驟③組好的本體組裝到未加工的多用途打孔平板上。組裝時需夾住間隔柱。

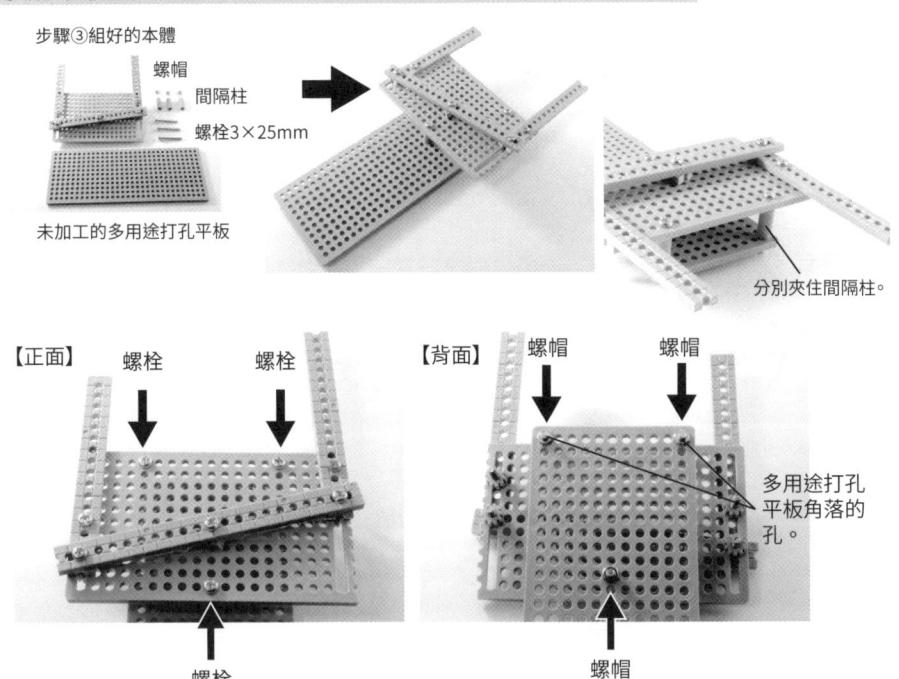

步驟③組好的本體
螺帽
間隔柱
螺栓3×25mm
未加工的多用途打孔平板

分別夾住間隔柱。

【正面】 螺栓　螺栓

螺栓

【背面】 螺帽　螺帽

多用途打孔平板角落的孔。

螺帽

第3章 製作四連桿機構

⑤ 按照下圖，使用馬達附的黑色螺栓和螺帽，將步驟④組好的本體和齒輪減速機組裝在一起。

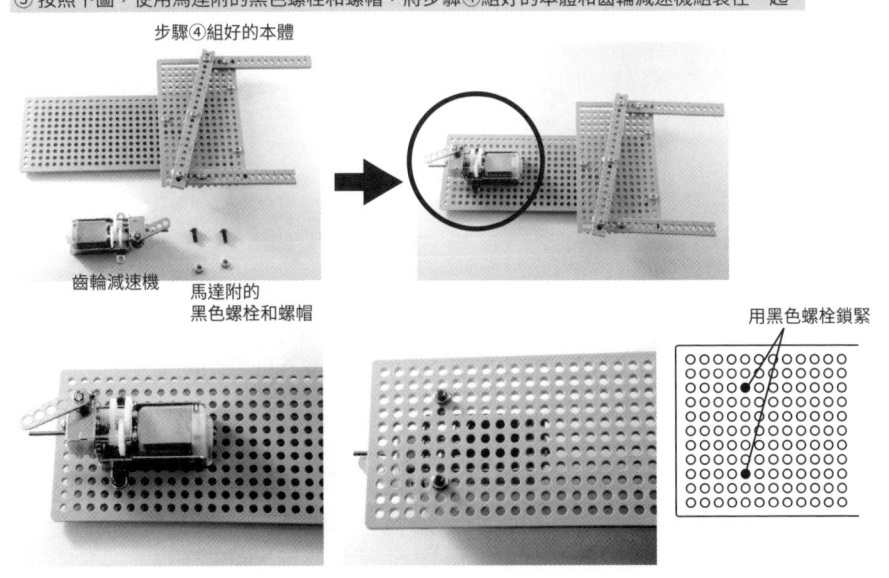

步驟④組好的本體

齒輪減速機　馬達附的黑色螺栓和螺帽

用黑色螺栓鎖緊

139

⑥ 按照下圖，使用鉚釘和定位停止銷，將步驟⑤組好的本體和24孔I型打孔條板組裝在一起。

步驟⑤組好的本體

24孔I型打孔條板

使用第2個圓孔。

鉚釘和定位
停止銷　　24孔I型打孔條板

像這樣用鉚釘和定位
停止銷固定。

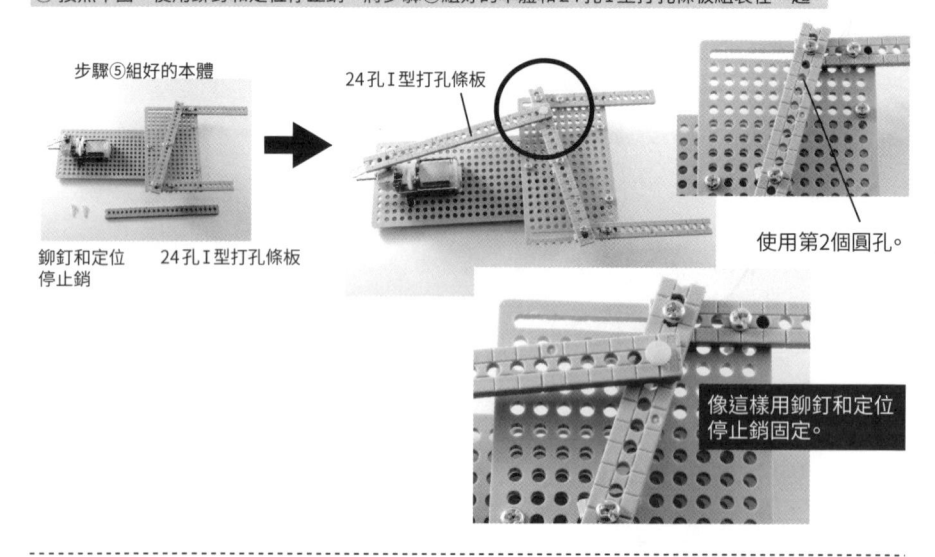

⑦ 按照下圖，使用鉚釘和定位停止銷，將步驟⑥組好的本體和24孔I型打孔條板組裝在一起。鉚釘和定位停止銷從曲柄臂下方插入。

步驟⑥組好的本體

鉚釘和定位停止銷
從曲柄臂下方插入。

組裝在24孔I型打孔條板
最尾端的孔。

鉚釘和定位停止銷

第2個孔

140

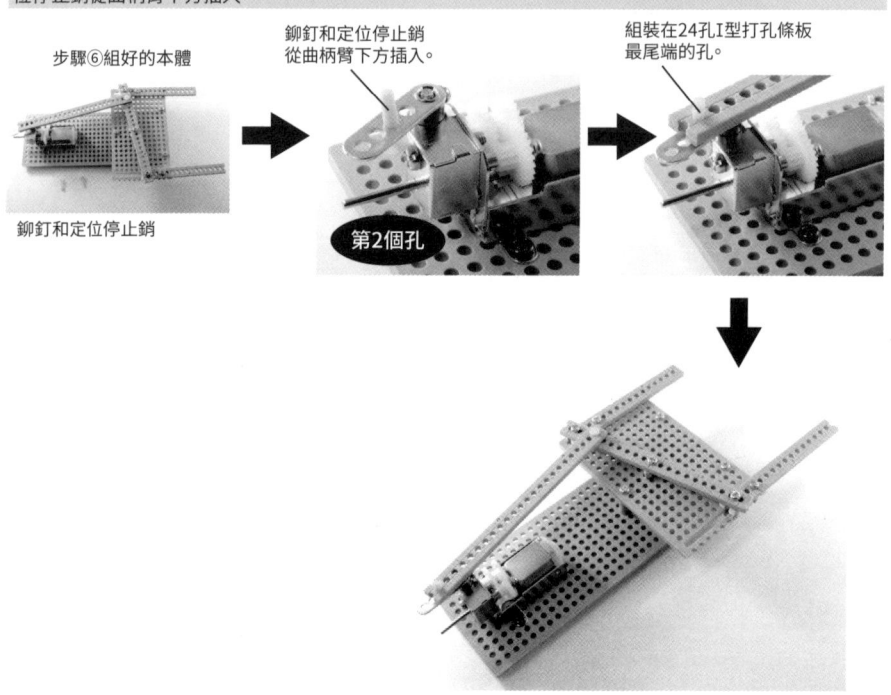

⑧ 將電池盒附的藍色電線錫焊接到電池盒上。藍色電線切成一半來使用。

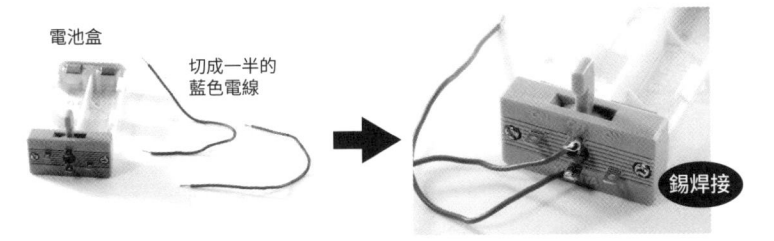

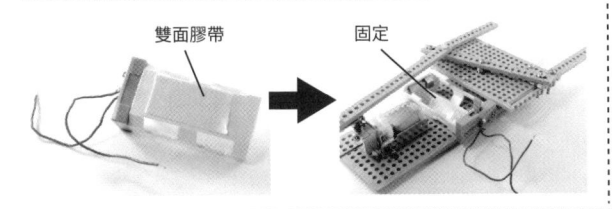

電池盒

切成一半的藍色電線

錫焊接

⑨ 在電池盒背面貼上雙面膠帶，組裝到本體上。

雙面膠帶

固定

⑩ 錫焊接藍色電線和馬達。

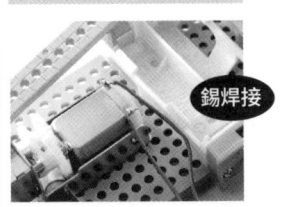

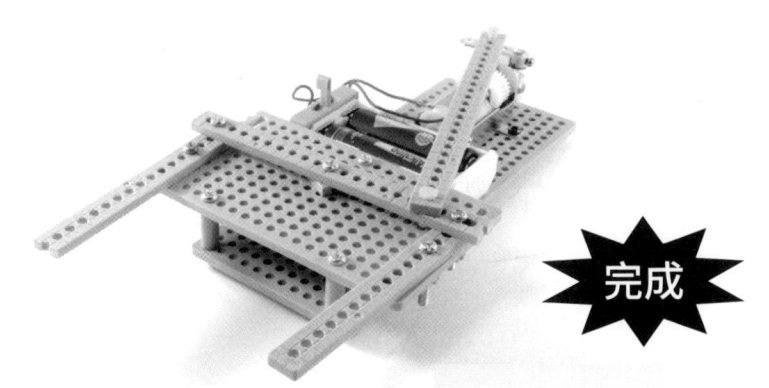

錫焊接

第 3 章 製作四連桿機構

完成

按下開關，I 型打孔條板藉由滑塊搖桿機構做往復運動。

141

第**4**章

四連桿機構的應用實例

本章將介紹使用「四連桿機構」的應用實例。

首先，先向各位說明利用四連桿機構來實現「傳遞」與「複製」動作的方法。

要從一個動作生成數個動作時，這些知識是不可或缺的。

接著，本書將製作一個可以參加機器人大賽的「探測器」。

探測器中有許多部分使用了四連桿機構，請各位試著在製作的同時，理解其概念，並思考學習到的知識該如何應用。

4-1 製作「動作的傳遞」及「動作的複製」

四連桿機構能分別做出限定的動作,因此能夠實現「動作的控制」。

實際操作時,可能會想將某種動作轉換為「另一種動作」,或是「複製」相同的動作等,藉以重現複雜的動作。

因此,接下來將根據第 2 章所介紹的電動曲柄搖桿機構,把曲柄搖桿機構的動作傳遞至另一個動作,並進一步複製該動作,來試著重現充滿生命力的動作。

圖4-1 「動作的傳遞與複製」模型

■動作的「傳遞」與「複製」的機制

重新回顧「曲柄搖桿機構」的構造,如**圖 4-2** 所示。

曲柄搖桿機構的運動方式是,當「曲柄」做「旋轉運動」時,「搖桿」會以一定角度做「往復運動」(搖擺)。

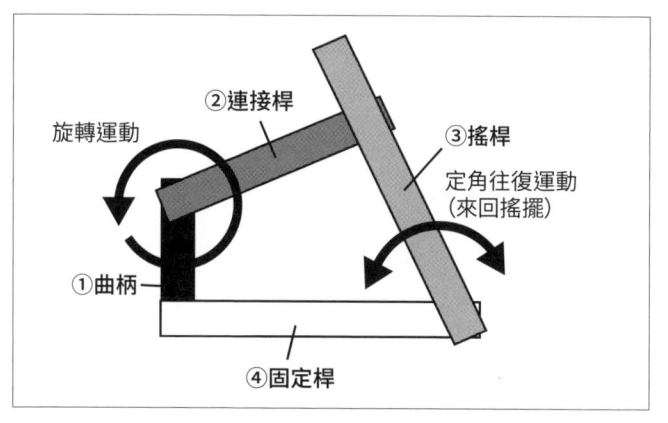

圖4-2 「曲柄搖桿機構」的構造

要將曲柄搖桿機構的動作傳遞到另一個四連桿機構中,有兩種方法。

第一種方法是共用「固定桿」,如**圖 4-3** 所示。
挖土機的鏟斗就是此種類型。

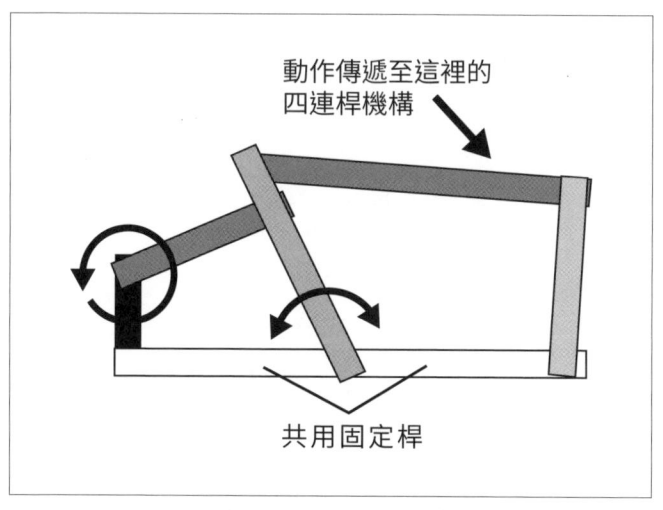

圖4-3 動作的傳遞①

第二種方法是使用「其他機構」中正在運動的「連桿」,如**圖 4-4** 所示。

145

這種可以做出更複雜的動作,例如恐龍玩具、或在本節使用的動作的傳遞與複製模型,都屬於此種類型。

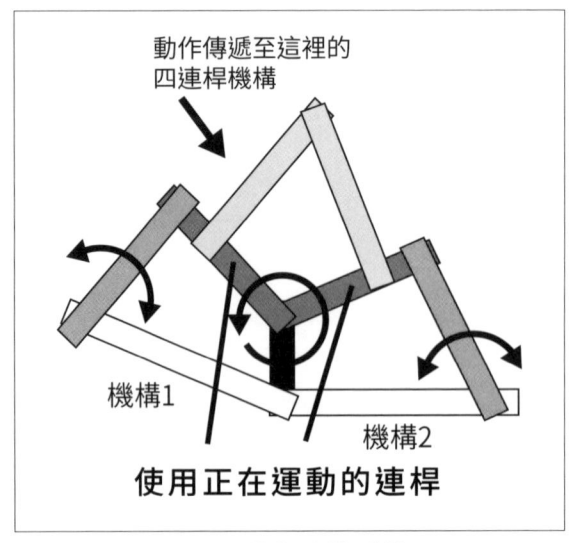

圖4-4 動作的傳遞②

接著,動作的複製如**圖 4-5** 所示,只要延長「軸」,再製作出相同的「四連桿機構」,即可輕鬆複製。

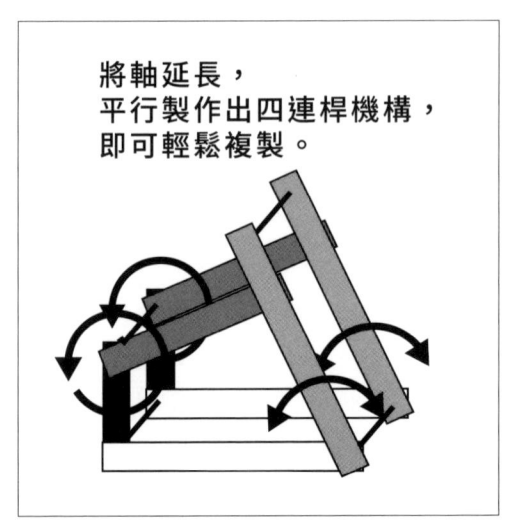

圖4-5 動作的複製

★零件清單

1. 萬用齒輪減速機
・1台

※箱子裡面的黑色螺絲和螺帽是在組裝本體時使用。

使用25mm 六角軸心，
以低速模式（齒輪比719:1）製作

2. 多用途打孔平板
・1塊

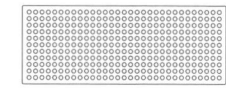

3. I型打孔條板
5條 

4. 樹脂螺帽
・11個

5. 間隔柱
・5mm　3個
・10mm　7個
・15mm　5個

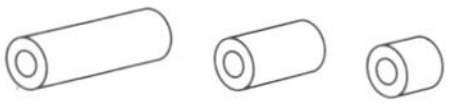

6. 螺栓與螺帽
・螺栓3×20mm　4個
・螺栓3×25mm　5個
・螺栓3×35mm　6個
・螺帽3mm　4個

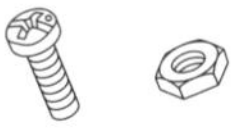

7. 電池盒
・3號電池2只裝，附開關

※請按照說明書組裝。

8. 曲柄臂
・1個

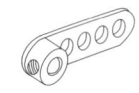

●**材料加工** 在開始組裝之前，請先按照下列說明加工材料。

① I型打孔條板

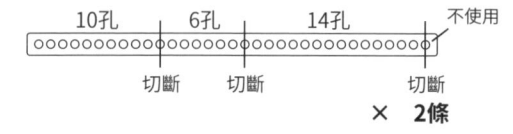

10孔　6孔　14孔　不使用
切斷　切斷　　　切斷
× **2條**

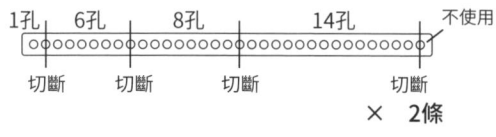

1孔　6孔　8孔　14孔　不使用
切斷　切斷　切斷　　　切斷
× **2條**

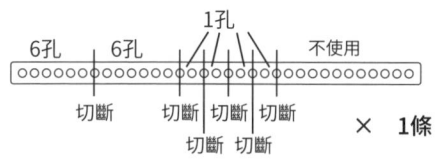

6孔　6孔　1孔　不使用
切斷　切斷　切斷　切斷
切斷　切斷
× **1條**

② 萬用齒輪減速機

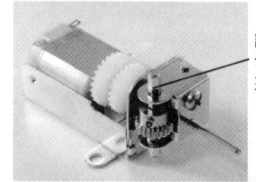

請將六角軸心切割成25mm來組裝。

使用六角軸心，以低速模式（齒輪比719:1）製作。
請按照圖片的方向組裝25mm的六角軸心。

（冷知識）
突然要組裝樹脂螺帽，會發現它很硬難以組裝。先使用扁嘴鉗和十字起子，將樹脂螺帽穿過螺栓，穿過後的樹脂螺帽比較容易組裝。

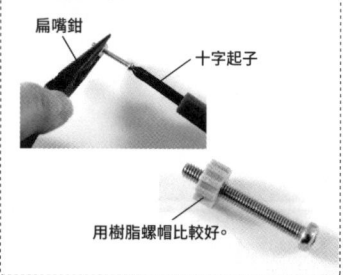

扁嘴鉗　十字起子

用樹脂螺帽比較好。

第4章　四連桿機構的應用實例

147

動作傳遞與複製的製作方法

■材料加工

① 請按照上一頁「材料加工」的說明來加工材料。

請使用25mm**六角軸心**,以**低速模式**(**齒輪比719:1**)製作,並裝上曲柄臂。

萬用齒輪減速機

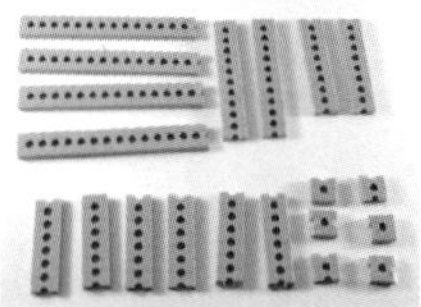

I型打孔條板

■組裝機構本體

① 按照下圖,使用減速機附的螺栓和螺帽,將萬用齒輪減速機與多用途打孔平板組裝在一起。螺栓從哪邊開始鎖都行。

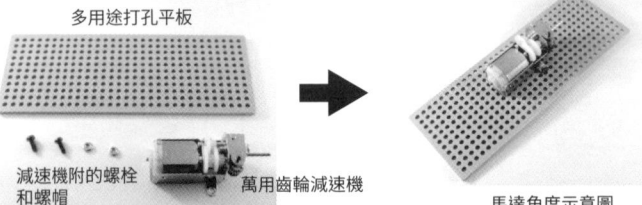

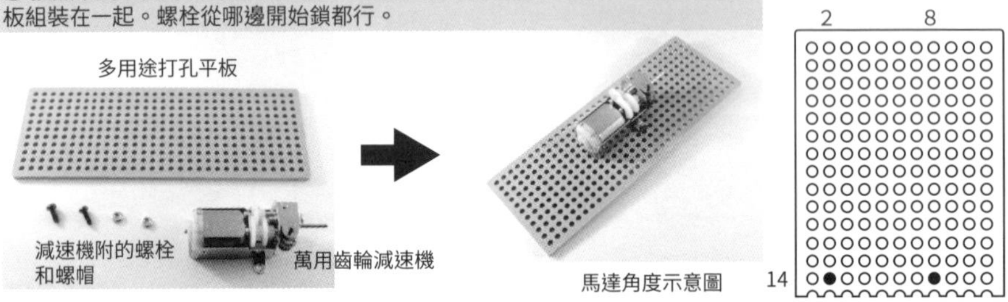

多用途打孔平板

減速機附的螺栓和螺帽

萬用齒輪減速機

馬達角度示意圖

② 將曲柄組裝到馬達軸心上。

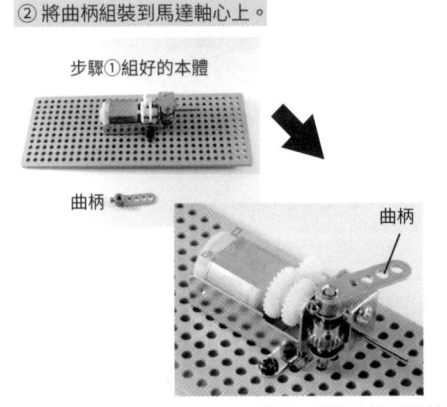

步驟①組好的本體

曲柄

曲柄

③ 使用3×35mm的螺栓與樹脂螺帽,將10孔I型打孔條板組裝到步驟②組好的本體上。

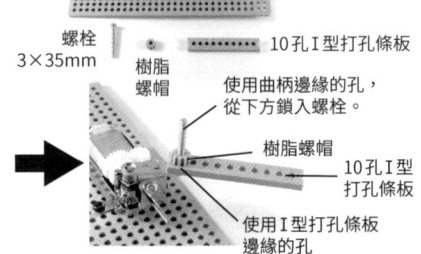

步驟②組好的本體

螺栓 3×35mm

樹脂螺帽

10孔I型打孔條板

使用曲柄邊緣的孔,從下方鎖入螺栓。

樹脂螺帽

10孔I型打孔條板

使用I型打孔條板邊緣的孔

④ 按照下圖,使用3×25mm的螺栓、樹脂螺帽與10mm的間隔柱,將步驟③組好的本體與6孔I型打孔條板組裝在一起。

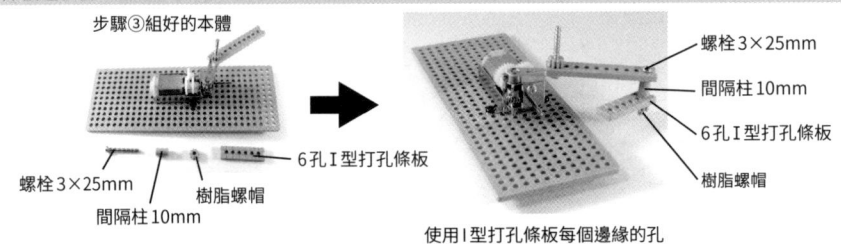

步驟③組好的本體

螺栓 3×25mm

間隔柱 10mm

6孔I型打孔條板

螺栓 3×25mm

間隔柱 10mm

6孔I型打孔條板

樹脂螺帽

使用I型打孔條板每個邊緣的孔

148

⑤ 按照下圖，使用3×25mm的螺栓、樹脂螺帽與15mm的間隔柱，將步驟④完成的6孔I型打孔條板組裝在一起。

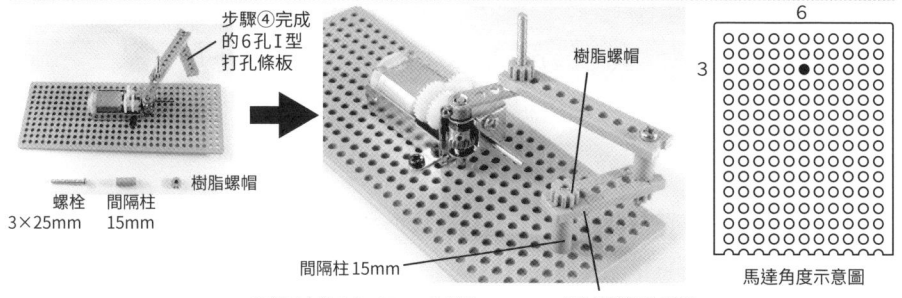

步驟④完成的6孔I型打孔條板
樹脂螺帽
螺栓 3×25mm
間隔柱 15mm
樹脂螺帽
間隔柱15mm
6孔I型打孔條板
※從下方鎖入3×25mm的螺栓

馬達角度示意圖

⑥ 按照下圖，將3×20mm的螺栓、螺帽與4個15mm的間隔柱，組裝到步驟⑤本體的四個角落。

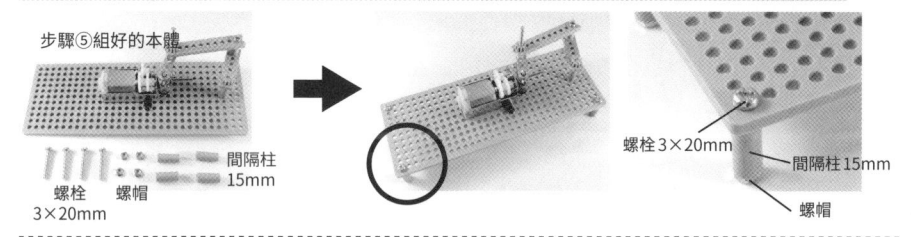

步驟⑤組好的本體
螺栓 3×20mm
螺帽
間隔柱 15mm
螺栓3×20mm
間隔柱15mm
螺帽

⑦ 按照下圖，使用電池盒附的2mm螺栓與2mm螺帽，將電池盒組裝到步驟⑥組好的本體上。螺栓從電池盒側鎖入，在背面用螺帽鎖緊固定。

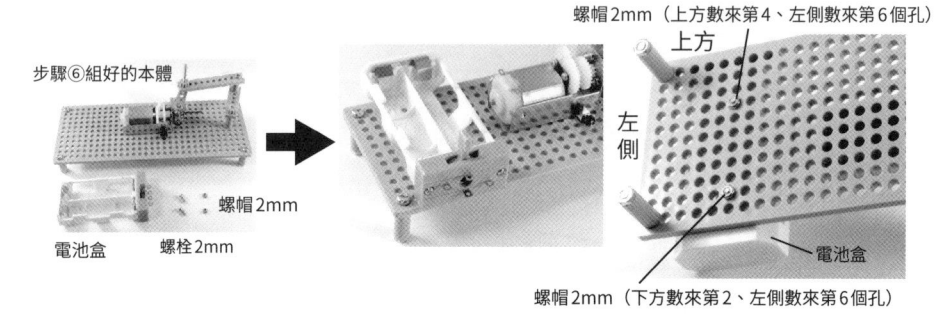

步驟⑥組好的本體
電池盒
螺栓2mm
螺帽2mm
螺帽2mm（上方數來第4、左側數來第6個孔）
上方
左側
電池盒
螺帽2mm（下方數來第2、左側數來第6個孔）

⑧ 將電池盒附的藍色電線切成兩半，分別錫焊接在電池盒的上端子與下端子上。

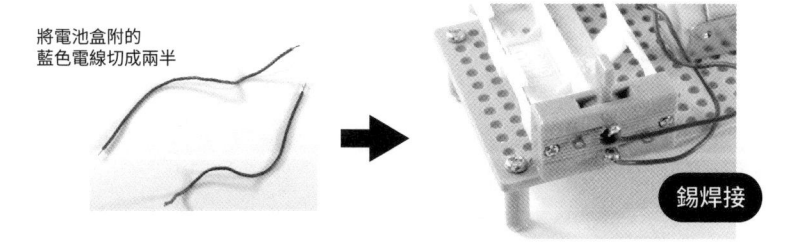

將電池盒附的藍色電線切成兩半
錫焊接

第4章 四連桿機構的應用實例

149

⑨分別錫焊接藍色電線、馬達端子。無極性之分。

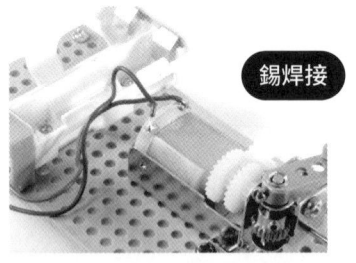

錫焊接

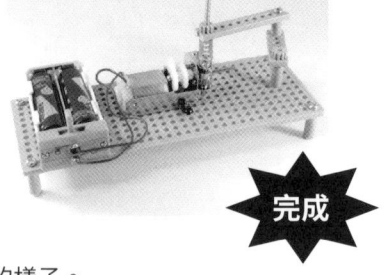

完成

電動的曲柄搖桿機構就完成了。
只要按下開關，就能觀察曲柄搖桿機構運動的樣子。

■組裝動作傳遞的部分

① 將6孔I型打孔條板、10mm的間隔柱、樹脂螺帽、25mm的螺栓，按照下圖組裝至本體上。螺栓從上方鎖入。

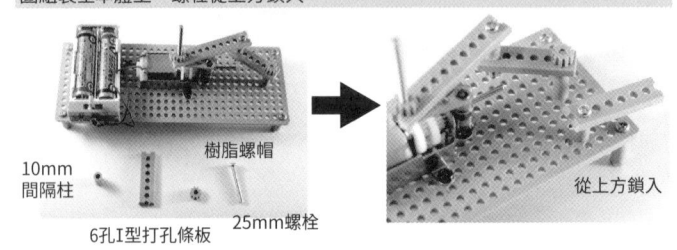

10mm
間隔柱

樹脂螺帽

6孔I型打孔條板　25mm螺栓

從上方鎖入

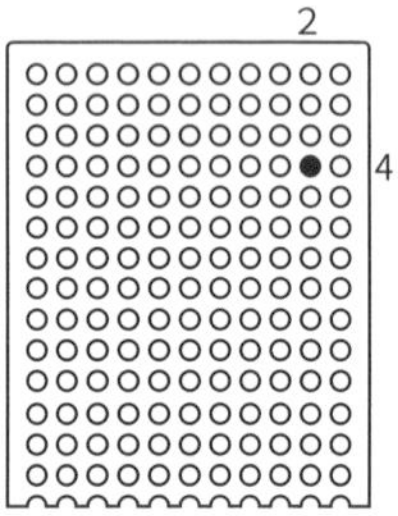

② 將10孔I型打孔條板、10mm的間隔柱、樹脂螺帽、35mm的螺栓、2個1孔I型打孔條板，按照下圖組裝至本體上。螺栓從下方鎖入。

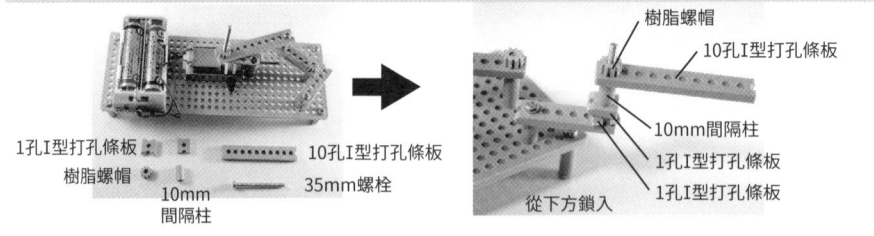

1孔I型打孔條板
樹脂螺帽
10mm
間隔柱
10孔I型打孔條板
35mm螺栓

樹脂螺帽
10孔I型打孔條板
10mm間隔柱
1孔I型打孔條板
1孔I型打孔條板
從下方鎖入

③ 按照下圖，連接其中一條10孔I型打孔條板與曲柄臂。
先暫時拆下曲柄臂上的樹脂螺帽，以便組裝。

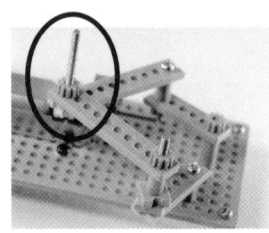

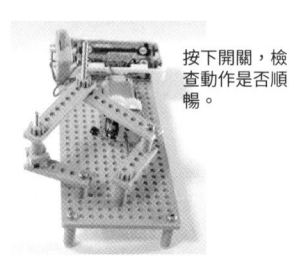

按下開關，檢查動作是否順暢。

④ 將2條14孔I型打孔條板、3個樹脂螺帽、3根35mm的螺栓,按照下圖組裝至本體上。

讓它動動看,
檢查動作是否順暢。

35mm
螺栓

14孔I型
打孔條板

樹脂螺帽

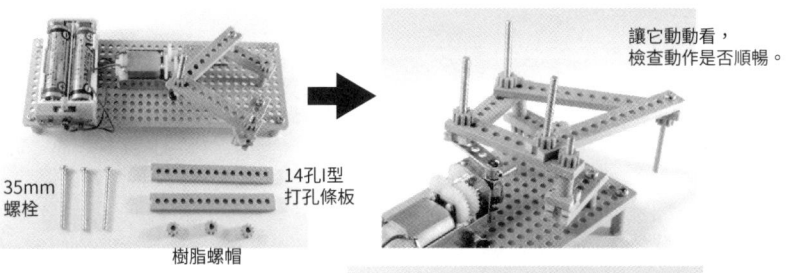

2個曲柄搖桿機構的動作,可讓新製作的四連桿機構移動(動作的傳遞)。

關鍵

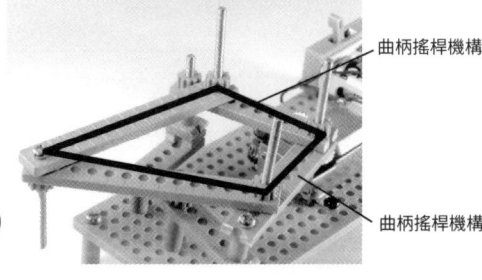

曲柄搖桿機構

曲柄搖桿機構

⑤ 將6孔I型打孔條板、1孔I型打孔條板、樹脂螺帽、35mm的螺栓,按照下圖組裝至本體上。螺栓從下方鎖入。

35mm
螺栓

6孔I型打孔條板
1孔I型打孔條板
樹脂螺帽

從下方鎖入
樹脂螺帽
6孔I型打孔條板
1孔I型打孔條板
從右側數來第5個孔

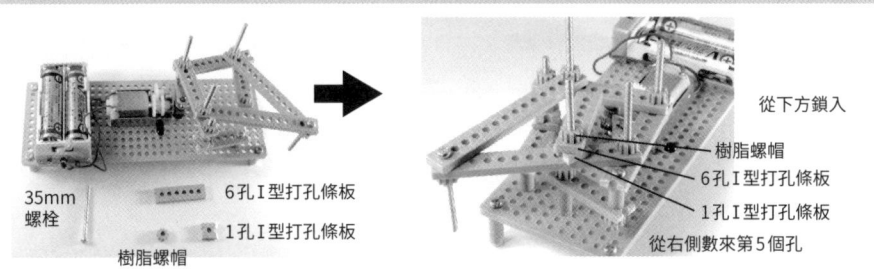

⑥ 將6孔I型打孔條板、5mm的間隔柱、樹脂螺帽、25mm的螺栓,按照下圖組裝至本體上。螺栓從下方鎖入。

25mm
螺栓

6孔I型打孔條板
5mm間隔柱
樹脂螺帽

從左側數來第5個孔
樹脂螺帽
6孔I型打孔條板
5mm間隔柱
從下方鎖入

第4章 四連桿機構的應用實例

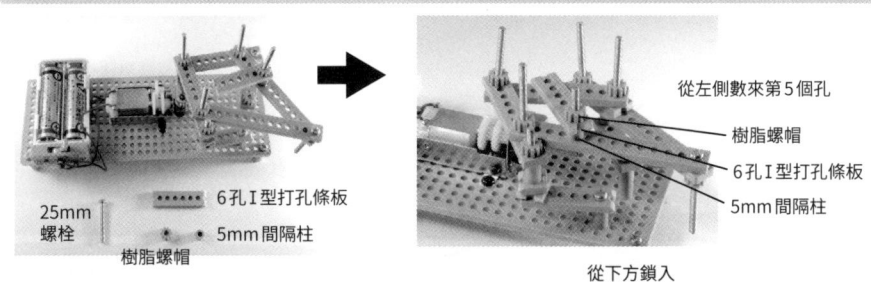

⑦ 將樹脂螺帽、25mm 的螺栓，按照下圖組裝至本體上。螺栓從下方鎖入。

關鍵

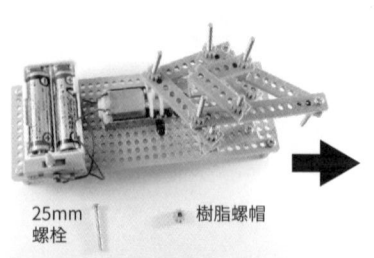

從下方鎖入

25mm 螺栓　　樹脂螺帽

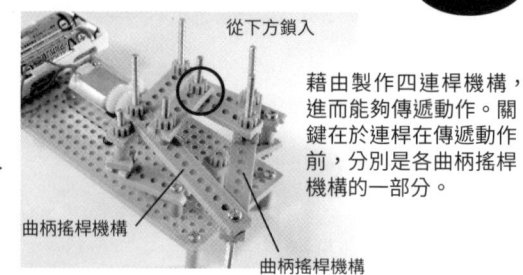

曲柄搖桿機構　　曲柄搖桿機構

藉由製作四連桿機構，進而能夠傳遞動作。關鍵在於連桿在傳遞動作前，分別是各曲柄搖桿機構的一部分。

■組裝動作複製的部分

① 將14孔I型打孔條板、10mm 的間隔柱，按照下圖組裝至本體上。

14孔I型打孔條板　　10mm 間隔柱

拆除　　14孔I型打孔條板　　10mm 間隔柱　　拆除

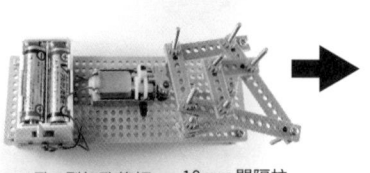

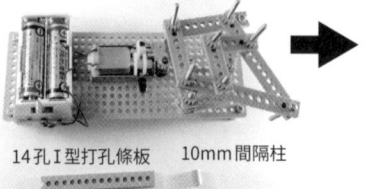

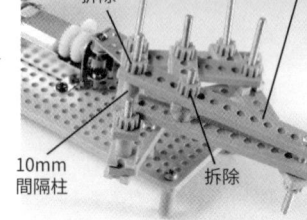

在組裝14孔I型打孔條板等時，請先暫時拆下樹脂螺帽。

② 將8孔I型打孔條板、2個1孔I型打孔條板、2個10mm 的間隔柱，按照下圖組裝至本體上。

10mm 間隔柱　　8孔I型打孔條板　　1孔I型打孔條板

拆除　　8孔I型打孔條板　　拆除　　10mm 間隔柱　　10mm 間隔柱　　1孔I型打孔條板　　1孔I型打孔條板

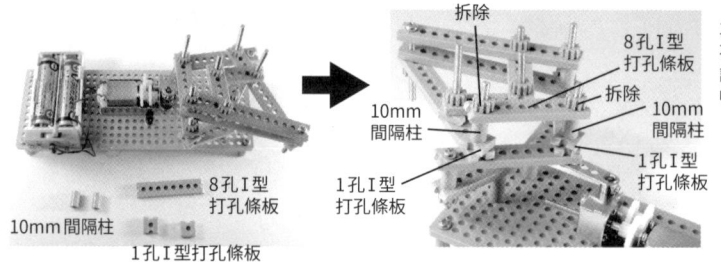

再提醒一下，組裝8孔I型打孔條板等時，請先暫時拆下樹脂螺帽。

③ 將8孔I型打孔條板，按照下圖組裝至本體上。

8孔I型打孔條板

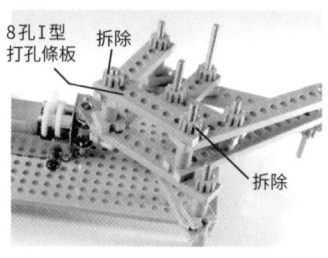

8孔I型打孔條板　　拆除

拆除

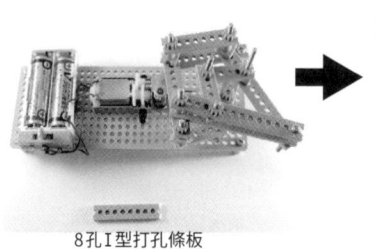

雖然很囉嗦，在組裝8孔I型打孔條板等時，請先暫時拆下樹脂螺帽。
拆除樹脂螺帽再組裝零件，之後就繼續重複這個步驟。

④將14孔I型打孔條板與10mm的間隔柱，按照下圖組裝至本體上。

14孔I型打孔條板
拆除
拆除

10mm
間隔柱
14孔I型打孔條板
10mm間隔柱

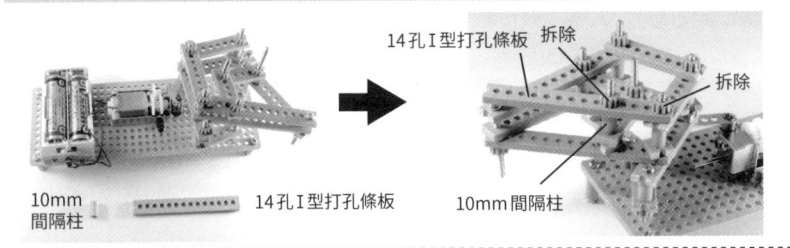

⑤將6孔I型打孔條板、1孔I型打孔條板、樹脂螺帽、35mm的螺栓，按照下圖組裝至本體上。螺栓從下方鎖入。

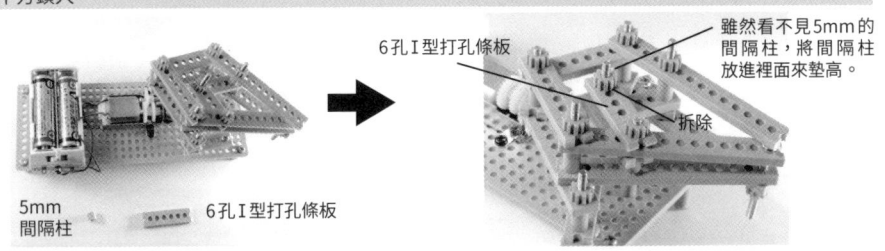

6孔I型打孔條板

雖然看不見5mm的間隔柱，將間隔柱放進裡面來墊高。

拆除

5mm
間隔柱
6孔I型打孔條板

⑥將6孔I型打孔條板，按照下圖組裝至本體上。

拆除   拆除

6孔I型打孔條板
6孔I型打孔條板

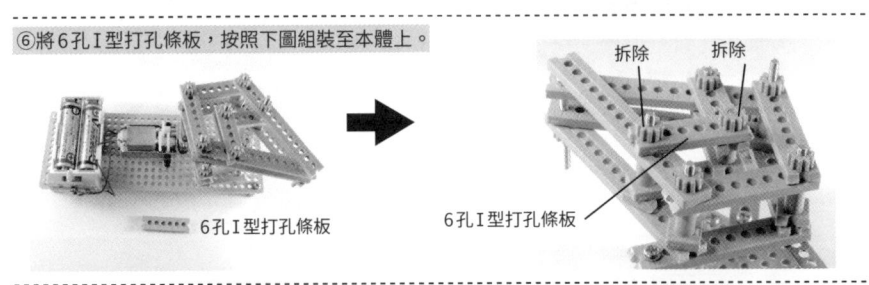

⑦將1孔I型打孔條板與5mm的間隔柱，按照下圖組裝至本體上。試著讓它動動看，檢查動作是否順暢。

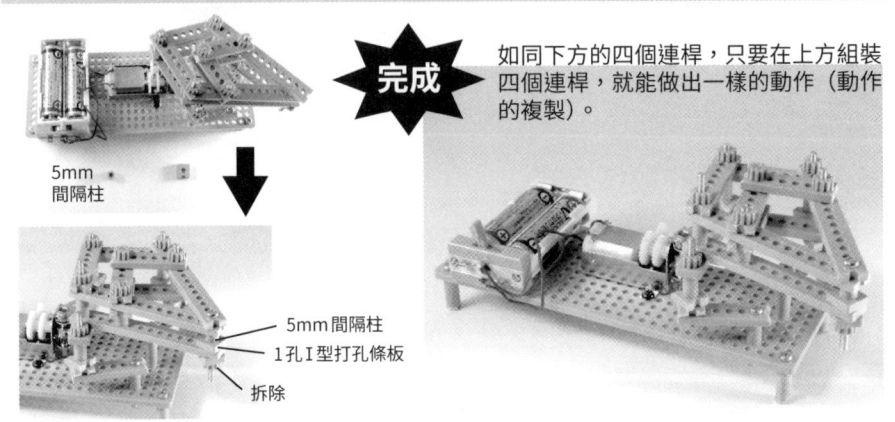

完成

如同下方的四個連桿，只要在上方組裝四個連桿，就能做出一樣的動作（動作的複製）。

5mm
間隔柱

5mm間隔柱
1孔I型打孔條板
拆除

第4章 四連桿機構的應用實例

153

4-2 製作「火星探測器」

日本千葉縣每年會舉辦「火星探測器」的競賽。

這是小學生和國中生參加的競賽,各自發揮平時的技術,製作心中理想的探測器。

在本節,將製作一台以參加此種競賽為目標的火星探測器。

探測器僅由「行走」與「抓取」的基本結構所組成,因此請新增其他功能,打造一台獨創的探測器。

圖4-6 火星探測器

■火星探測器的製作方式

製作火星探測器或機器人時,需要組合多種機械零件,然而若要馬上做出整體的架構,會不知道該從何下手才好。

因此,製作這種類型的機械人時,可以把各個部位分開製作,過程就會比較輕鬆,故障時也更容易找到問題所在。

此外,也方便新增其他功能。

這次製作的火星探測器,也會分為4個部分一步一步完成(行走部分、轉向機構、機械臂、控機件)。

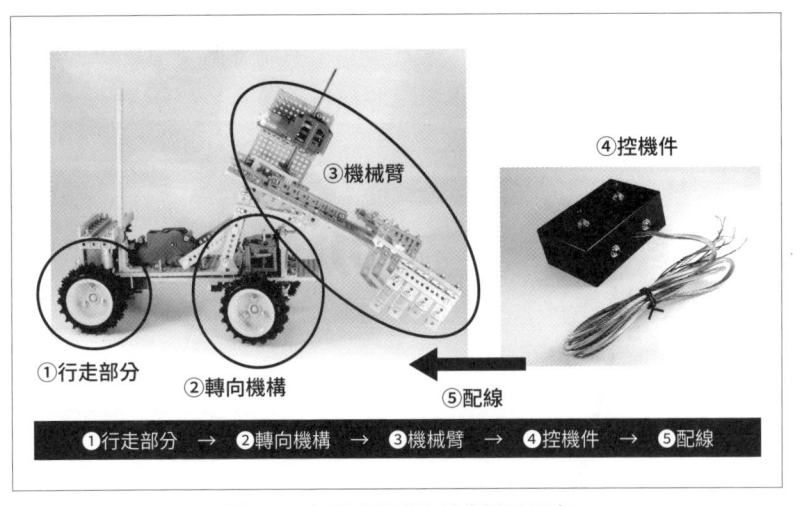

圖4-7 火星探測器的製作順序

■基本知識

●H 橋電路

火星探測器使用「控機件」來控制馬達的運作。

使用稱為「H 橋電路」的電路，來控制馬達的正反轉。

H 橋電路的原理非常簡單。

如**圖 4-8（左）**所示，開啟「S1」與「S4」時，馬達將正轉。
如**圖 4-8（右）**所示，開啟「S3」與「S2」時，馬達將反轉。

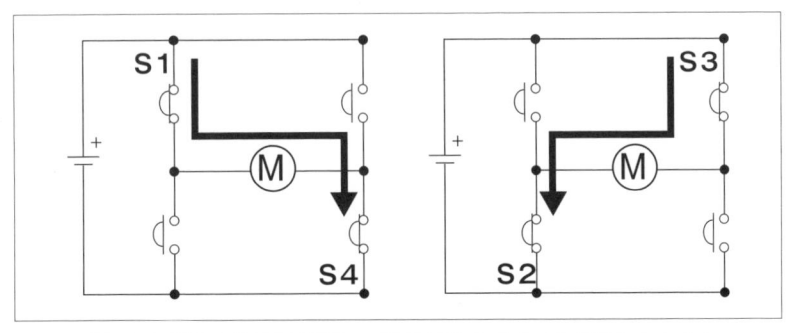

圖4-8 使用「H橋電路」的正轉（左）及反轉（右）

155

一般不會使用 4 個開關，而是使用一個 2 電路 2 接點的「撥動開關」，來做出 H 橋電路，如**圖 4-9** 所示。

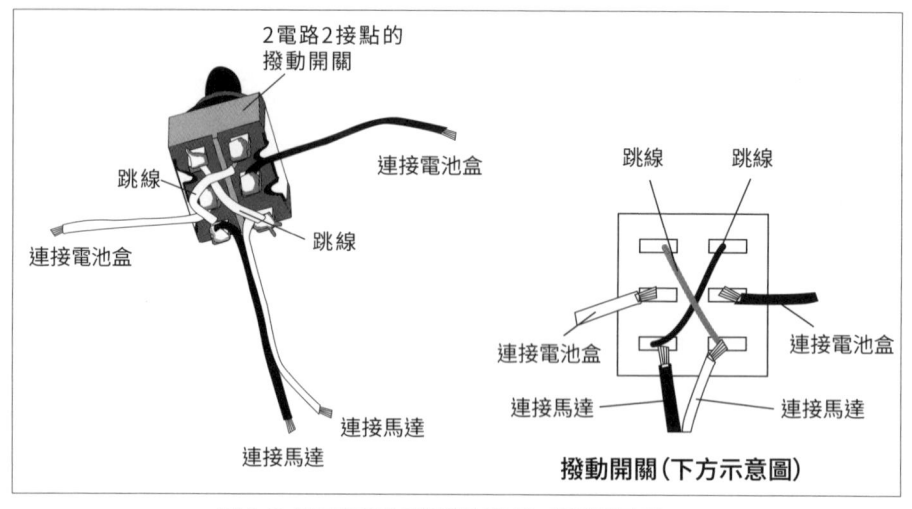

圖4-9 使用撥動開關做出的「H橋電路」

● 「馬達」的力矩一覽

火星探測器使用多個馬達來運作。

要自行組裝「馬達」與「齒輪」需要高水準的技術，因此通常會使用「田宮的齒輪減速機」這種事先將馬達與齒輪組裝好的零件組。

齒輪減速機有各種類型，建議用「力矩」當標準來選擇。

田宮馬達的力矩對照表

4段速曲軸齒輪減速機 70110

12.7	16.6	38.2	58.2	1543	126	114.7	203.7	441	5402	344.2
(94)	(122)	(278)	(419)	(★499)	(585)	(809)	(1404)	(1483)	(★2020)	(2276)

3段速曲軸齒輪減速機 70093

單層齒輪箱(4段速) 70167

101	269	719
(130)	(339)	(793)

萬用齒輪減速機 70103

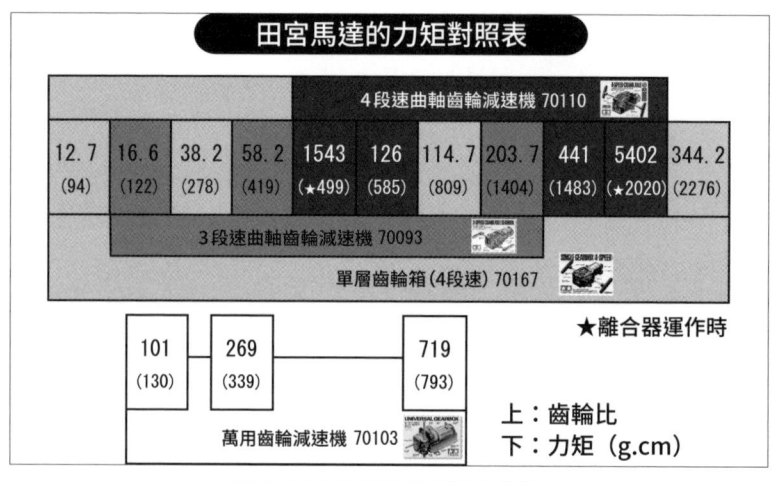

★離合器運作時

上：齒輪比
下：力矩（g.cm）

圖4-10 田宮的齒輪減速機

156

● 「運動構造」與「連桿機構」

製作像火星探測器這種大型機械時，就需要第 1 章介紹的運動構造與第 2 章介紹的連桿機構的知識。

因為在製作火星探測器時，也會藉由區分為「本體」、「動力」、「活動部位」來製作，使製作過程更簡單。

此外，為了做出「轉向機構的運動」、「機械臂的上下動作」、「抓取動作」等複雜的動作，還需運用機構學的知識。

例如：單獨使用或組合使用四連桿機構，或是在固定各部位時使用「固定鏈（由 3 根連桿組成）」。

● 微動開關

探測器的「前輪轉向機構」若左右過度旋轉，會導致前輪整體變形，無法恢復原狀。

為了避免此種情況發生，會使用「微動開關」。

圖 **4-11** 為使用微動開關的安全裝置電路圖。

當轉向機構過度旋轉時，會啟動其中一側的微動開關。

此時，電流就會被切斷，馬達因此停止運轉。

若在這種狀態下施加反方向的電流，電流會因「二極體」而改變方向，進而關閉微動開關，使轉向機構回到最初的狀態。

若啟動的是另一側的微動開關，也是以同樣的方式切斷與恢復電路。

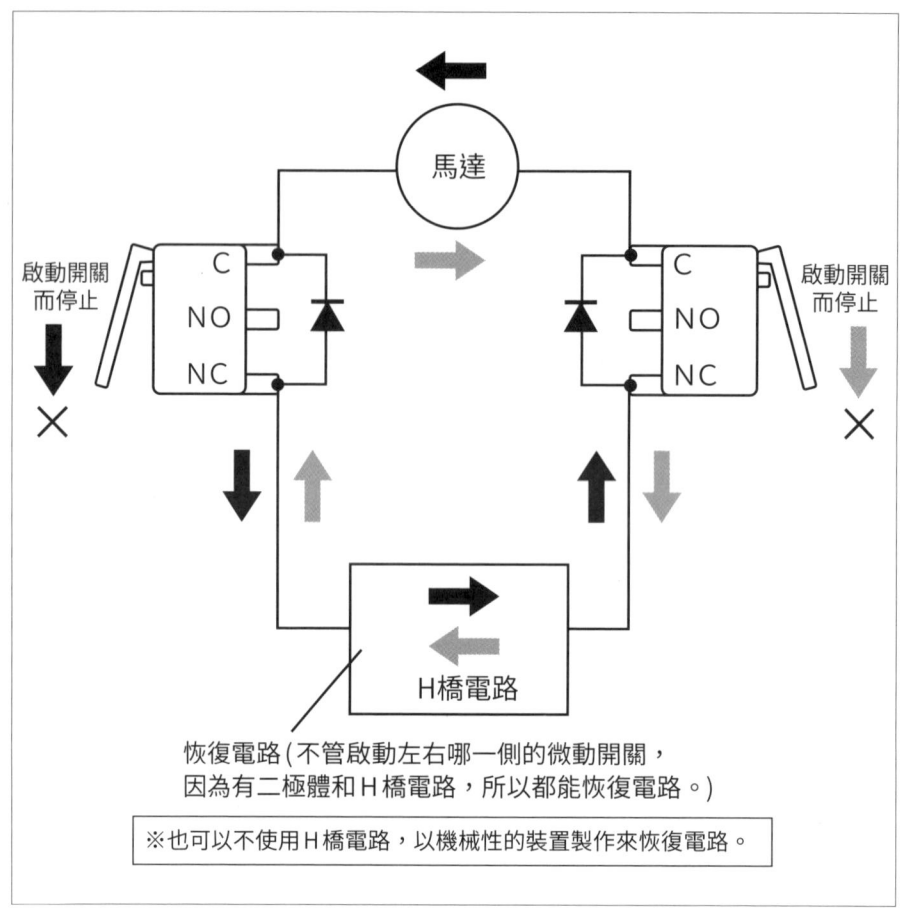

圖4-11 「微動開關」安全裝置電路圖

■各部位的製作方式（將創意具體化）

以下統整了將創意具體化的方法。

●能夠製作「機構」的情況

基於目前為止的製作經驗，簡單的「機構」，通常會使用多用途打孔平板、I型打孔條板、萬用齒輪減速機（第一次製作推薦這個馬達，組裝自由度較高）來將創意具體化。

製作完成後，再配合實物做微調。

● 無法製作「機構」的情況

若你是第一次製作「機構」，一定要實際做做看，才知道該如何下手。

此時，可以使用「方格紙」和「開口銷」，試著將創意成形。

因為利用方格紙和開口銷，在製作時不會使用「間隔柱」，因此較容易將創意成形。

另外，因為用的是紙，所以加工容易，可以輕易地反覆試作。

用方格紙試做完成後，請使用多用途打孔平板、I型打孔條板、萬用齒輪減速機將其具體成形。

雖然成本較高，但若直接使用多用途打孔平板和I型打孔條板，可縮短製作時間。

圖4-12 用方格紙製作的「抓取部位」

● 僅靠「機構」無法製作出來的情況

像是「轉向機構」這種需要「安全裝置」的部位，僅靠機構無法製作出來。

此時就會利用「電路」。

可參考以往的經驗或查詢書籍、網站等，來理解電路的相關知識。

理解電路圖之後，先製作機構，再將電路組裝進去。

圖4-13 「轉向機構」的安全裝置

■各部位的介紹

● 抓取部分（抓取機構）

「抓取部分」的機構有許多種類，如圖 **4-14** 所示。

① 單側固定

動作（連接桿）
曲柄（旋轉）
搖桿（擺動）
固定（固定桿）

使用曲柄搖桿機構，重現抓取的動作。

② 伸縮機械手臂

固定滑塊曲柄機構（上下運動）

平行相等曲柄機構

只要使用平行相等曲柄機構和固定滑塊曲柄機構，也能做出伸縮機械手臂。

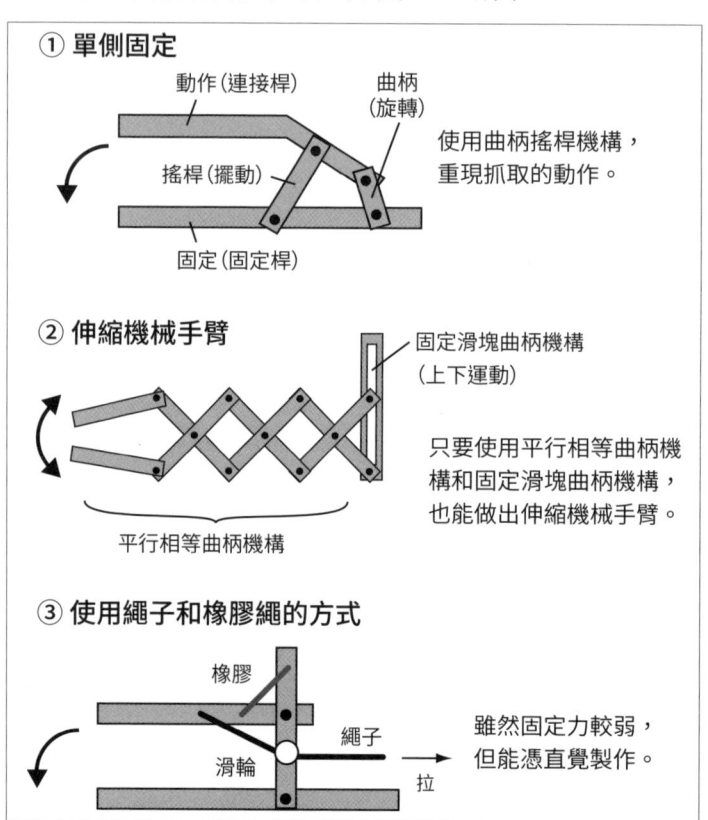

③ 使用繩子和橡膠繩的方式

橡膠
繩子
滑輪
拉

雖然固定力較弱，但能憑直覺製作。

圖4-14 抓取機構的範例

火星探測器的抓取部分，是由固定滑塊曲柄機構和往復滑塊曲柄機構組成。

圖4-15 固定滑塊曲柄機構

圖4-16 往復滑塊曲柄機構

● 機械臂上下運動的部分

機械臂整體上下運動的部分會使用「曲柄搖桿機構」，這是從以前就開始使用的機構。

這是在模型製作中一定會遇到的機構，因此請觀察手邊的模型，試著模仿製作。

圖4-17 曲柄搖桿機構

● 轉向機構的部分

使用「平行相等曲柄機構」。

雖然構造很單純，但要使用多用途打孔平板、Ｉ型打孔條板來做出這個機構，卻是相當困難。

請一步一步仔細地製作。

圖4-18 轉向機構

圖4-19 轉向機構

● 行走部分

行走部分是將輪胎組在齒輪減速機上。

據說只要輪胎的尺寸是高低差的「2倍」，火星探測器就能行走在有高低差的路上。

不過，實際上由於裝載各種裝置，導致重心偏移，因此建議輪胎的尺寸為高低差的「3倍」為佳。

火星探測器的重心偏向前方，因此藉由在後方裝載「鉛錠」（0.5公斤）來保持平衡。

圖4-20 行走部分

● 控機件

　　火星探測器會使用 4 個馬達,因此至少需要「四動線控機件」。

　　為了之後能增加馬達將探測器升級,建議準備「五動線控機件」,以擴大應用範圍。

圖4-21 五動線控機件

　　製造機器人的過程中經常需要拆除零件,所以先裝上「子彈型端子」,就能將「控機件」的電線從馬達拆除,也比較容易維護。

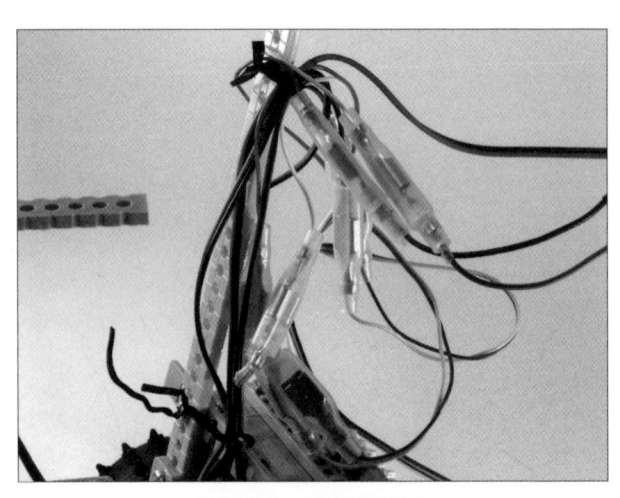

圖4-22 子彈型端子

■改良探測器的8個提示

目前學到的火星探測器，在功能上存在以下4點不足：

- 無法越過30mm的高低差。
- 抓取力很弱，抓取角度不佳。
- 僅具備基本功能，因此缺乏獨創性。
- 要新增探測功能，就需要追加新的創意。

因此，請參考以下內容，嘗試改良探測器。

● 嘗試更換電池

本書中的火星探測器使用容易取得的鹼性乾電池，但最近充電式鎳氫電池（eneloop等）也被廣泛使用。

「充電式鎳氫電池」不僅可以重複使用，還能輸出比鹼性乾電池更大的電流，因此能讓火星探測器的性能提升一個層級。

（3號鹼性乾電池約為「1000mAh」，而3號鎳氫電池約為「1900mAh」。）

圖4-23 鎳氫電池

此外，遙控模型用電池也很適合火星探測器。

遙控模型一直以來都使用「鎳鎘電池」，因為鎳鎘電池能輸出很大的電力，所以能夠增強火星探測器。

但是，需要思考如何避免電壓急速下降、「電池記憶效應」※的問題，以及做好過度充電時的防火管理。

※在還有電的時候就充電，該電池的電壓會立即下降。

此外，也有強力的「鋰離子電池」，但在充電時若未妥善管控電壓，最糟的情況可能引發爆裂或起火，因此不建議使用。

● 重心

火星探測器和雙足步行機器人一樣，「重心」非常重要，通常會將重心放在「車體的中央」。

但是，在「斜坡行駛時」或「用手臂抓取物品（火星樣本）時」，情況會非常不同，需要實際行走來重新調整重心。

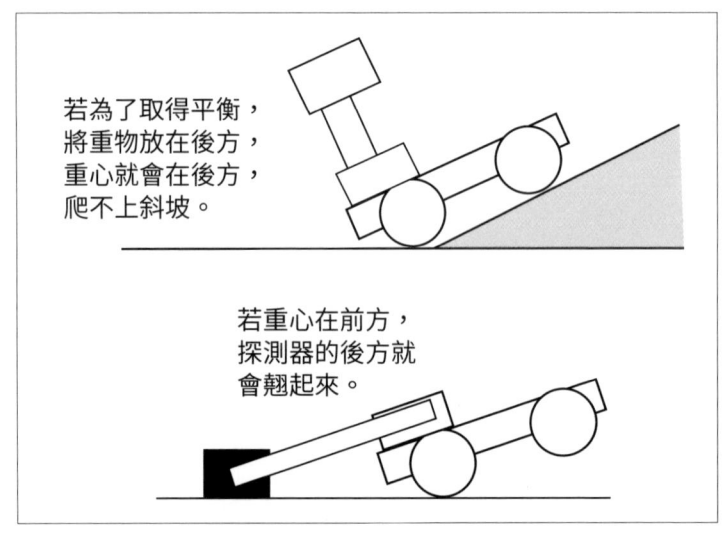

若為了取得平衡，將重物放在後方，重心就會在後方，爬不上斜坡。

若重心在前方，探測器的後方就會翹起來。

圖4-24「重心」很重要

若前方有回收火星樣本的「置物籃」，也能藉由將置物籃往前傾來調整重心。

在攀爬斜坡時利用這個原理，應該也很有趣。

● **左右轉彎（旋轉）構造**

火星探測器左右轉彎的構造大致分為兩種。

第一種是前後輪各使用一個馬達，前輪負責「轉向」，後輪負責「行走」。

轉向機構一般是用「平行相等曲柄機構」來製作，但在承受重量時會無法順利動作，導致轉向機構無法運作。

因此，需要採取其他對策，如提高馬達的功率等。

第二種是普遍使用的方式，後輪使用兩個馬達，分別負責左右的行走。

像「履帶」一樣，左轉時讓「右側馬達」旋轉，右轉時讓「左側馬達」旋轉。

缺點是由於前輪固定，無法快速轉彎，不過構造非常簡單。

做為參考，履帶後輪定點轉向和原地轉向的原理圖如下所示。

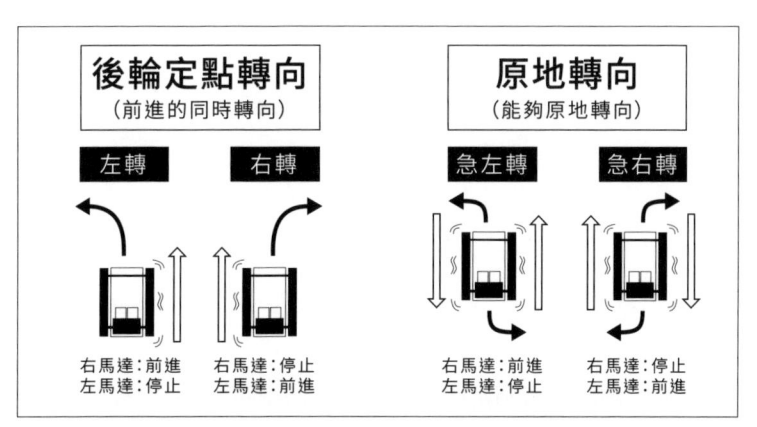

圖4-25 履帶的「後輪定點轉向」和「原地轉向」原理圖

還有其他各式各樣的方式。

例如，若前方有回收火星樣本的置物籃，藉由將置物籃往前傾來代替前輪，就能快速轉彎。

這是成功把前方的置物籃當做「舵」使用的例子，但若是置物籃內裝有樣本時，就無法如此使用。

還有將棒子插入地面，以棒子為中心旋轉的方式，但這需要強大的動力。

● 抓取部分

火星樣本的採集方式分為「抓取式」和「撈取式」。

抓取式使用「機械臂」，能做出精密的動作。
因此，就算是在深處（山頂裡）的樣本也能採集。

缺點是製作「機械臂」需要高度的技術。

撈取式是靠近樣本，像推土機那樣撈取。
這是比較常見的類型，製作上也比較簡單。
還有用「馬達的動力」強制撈取、藉由「曲柄搖桿機構」的機械臂來撈取、裝上鏈子（線）捲起等各種方式。

缺點是重心在前方，所以無法抬起很重的樣本。
因此，需要設法讓重心往後移。

● 哈姆

在第 1 章輪胎的部分已經說明過了，連接馬達軸心和輪胎的輪圈時，需要使用「哈姆」。
因為要找到合適的哈姆相當困難，根據情況需要加工「輪胎的輪圈」。

● 材料收集

製作東西時，材料是不可或缺的。

因此，這裡列舉了容易取得「機械材料」的地點（日本 2016 年 9 月的狀態）：

・ヨドバシカメラ（YODOBASHI CAMERA，也稱友都八喜）、Amazon 等

可購買「齒輪減速機」、「塑膠棒」等一般的材料。

・ヴイストン（Viston）

機器人專賣店，可找到特殊零件。

常常沒有庫存，這點需多加留意。

・ロボット王国（機器人王國）

這間也是機器人專賣店，不過價格偏高。

・工具及材料販賣連鎖店：

可以便宜的價格購買「螺絲」、「螺帽」、「木材」、「金屬」、「束線帶」等。

・エーモン（Amon）

販售汽車配件的廠商。

可在此購買「配線材料」、「子彈型端子」、「絞刀」、「壓接工具」等。

・遙控模型店

可在此購買機器人與遙控模型的通用部件，如「輪胎」等。

不過，缺點是遙控模型用的零件價格較高，且大多數為特殊規格。

● 製作專用的「控機件」

製作機器人，其過程需要不斷地重複製作和調整。

因此，準備好一個「製作專用控機件」來確認動作，可以讓作業更加順暢。

例如，在田宮牌的「二動線控機件」前端裝上「IC測試夾」，就是個不錯的製作專用控機件。

● 馬達的特性

挑選「田宮技術工藝系列」（標記為 HE 的馬達）的馬達時，以「最大力矩」為基準來選擇會比較簡單（請參考圖 1-19）。

製作機器人時力矩非常重要，常常因為力矩不夠大，導致機器人無法運作。

以下列舉關鍵的三點：

- 「6 段速齒輪減速機 HE」的力矩較大，容易使用。
- 實際上可使用的力矩最小為「蝸輪齒輪減速機 HE」的「203.2」，低於 200 的力矩太弱，無法使用。
- 「行星齒輪減速機 HE」使用方式類似鑽頭，所以不太適合用來製造機器人。

■製作各個部位

接下來,依序說明行走部分、轉向機構、機械臂、控機件、配線的製作流程。

● 製作「行走部分」
★行走部分的零件清單

1. 單層齒輪減速機(4段速)
・1台
※請按照說明書,使用 D Type(齒輪比344.2:1)組裝。

2. 4段速曲軸齒輪減速機
・1台
※請按照說明書,使用 D Type(齒輪比5042:1)組裝。

將六角軸心切成55mm使用。

3. 釘狀輪胎組
・1組 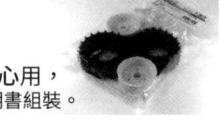
為六角軸心用,請按照說明書組裝。

4. 多用途打孔平板
・2塊

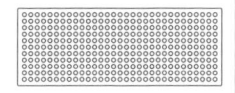

5. I型打孔條板
3條 

6. 軸承
・2個

7. L型打孔條板
・1個

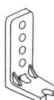

8. L型角材
・4個

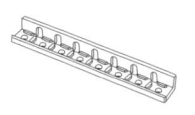

9. 鉚釘和定位停止銷
・黃色 4組

10. 螺栓和螺帽
・螺栓 3×10mm 20個
・螺栓 3×20mm 5個
・螺帽 3mm 24個

11. 樹脂螺帽
・2個

12. 雙頭螺絲
・圓頭 3×100mm 1根

13. 鉛錠
・500g 1個

使用這個零件清單,做出行走部分。

行走部分的完成圖

● 行走部分的材料加工

在開始組裝之前，請先按照下列說明加工材料。

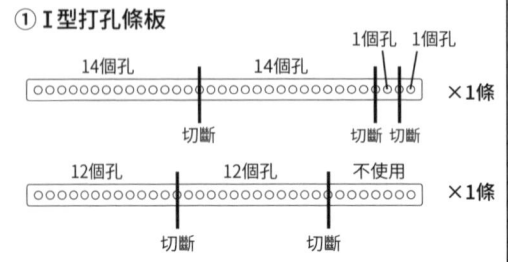

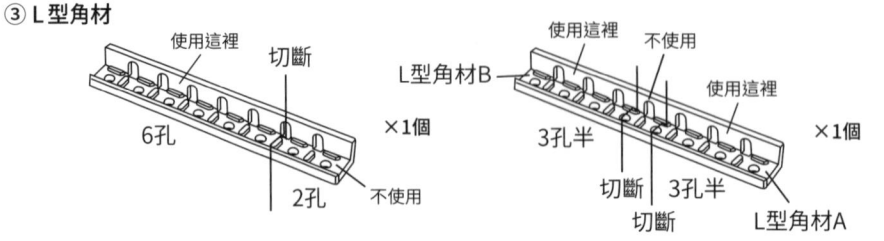

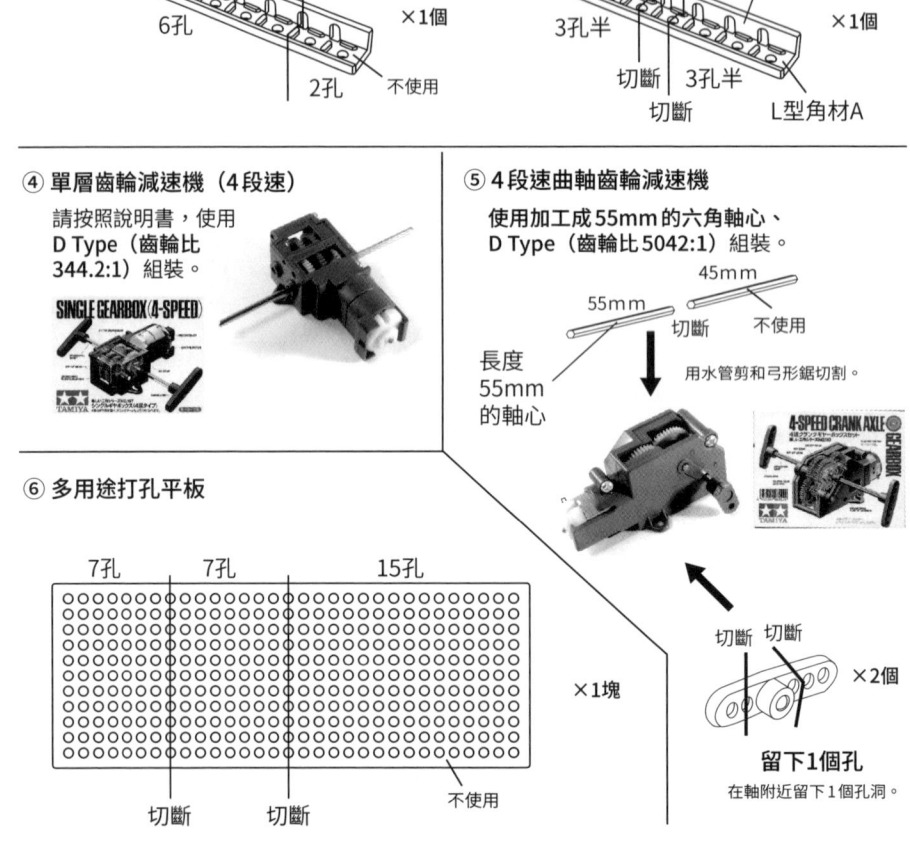

① I 型打孔條板

14個孔　　14個孔　　1個孔 1個孔
切斷　　　切斷　切斷　　×1條

12個孔　　12個孔　　不使用
切斷　　　切斷　　　　　×1條

② 釘狀輪胎

為六角軸心用，
請按照說明書組裝。

③ L型角材

使用這裡　切斷
6孔
2孔　不使用　×1個

L型角材B
使用這裡　不使用　使用這裡
3孔半　切斷　3孔半
切斷　L型角材A　×1個

④ 單層齒輪減速機（4段速）

請按照說明書，使用
D Type（齒輪比 344.2:1）組裝。

⑤ 4段速曲軸齒輪減速機

使用加工成55mm的六角軸心、
D Type（齒輪比 5042:1）組裝。

55mm　　　45mm
切斷　　　不使用

長度55mm的軸心

用水管剪和弓形鋸切割。

⑥ 多用途打孔平板

7孔　　7孔　　15孔
不使用
切斷　切斷
×1塊

切斷 切斷
×2個

留下1個孔
在軸附近留下1個孔洞。

172

火星探測器（行走部分）的製作方式

■材料加工

① 請按照上一頁「行走部分的材料加工」說明來加工材料。

請按照說明書，使用D Type（齒輪比344.2:1）組裝。

單層齒輪減速機(4段速)

請使用加工成55mm的六角軸心、D Type（齒輪比5042:1），按照說明書組裝。

4段速曲軸齒輪減速機

I型打孔條板 　　L型角材 　　多用途打孔平板 　　釘狀輪胎

■組裝機構本體

① 按照下圖，使用3×10mm的螺栓與3mm的螺帽，將多用途打孔平板與單層齒輪減速機（4段速）組裝在一起。

多用途打孔平板
螺栓3×10mm
螺帽3mm
單層齒輪減速機(4段速)

右方短邊數來第4個孔
下方長邊數來第2個孔

② 將釘狀輪胎組裝到步驟①組好的本體上。

組好的本體
釘狀輪胎

插入即可

③ 使用3×10mm的螺栓與3mm的螺帽，按照下圖將軸承組裝到步驟②組好的本體上。

組好的本體
軸承
螺栓 3×10mm
螺帽 3mm

第4章　四連桿機構的應用實例

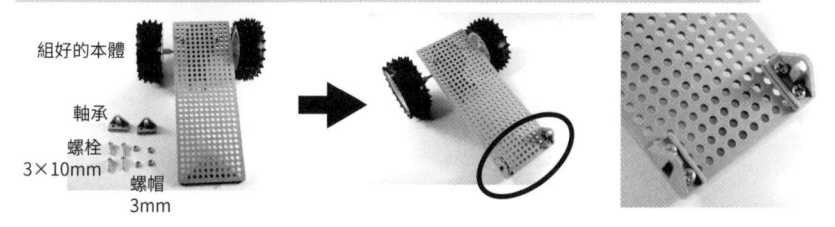

④按照下圖，使用3×10mm的螺栓與3mm的螺帽，將4段速曲軸齒輪減速機組裝到步驟③組好的本體上。

組好的本體
4段速曲軸齒輪減速機
螺帽3mm
螺栓 3×10mm

輪胎側短邊數來第16個孔
下方長邊數來第3個孔

⑤按照下圖，使用樹脂螺帽，將14孔I型打孔條板、雙頭螺絲、1孔I型打孔條板組裝到步驟④組好的本體上。

組好的本體
14孔I型打孔條板
雙頭螺絲
1孔I型打孔條板
樹脂螺帽

樹脂螺帽
14孔I型打孔條板
1孔I型打孔條板
1孔I型打孔條板
樹脂螺帽
14孔I型打孔條板

⑥按照下圖，使用黃色鉚釘，將12孔I型打孔條板組裝到步驟⑤組好的本體上。

組好的本體
12孔I型打孔條板
黃色的鉚釘

黃色的鉚釘
12孔I型打孔條板

⑦按照下圖，使用黃色鉚釘，連接12孔I型打孔條板與14孔I型打孔條板。14孔I型打孔條板上，在無東西的那一側數來第8個孔插入黃色鉚釘。

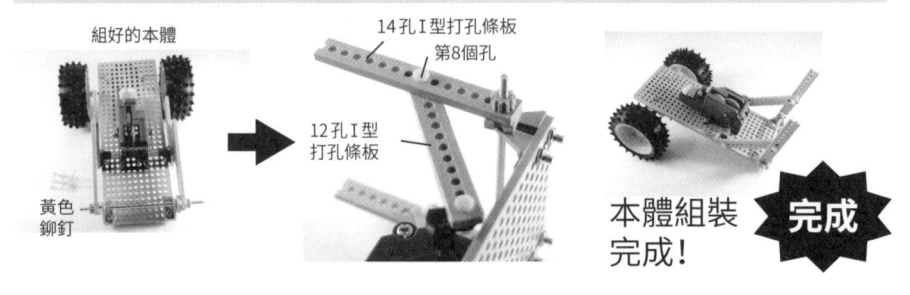

組好的本體
黃色鉚釘

14孔I型打孔條板
第8個孔
12孔I型打孔條板

本體組裝完成！ 完成

■組裝平衡物
①按照下圖，使用3×20mm的螺栓與螺帽，組裝7孔多用途打孔平板與6孔L型角材。

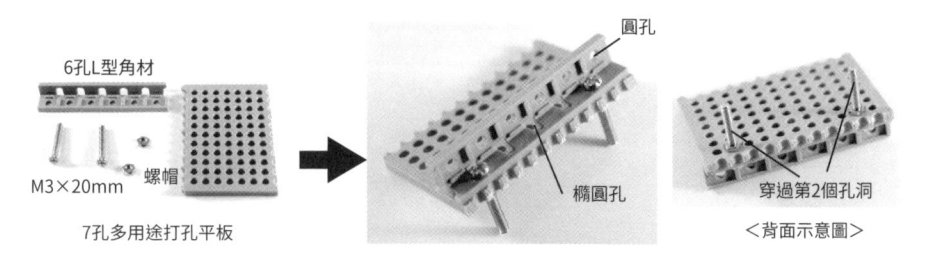

6孔L型角材
螺帽
M3×20mm
7孔多用途打孔平板
圓孔
橢圓孔
穿過第2個孔洞
＜背面示意圖＞

②按照下圖，使用3×10mm的螺栓與螺帽，將步驟①完成的平衡物與7孔多用途打孔平板組裝在一起。

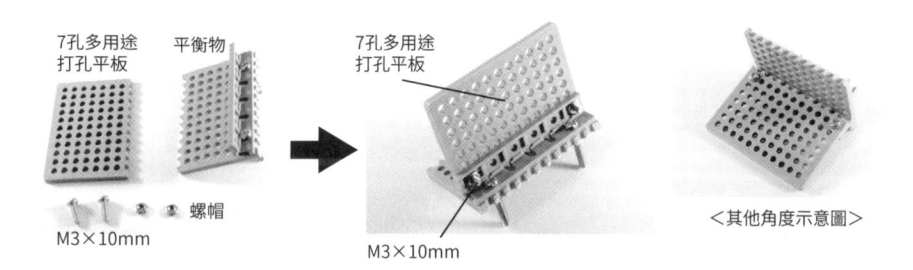

7孔多用途打孔平板
平衡物
7孔多用途打孔平板
M3×10mm
M3×10mm
螺帽
＜其他角度示意圖＞

③按照下圖，使用3×10mm的螺栓與螺帽，組裝步驟②完成的平衡物與尚未加工的L型角材。

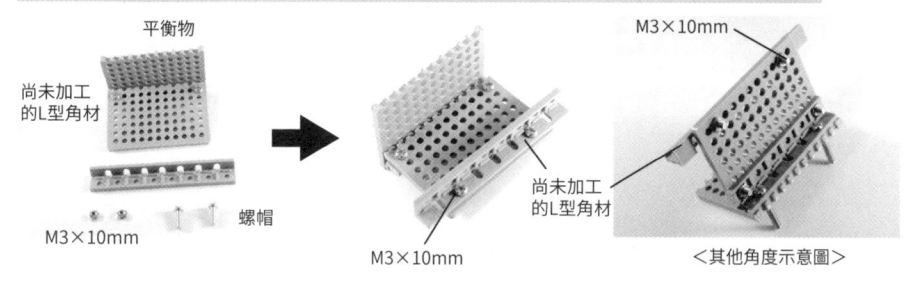

平衡物
尚未加工的L型角材
M3×10mm
螺帽
M3×10mm
尚未加工的L型角材
M3×10mm
＜其他角度示意圖＞

④按照下圖，在看得到鉛錠圓角的情況下，將鉛錠設置在步驟③完成的平衡物上。

平衡物
鉛錠
在看得到鉛錠圓角的情況下設置。

第4章 四連桿機構的應用實例

175

⑤按照下圖，使用3×10mm的螺栓與螺帽，將L型角材A組裝到步驟④完成的平衡物上。

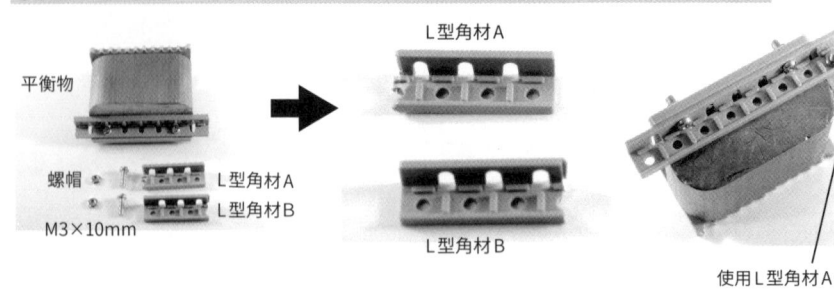

請注意有L型角材A和L型角材B兩種！

L型角材B也同樣用3×10mm的螺栓與螺帽組裝。

---

⑥ 按照下圖，使用3×10mm的螺栓與螺帽，將尚未加工的L型角材安裝到步驟⑤完成的平衡物上。

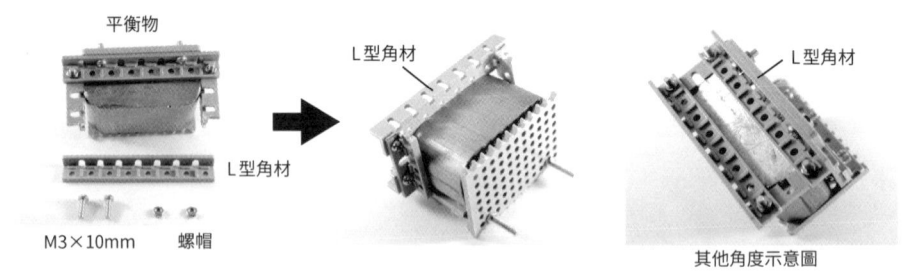

其他角度示意圖

---

⑦按照下圖，使用3×20mm的螺栓與螺帽，防止步驟⑤完成的平衡物中的鉛錠掉落。

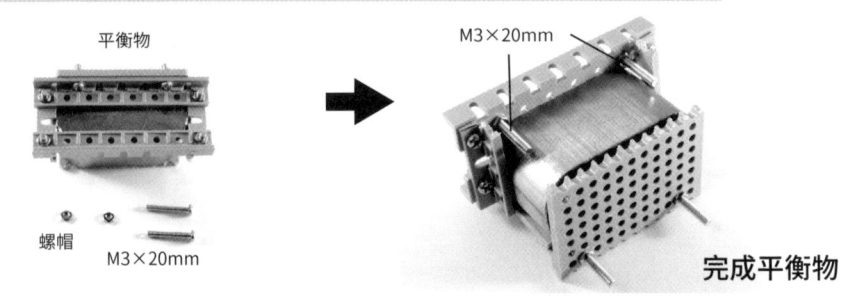

完成平衡物

■組裝電線支架
① 按照下圖，使用3×10mm的螺栓與螺帽，組裝尚未加工的多用途打孔平板與L型打孔條板。

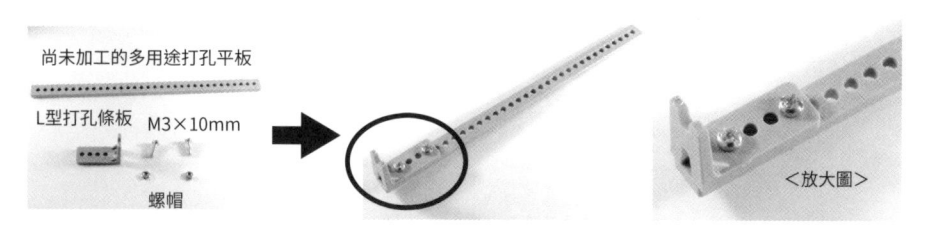

尚未加工的多用途打孔平板
L型打孔條板　M3×10mm
螺帽

<放大圖>

■完成行走部分本體
① 使用3×20mm的螺栓與螺帽，按照下圖將電線支架組裝至本體上。

本體
電線支架
螺帽　M3×20mm

輪胎側短邊數來第11個孔
下方長邊數來第2個孔

② 將平衡物設置在本體後方。為了容易拆除，不用螺帽固定。

本體
平衡物

只是裝載在後方

③ 使用3×10mm的螺栓與螺帽，按照下圖固定電線支架與平衡物。

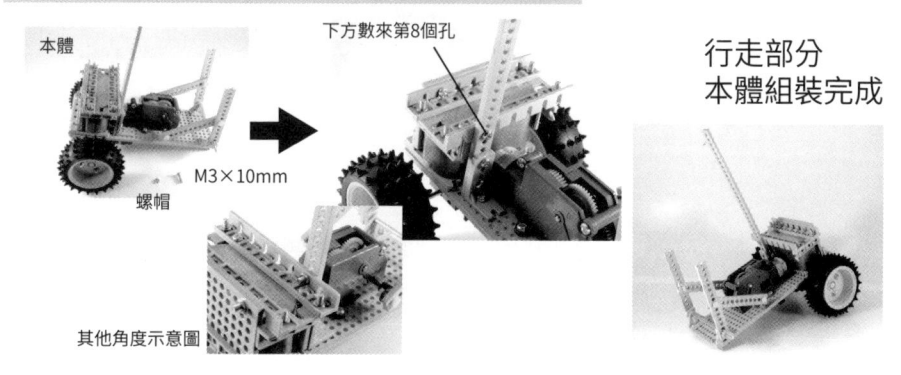

本體
下方數來第8個孔
M3×10mm
螺帽

其他角度示意圖

行走部分
本體組裝完成

第4章　四連桿機構的應用實例

177

● 製作「轉向機構」

★ 轉向機構的零件清單

1. 4段速曲軸齒輪減速機
・1台

※請按照說明書，
使用B Type（齒輪比441:1）組裝。

將六角軸心切成75mm使用。

2. 釘狀輪胎組
・1組　為六角軸心用，請按照說明書組裝。

3. 多用途打孔平板
・2塊

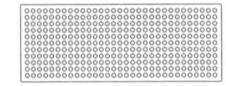

4. I型打孔條板
2條 

5. 軸承
・4個

6. 間隔柱
・5mm　2個

7. 微動開關
・2個

8. L型角材
・1個

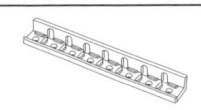

9. 曲柄臂
・3個

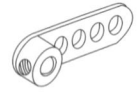

10. 螺栓、螺帽和墊圈
・螺栓3×10mm　10個
・螺栓3×20mm　15個
・螺帽3mm　29個
・墊圈　4個

11. 樹脂螺帽
・5個

12. 六角軸心
・3mm×100mm　1根

轉向機構的完成圖

● **轉向機構的材料加工**

在開始組裝之前，請先按照下列說明加工材料。

① I型打孔條板

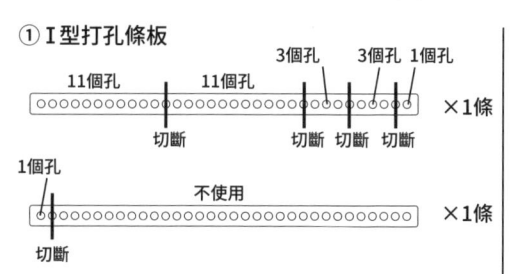

11個孔　11個孔　3個孔　3個孔　1個孔
切斷　　切斷　切斷　切斷　　×1條

1個孔
不使用　×1條
切斷

② 釘狀輪胎

為六角軸心用，
請按照說明書組裝。

③ L型角材

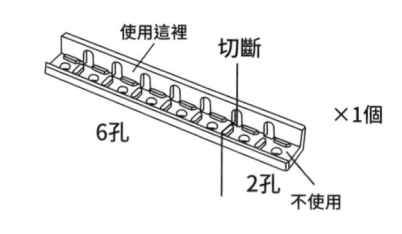

使用這裡　切斷
6孔
2孔　×1個
不使用

④ 4段速曲軸齒輪減速機

使用加工成75mm的六角軸心、
B Type（齒輪比441:1）
組裝。

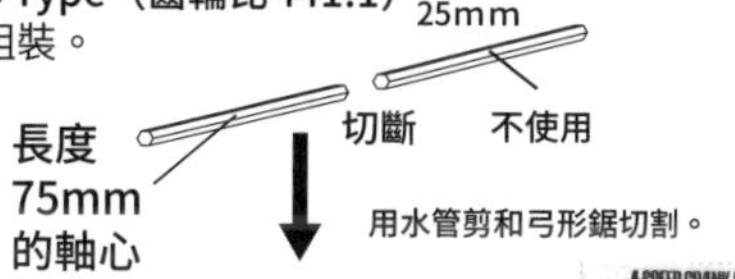

25mm
長度75mm的軸心　切斷　不使用

用水管剪和弓形鋸切割。

留11mm

⑤ 多用途打孔平板

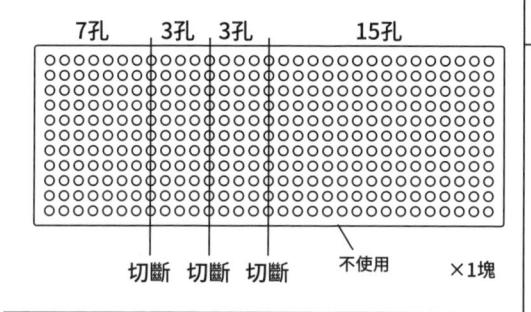

7孔　3孔　3孔　　15孔

切斷　切斷　切斷　不使用　×1塊

⑥ 曲柄臂

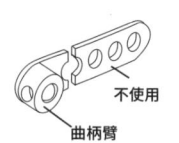

不使用
曲柄臂　×2個

切斷時，請將曲柄臂固定在萬力上，用折彎的方式切斷，或使用弓形鋸。

⑦ 六角軸心

切出2根45mm。

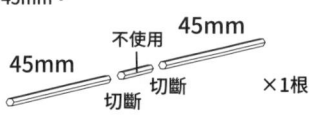

45mm　不使用　45mm
切斷　切斷　×1根

⑧ 微動開關

將孔洞擴大成直徑3mm。

第4章 四連桿機構的應用實例

179

火星探測器（轉向機構）的製作方式

■材料加工

① 請按照前面「行走部分的材料加工」說明來加工材料。

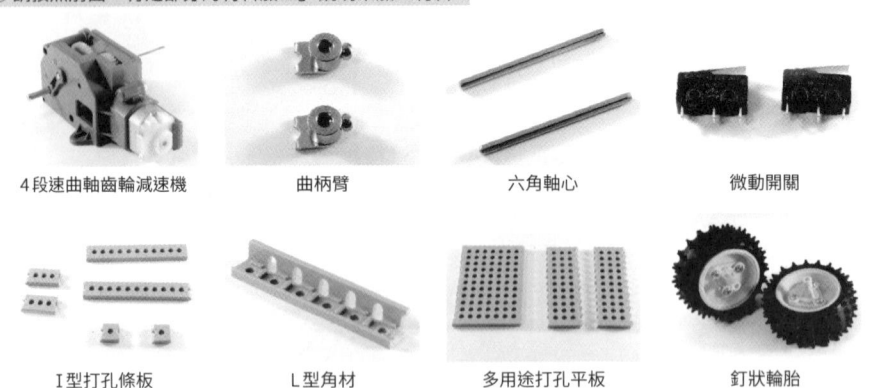

4段速曲軸齒輪減速機　　曲柄臂　　六角軸心　　微動開關

I型打孔條板　　L型角材　　多用途打孔平板　　釘狀輪胎

■組裝本體

① 按照下圖，使用3×10mm的螺栓與3mm的螺帽，組裝L型角材和7孔多用途打孔平板。

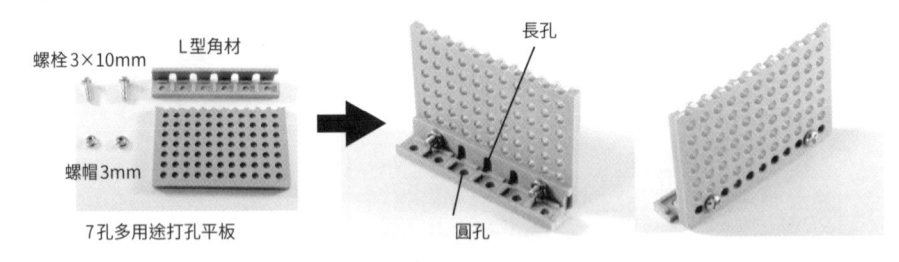

螺栓3×10mm
L型角材
長孔
螺帽3mm
7孔多用途打孔平板
圓孔

② 按照下圖，使用1孔I型打孔條板、3×20mm的螺栓和3mm的螺帽，組裝馬達和步驟①組好的本體。馬達固定在沒有L型角材的那一面。

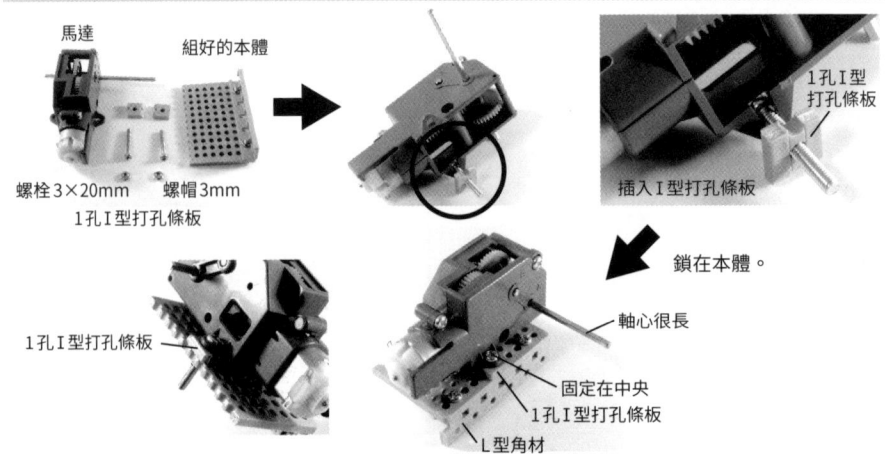

馬達　組好的本體
螺栓3×20mm　螺帽3mm
1孔I型打孔條板
插入I型打孔條板
1孔I型打孔條板

鎖在本體。
1孔I型打孔條板
軸心很長
固定在中央
1孔I型打孔條板
L型角材

180

③ 按照下圖，使用3×10mm的螺栓與3mm的螺帽，將多用途打孔平板和步驟②組好的本體組裝在一起。固定時，長軸心穿過上方短邊數來第10個孔。

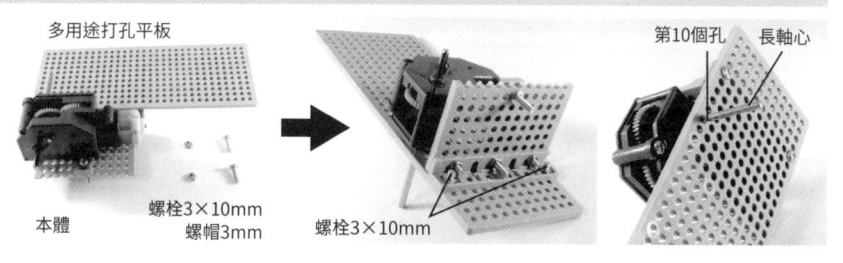

多用途打孔平板
本體
螺栓3×10mm
螺帽3mm
螺栓3×10mm
第10個孔　長軸心

■組裝轉向機構

① 按照下圖，使用3×10mm的螺栓與3mm的螺帽，組裝3孔多用途打孔平板與軸承。

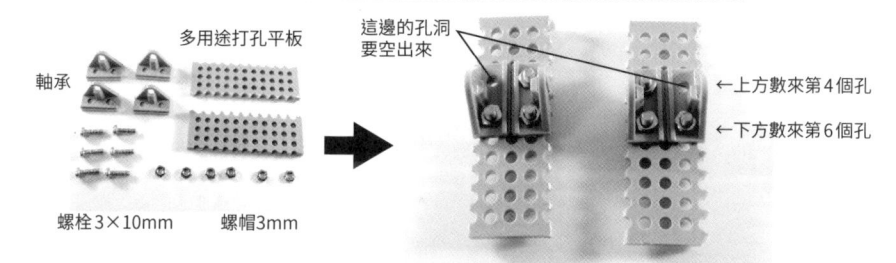

軸承
多用途打孔平板
螺栓3×10mm
螺帽3mm
這邊的孔洞要空出來
←上方數來第4個孔
←下方數來第6個孔

② 按照下圖，使用3×20mm的螺栓與樹脂螺帽，將11孔I型打孔條板和步驟①完成的轉向機構組裝在一起。

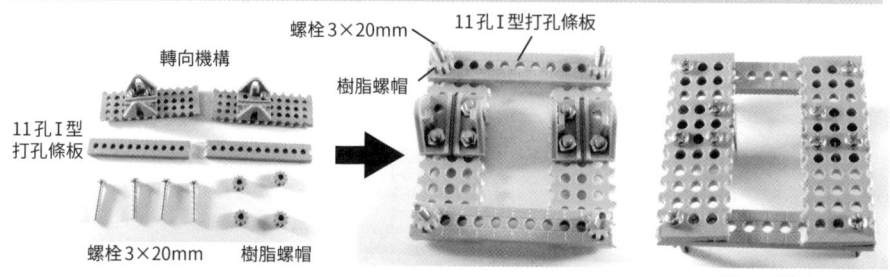

轉向機構
11孔I型打孔條板
螺栓3×20mm
樹脂螺帽
螺栓3×20mm
11孔I型打孔條板
＜背面示意圖＞

③ 按照下圖，使用螺帽，將3×20mm的螺栓和步驟②完成的轉向機構組裝在一起。

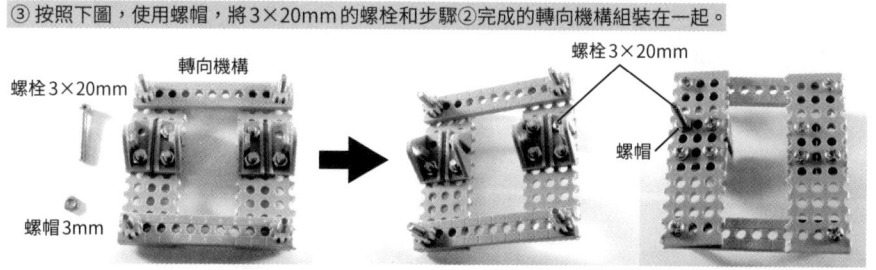

螺栓3×20mm
轉向機構
螺帽3mm
螺栓3×20mm
螺帽
＜背面示意圖＞

第4章　四連桿機構的應用實例

■將轉向機構組裝至本體

① 準備好本體、轉向機構、間隔柱和墊圈。
　按照下圖,把間隔柱和墊圈穿過馬達的軸心。

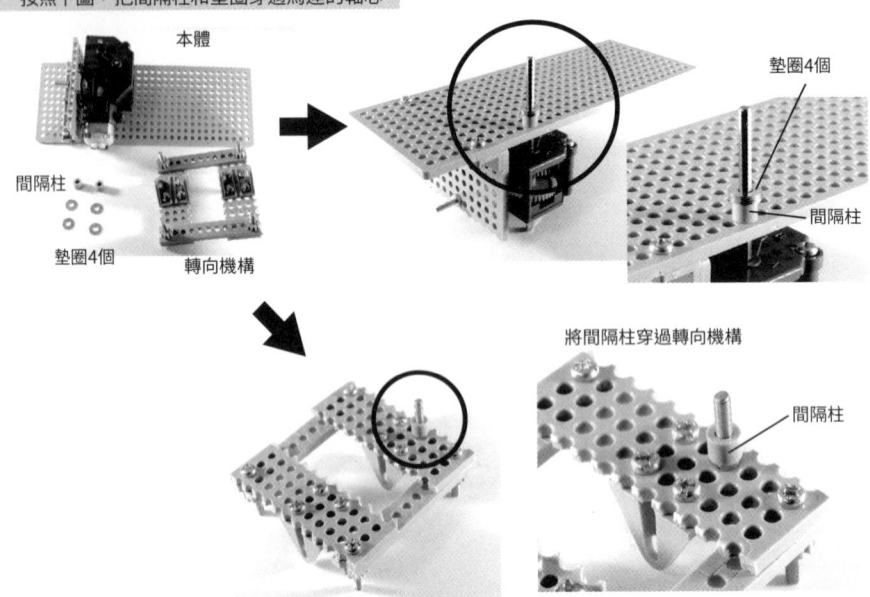

本體

間隔柱

墊圈4個

轉向機構

墊圈4個

間隔柱

將間隔柱穿過轉向機構

間隔柱

② 分別按照下圖組裝本體和轉向機構。
　組裝時,請注意不要把間隔柱和墊圈弄散。

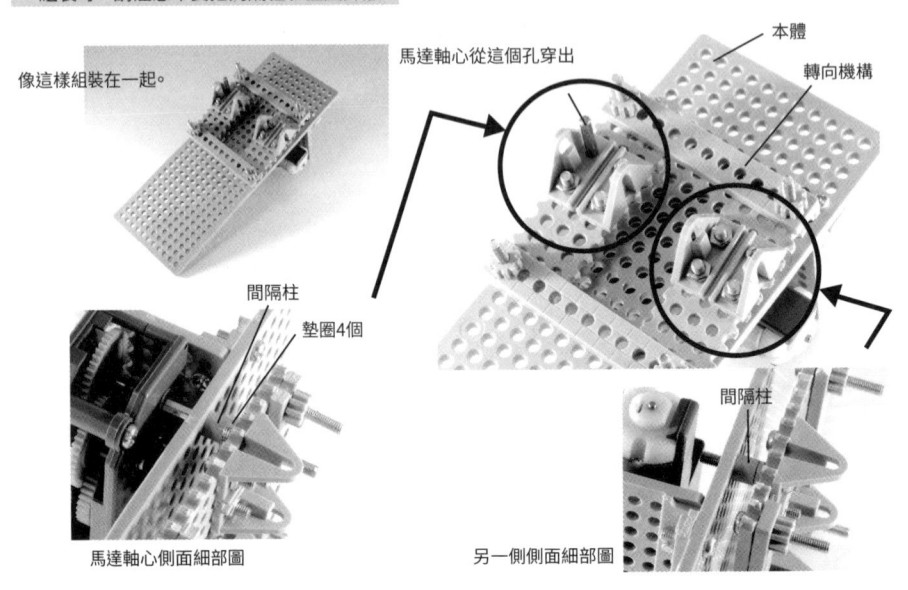

像這樣組裝在一起。

馬達軸心從這個孔穿出

本體

轉向機構

間隔柱

墊圈4個

間隔柱

馬達軸心側面細部圖

另一側側面細部圖

③ 使用樹脂螺帽，固定本體與轉向機構。

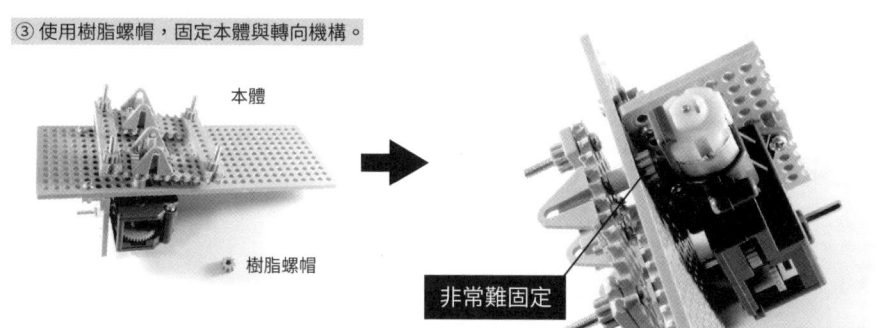

本體

樹脂螺帽

非常難固定

---

④ 使用曲柄臂，固定本體與轉向機構。

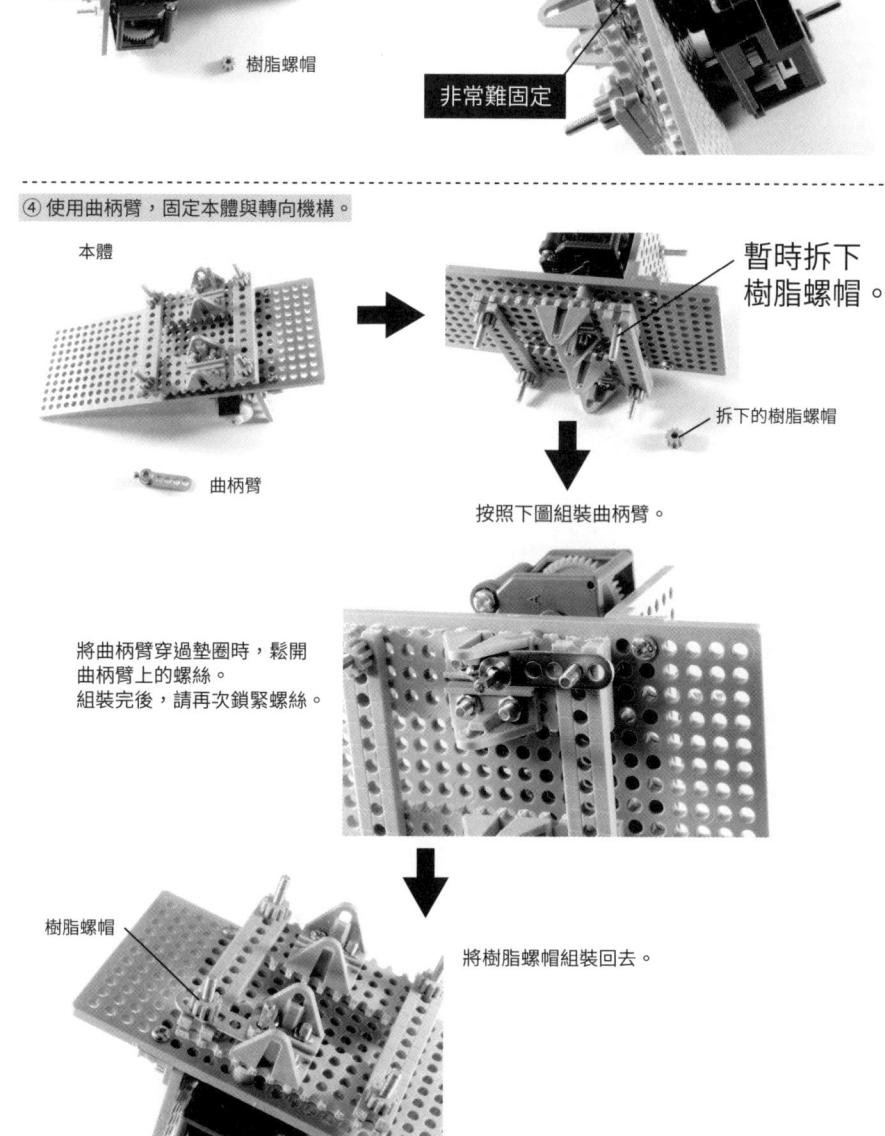

本體

曲柄臂

暫時拆下樹脂螺帽。

拆下的樹脂螺帽

按照下圖組裝曲柄臂。

將曲柄臂穿過墊圈時，鬆開曲柄臂上的螺絲。
組裝完後，請再次鎖緊螺絲。

樹脂螺帽

將樹脂螺帽組裝回去。

第 4 章　四連桿機構的應用實例

183

⑤ 將45mm的六角軸心插入釘狀輪胎。

釘狀輪胎

45mm的六角軸心

⑥ 使用加工完成的曲柄臂，將釘狀輪胎組裝到本體的軸承上。

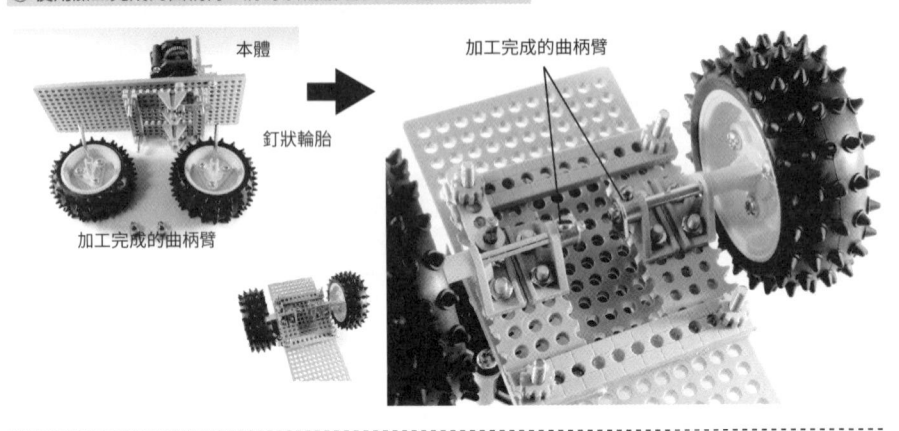

本體

加工完成的曲柄臂

釘狀輪胎

加工完成的曲柄臂

⑦ 將接頭用的3×20mm螺栓組裝至步驟⑥完成的本體上。

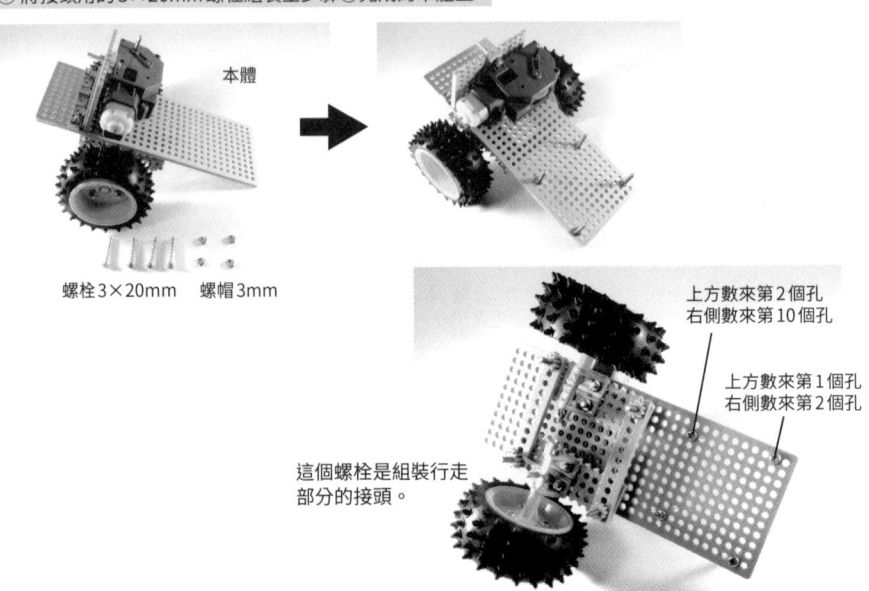

本體

螺栓3×20mm　　螺帽3mm

這個螺栓是組裝行走部分的接頭。

上方數來第2個孔
右側數來第10個孔

上方數來第1個孔
右側數來第2個孔

⑧使用3×20mm的螺栓,將微動開關組裝至步驟⑦完成的本體上。

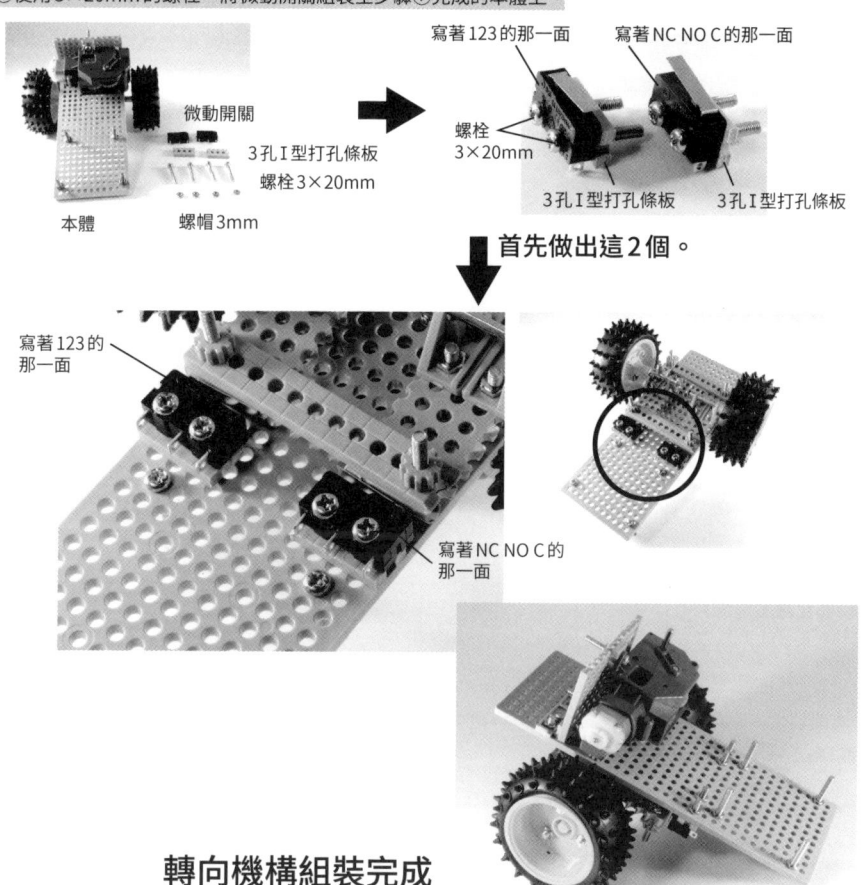

微動開關
本體
3孔I型打孔條板
螺栓3×20mm
螺帽3mm

寫著123的那一面
寫著NC NO C的那一面
螺栓3×20mm
3孔I型打孔條板
3孔I型打孔條板

首先做出這2個。

寫著123的那一面

寫著NC NO C的那一面

轉向機構組裝完成

連接行走部分與轉向機構。

轉向機構
行走部分
螺帽3mm 4個

將螺栓插入行走部分,接著用3mm螺帽固定。

完成

第 4 章 四連桿機構的應用實例

185

● 製作「機械臂」

★ 機械臂的零件清單

1. 單層齒輪減速機（4段速）
・1台

※請按照說明書，使用 D Type（齒輪比344.2:1）組裝。

2. 多用途打孔平板
・4塊

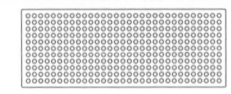

3. I型打孔條板 
・6條

4. 間隔柱
・5mm　1個
・10mm　2個

5. L型打孔條板
・8個

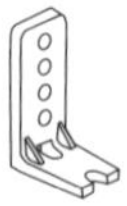

6. 多用途金屬製片
・10孔　6片

7. L型角材
・5個

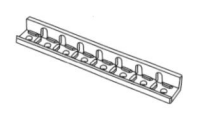

8. 螺栓和螺帽
・螺栓3×10mm　39個
・螺栓3×20mm　8個
・螺栓3×25mm　4個
・螺帽3mm　48個

9. 樹脂螺帽
・5個

10. 雙頭螺絲
・圓頭3×100mm　1根

● 機械臂的材料加工　在開始組裝之前，請先按照下列說明加工材料。

① I型打孔條板

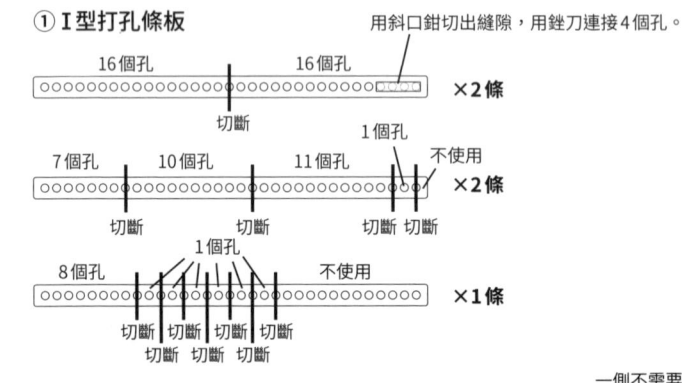

用斜口鉗切出縫隙，用銼刀連接4個孔。

16個孔　16個孔　×2條
切斷

7個孔　10個孔　11個孔　1個孔　不使用　×2條
切斷　切斷　切斷　切斷

8個孔　1個孔　不使用　×1條
切斷　切斷　切斷　切斷

② 單層齒輪減速機（4段速）

請按照說明書，使用 D Type（齒輪比344.2:1）組裝。

一側不需要曲柄。
留20mm

186

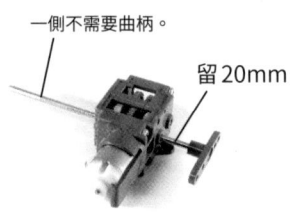

③ 多用途打孔平板

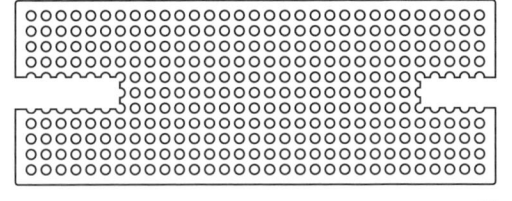

×1塊

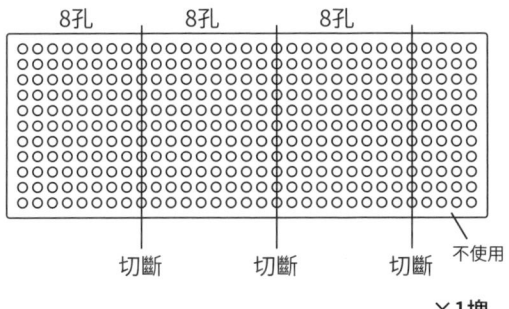

8孔　8孔　8孔

切斷　切斷　切斷　不使用

×1塊

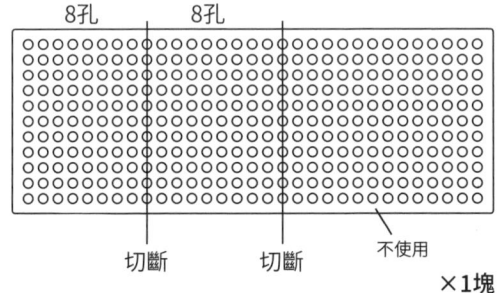

8孔　8孔

切斷　切斷　不使用

×1塊

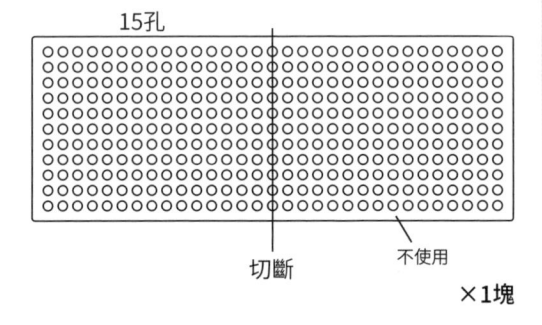

15孔

切斷　不使用

×1塊

④ 多用途金屬製片

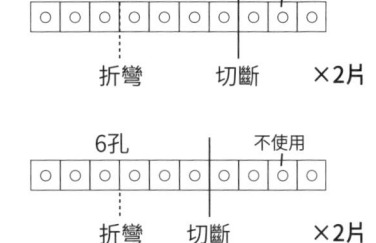

7孔　　　不使用

折彎　切斷　×2片

6孔　　　不使用

折彎　切斷　×2片

5孔　　5孔

折彎　切斷　折彎

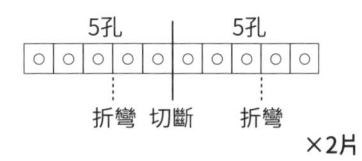

×2片

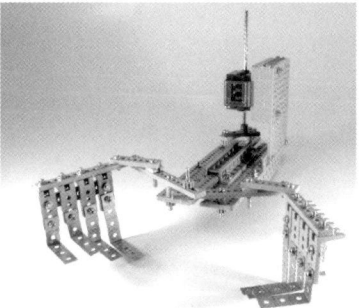

機械臂的完成圖

第4章 四連桿機構的應用實例

火星探測器（機械臂）的製作方式

■材料加工

① 請按照前面「機械臂的材料加工」說明來加工材料。

單層齒輪減速機（4段速） 　　多用途打孔平板 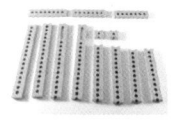　　I型打孔條板 　　多用途金屬製片

■組裝機構本體

① 按照下圖，使用3×10mm的螺栓與3mm的螺帽，將L型角材和加工完成的多用途打孔平板組裝在一起。

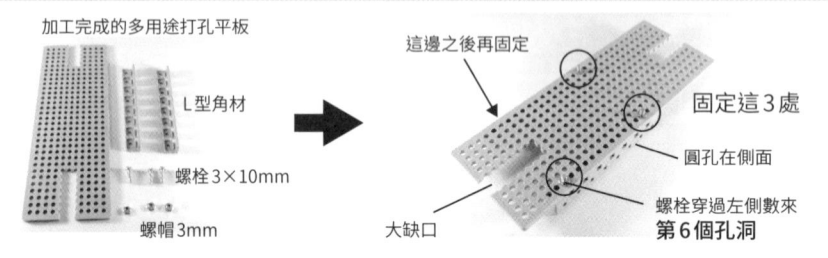

加工完成的多用途打孔平板
L型角材
螺栓3×10mm
螺帽3mm

這邊之後再固定
固定這3處
圓孔在側面
螺栓穿過左側數來第6個孔洞
大缺口

② 按照下圖，使用1孔I型打孔條板、3×20mm的螺栓和3mm的螺帽，組裝馬達和步驟①完成的零件。馬達固定在沒有L型角材的那一面。

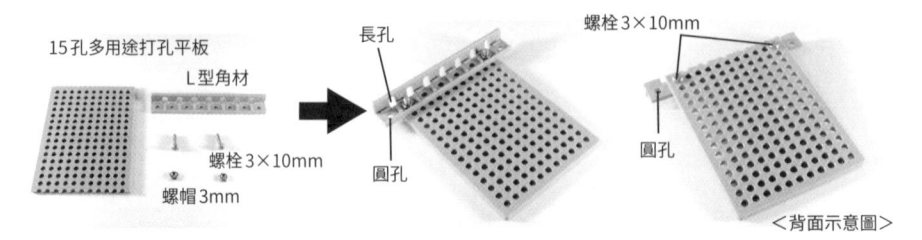

15孔多用途打孔平板
L型角材
螺栓3×10mm
螺帽3mm

長孔
圓孔
螺栓3×10mm
圓孔
＜背面示意圖＞

③ 按照下圖，使用3×10mm的螺栓與3mm的螺帽，將步驟②完成的15孔多用途打孔平板和步驟①組好的本體組裝在一起。

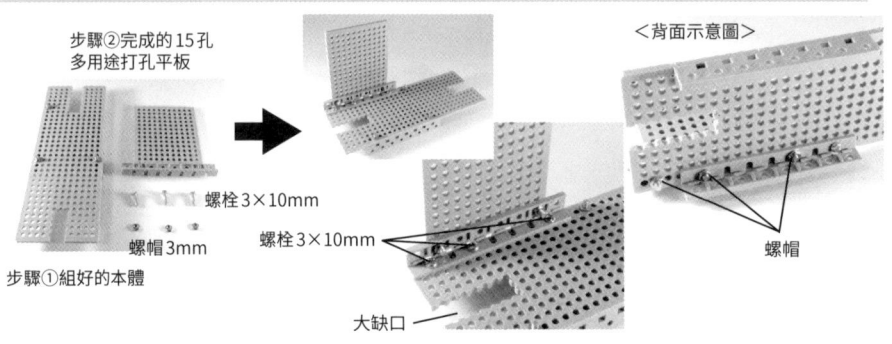

步驟②完成的15孔多用途打孔平板
螺栓3×10mm
螺帽3mm
步驟①組好的本體

螺栓3×10mm
大缺口
＜背面示意圖＞
螺帽

④ 使用3×25mm的螺栓與3mm的螺帽，按照下圖將8孔多用途打孔平板和馬達，組裝至步驟③組好的本體上。

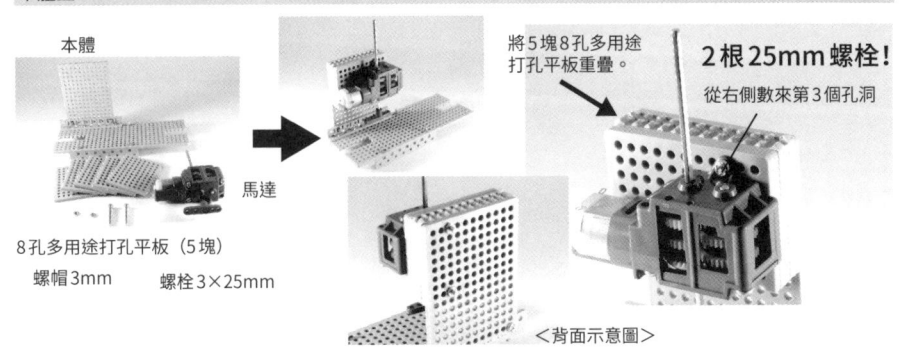

本體

將5塊8孔多用途打孔平板重疊。

2根25mm螺栓！

從右側數來第3個孔洞

馬達

8孔多用途打孔平板（5塊）
螺帽3mm　　螺栓3×25mm

<背面示意圖>

---

⑤ 使用3×10mm的螺栓與樹脂螺帽，按照下圖將8孔I型打孔條板組裝至步驟④本體的曲柄上。

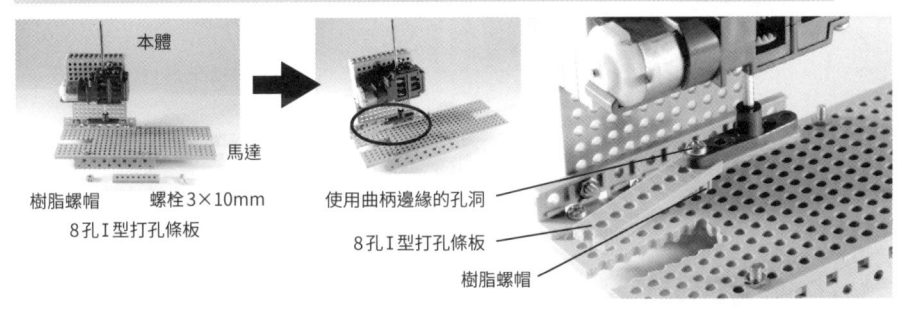

本體

馬達

樹脂螺帽　螺栓3×10mm
8孔I型打孔條板

使用曲柄邊緣的孔洞
8孔I型打孔條板
樹脂螺帽

---

⑥ 按照下圖，使用3×10mm的螺栓與螺帽，將步驟⑤組好的本體和L型角材組裝在一起。

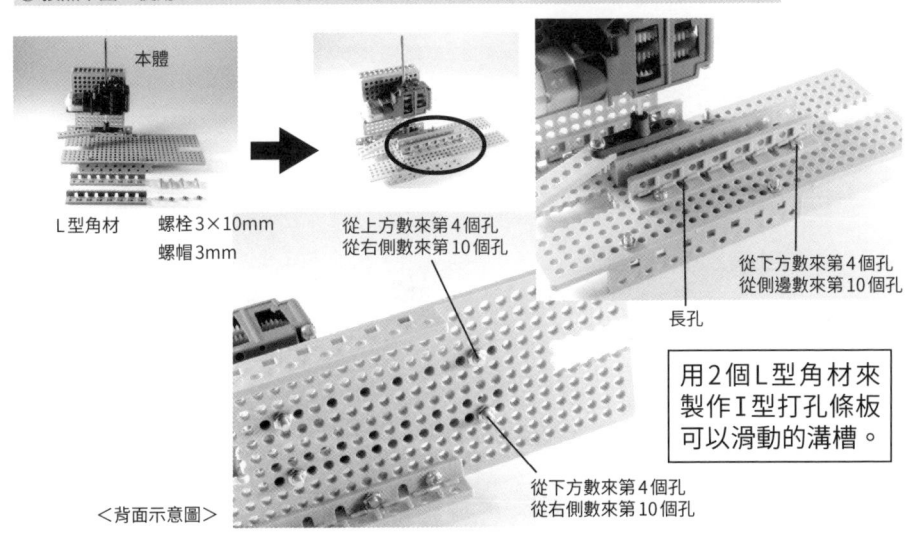

本體

L型角材　螺栓3×10mm
　　　　　螺帽3mm

從上方數來第4個孔
從右側數來第10個孔

從下方數來第4個孔
從側邊數來第10個孔

長孔

用2個L型角材來製作I型打孔條板可以滑動的溝槽。

從下方數來第4個孔
從右側數來第10個孔

<背面示意圖>

第4章 四連桿機構的應用實例

189

⑦ 使用3×20mm的螺栓與3mm的螺帽，按照下圖組裝步驟⑥組好的本體。

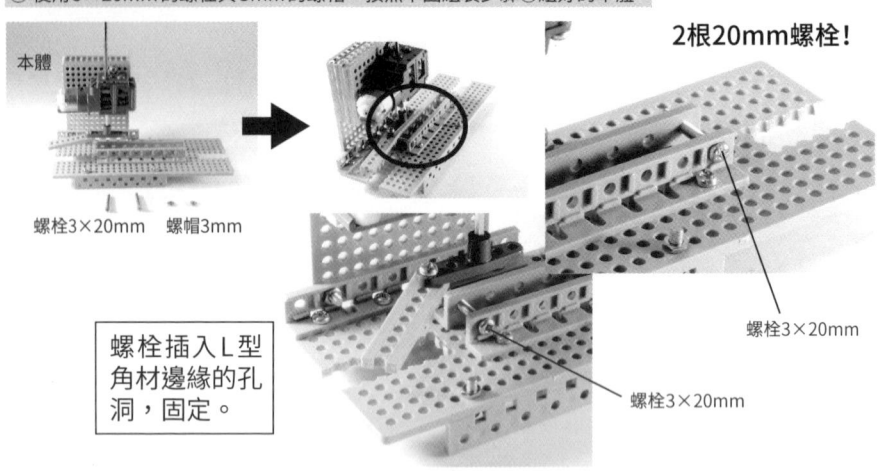

本體

螺栓3×20mm　螺帽3mm

2根20mm螺栓！

螺栓插入L型角材邊緣的孔洞，固定。

螺栓3×20mm

螺栓3×20mm

---

⑧ 使用10mm的間隔柱、3×20mm的螺栓與樹脂螺帽，按照下圖將當做滑塊的未加工I型打孔條板，組裝至步驟⑦組好的本體上。

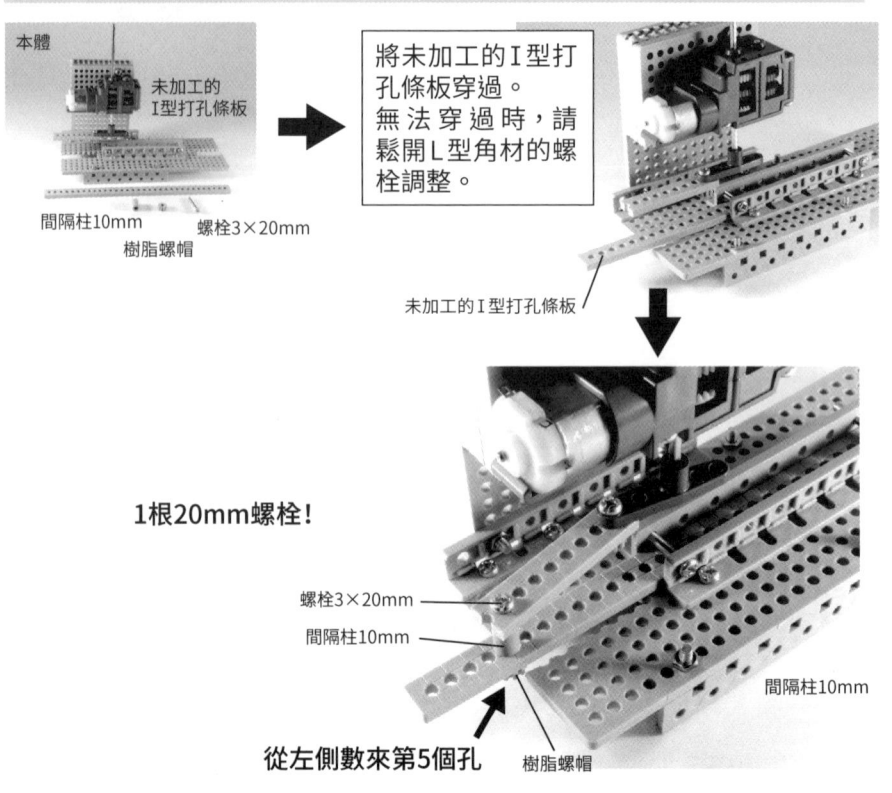

本體　未加工的I型打孔條板

間隔柱10mm　螺栓3×20mm
樹脂螺帽

將未加工的I型打孔條板穿過。
無法穿過時，請鬆開L型角材的螺栓調整。

未加工的I型打孔條板

1根20mm螺栓！

螺栓3×20mm
間隔柱10mm

從左側數來第5個孔　樹脂螺帽

間隔柱10mm

190

⑨ 製作夾爪。按照下圖，使用3×10mm的螺栓與螺帽，將L型打孔條板和16孔I型打孔條板組裝在一起。

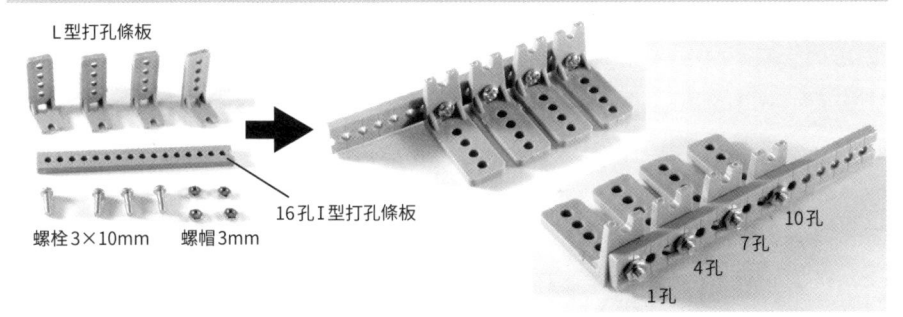

L型打孔條板

螺栓3×10mm　螺帽3mm　16孔I型打孔條板

10孔
7孔
4孔
1孔

⑩ 使用3×10mm的螺栓與螺帽，按照下圖將10孔I型打孔條板組裝至步驟⑨完成的夾爪上。

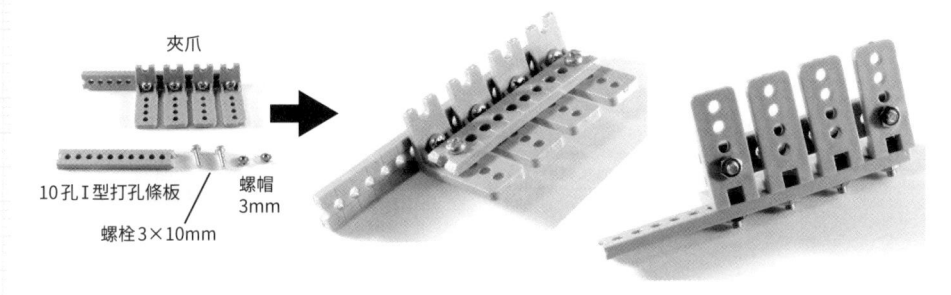

夾爪

10孔I型打孔條板　螺栓3×10mm　螺帽3mm

⑪ 使用3×10mm的螺栓與螺帽，按照下圖將有溝槽的16孔I型打孔條板，組裝至步驟⑩完成的夾爪上。

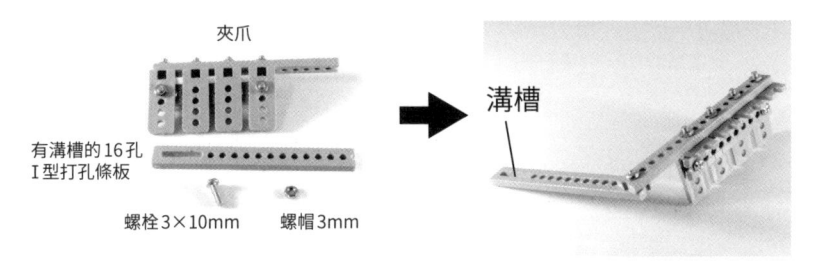

夾爪

有溝槽的16孔I型打孔條板　螺栓3×10mm　螺帽3mm

溝槽

⑫ 使用3×10mm的螺栓與螺帽，按照下圖將7孔I型打孔條板組裝至步驟⑪完成的夾爪上。

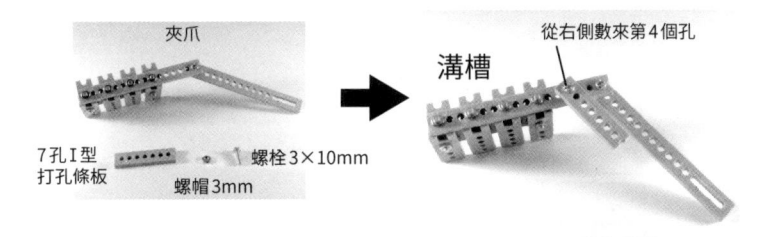

夾爪

7孔I型打孔條板　螺栓3×10mm　螺帽3mm

溝槽　從右側數來第4個孔

第4章　四連桿機構的應用實例

191

⑬ 使用3×20mm的螺栓與螺帽,按照下圖將1孔I型打孔條板組裝至步驟⑫完成的夾爪上。

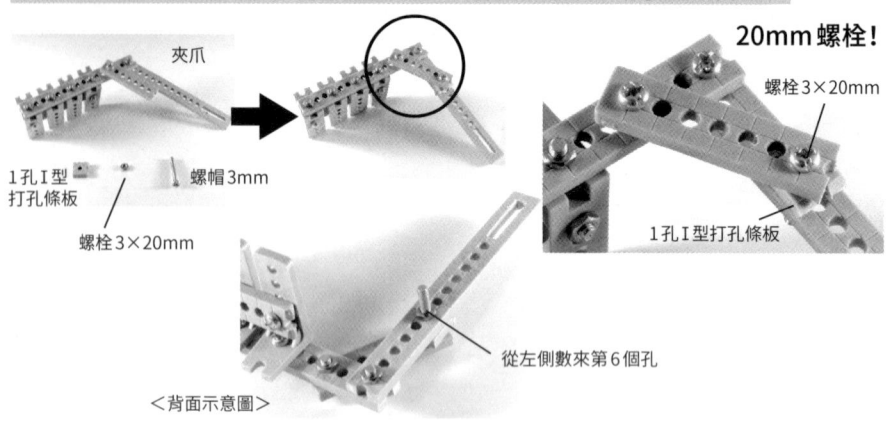

20mm螺栓!

夾爪

1孔I型打孔條板
螺栓3×20mm
螺帽3mm

螺栓3×20mm
1孔I型打孔條板

從左側數來第6個孔
<背面示意圖>

---

⑭ 使用10mm的間隔柱、3×20mm的螺栓與樹脂螺帽,按照下圖將步驟⑬完成的夾爪組裝至步驟⑧組好的本體上。

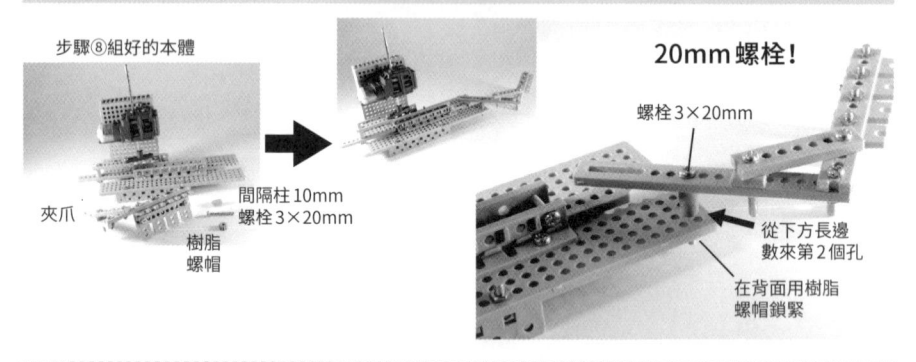

步驟⑧組好的本體

20mm螺栓!

夾爪
間隔柱10mm
螺栓3×20mm
樹脂螺帽

螺栓3×20mm
從下方長邊數來第2個孔
在背面用樹脂螺帽鎖緊

---

⑮ 製作另一個夾爪。按照下圖,使用3×10mm的螺栓與螺帽,將L型打孔條板和16孔I型打孔條板組裝在一起。

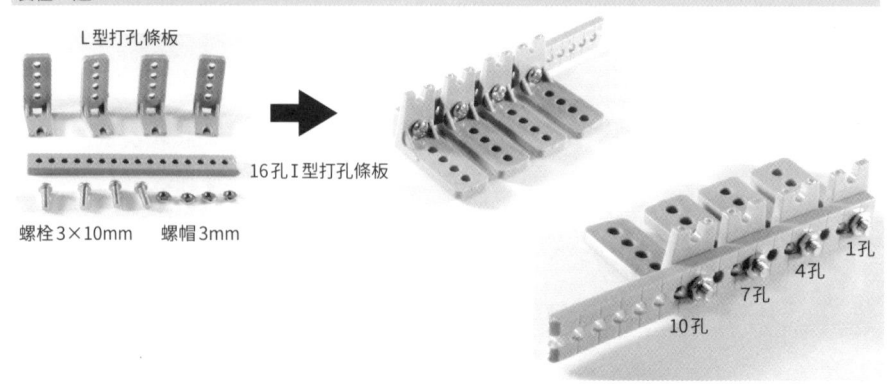

L型打孔條板

16孔I型打孔條板
螺栓3×10mm　螺帽3mm

1孔
4孔
7孔
10孔

192

⑯ 使用3×10mm的螺栓與螺帽，按照下圖將有溝槽的16孔I型打孔條板，組裝至步驟⑮完成的夾爪上。

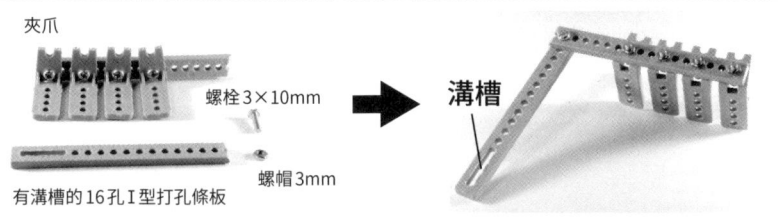

夾爪
螺栓3×10mm
螺帽3mm
有溝槽的16孔I型打孔條板
溝槽

---

⑰ 使用3×10mm的螺栓與螺帽，按照下圖將7孔I型打孔條板組裝至步驟⑯完成的夾爪上。

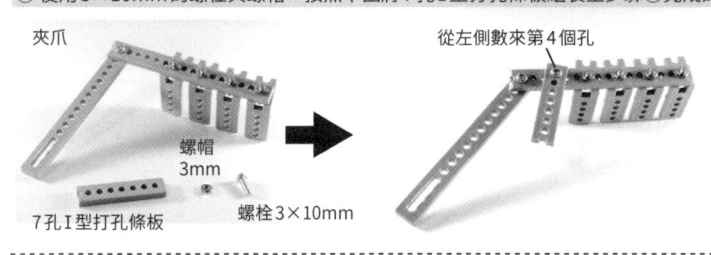

夾爪
螺帽3mm
7孔I型打孔條板
螺栓3×10mm
從左側數來第4個孔

---

⑱ 使用3×20mm的螺栓與螺帽，按照下圖將1孔I型打孔條板組裝至步驟⑰完成的夾爪上。

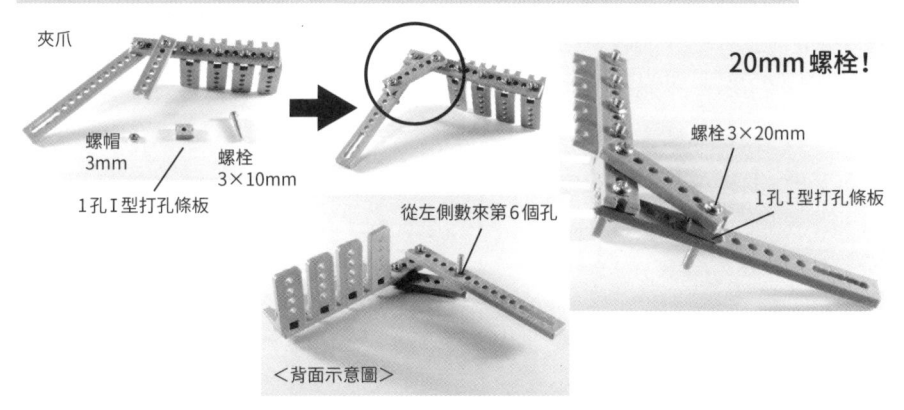

夾爪
螺帽3mm
螺栓3×10mm
1孔I型打孔條板
從左側數來第6個孔
＜背面示意圖＞
20mm螺栓！
螺栓3×20mm
1孔I型打孔條板

---

⑲ 按照下圖，使用5mm的間隔柱、3×20mm的螺栓與樹脂螺帽，將步驟⑱完成的夾爪組裝至步驟⑭組好的本體上。

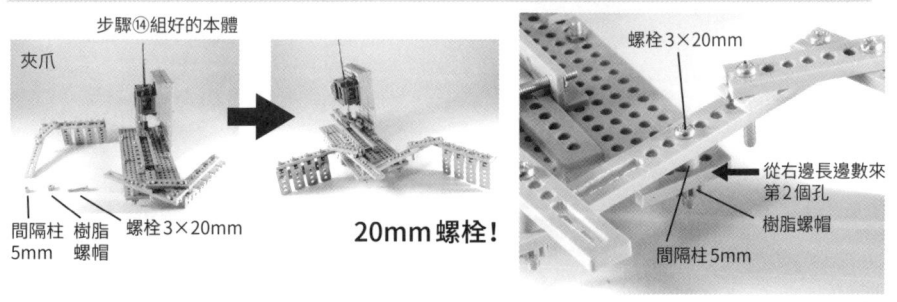

夾爪
步驟⑭組好的本體
間隔柱5mm
樹脂螺帽
螺栓3×20mm
20mm螺栓！
螺栓3×20mm
從右邊長邊數來第2個孔
樹脂螺帽
間隔柱5mm

第4章 四連桿機構的應用實例

⑳ 按照下圖，將3×20mm的螺栓與樹脂螺帽，組裝至步驟⑲組好的本體上。

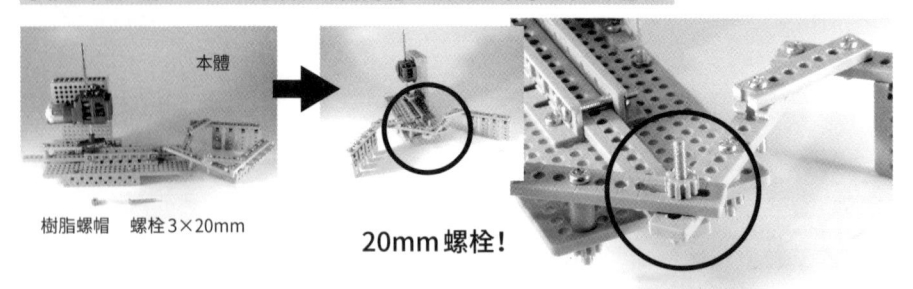

本體

樹脂螺帽　螺栓3×20mm

20mm 螺栓！

㉑ 按照下圖，使用3×10mm的螺栓與螺帽，將10孔I型打孔條板組裝至步驟⑳組好的本體上。

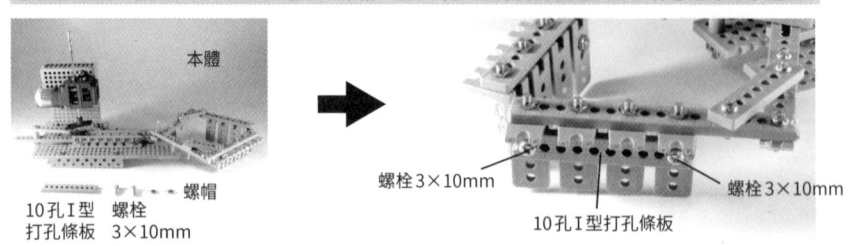

本體

10孔I型　螺帽
打孔條板　螺栓
　　　　　3×10mm

螺栓3×10mm

10孔I型打孔條板

螺栓3×10mm

■組裝夾爪

使用3×10mm的螺栓與螺帽，按照下圖將夾爪組裝到本體上。

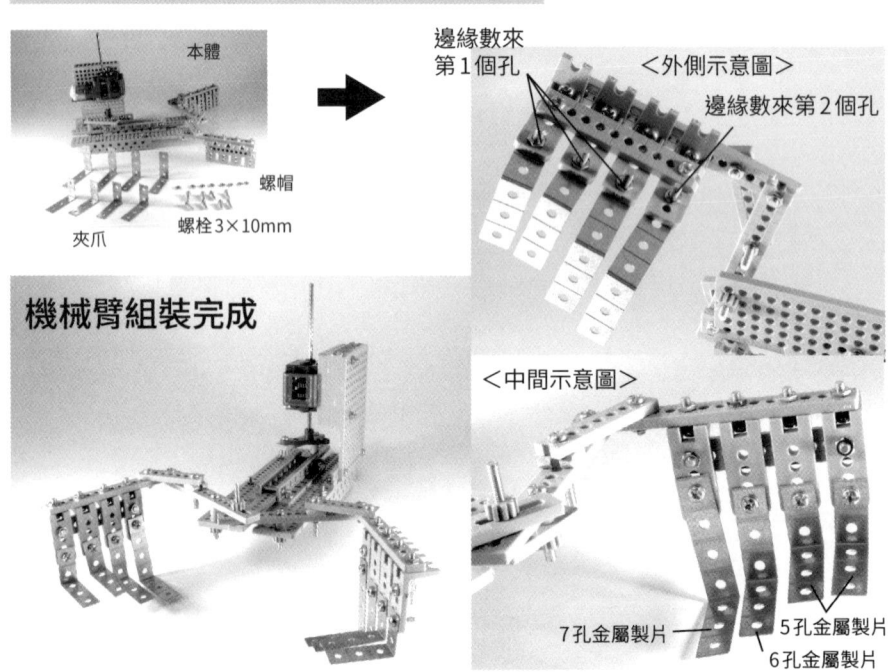

本體

螺帽
螺栓3×10mm
夾爪

邊緣數來第1個孔

<外側示意圖>

邊緣數來第2個孔

<中間示意圖>

7孔金屬製片

5孔金屬製片

6孔金屬製片

機械臂組裝完成

■連接機械臂與行走部分
① 為了連接機械臂與行走部分，按照下圖組裝1孔Ｉ型打孔條板、雙頭螺絲、3mm 的螺帽。

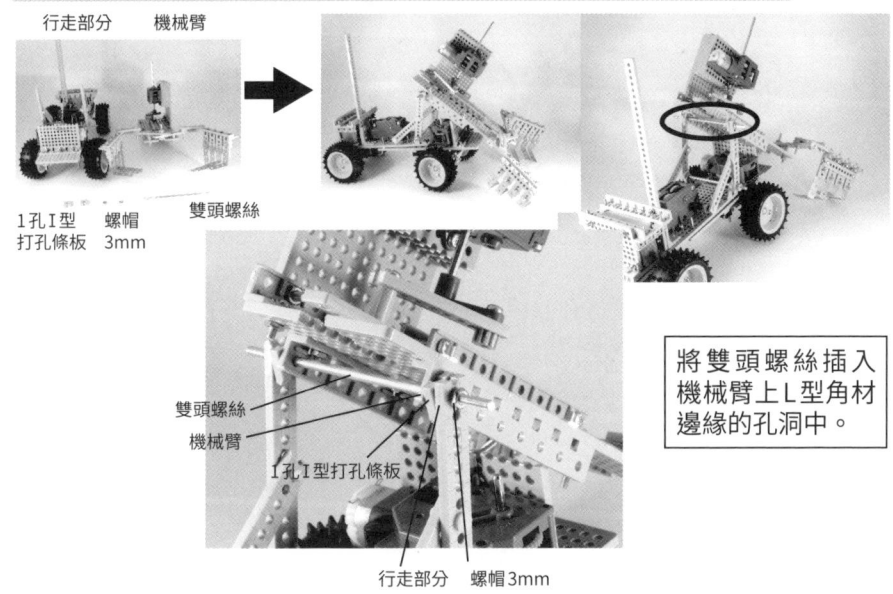

行走部分　機械臂

1孔Ｉ型　螺帽　雙頭螺絲
打孔條板　3mm

雙頭螺絲
機械臂
1孔Ｉ打孔條板

將雙頭螺絲插入機械臂上Ｌ型角材邊緣的孔洞中。

行走部分　螺帽3mm

② 按照下圖，使用1孔Ｉ型打孔條板、3×20mm的螺栓、3mm的螺帽，將11孔Ｉ型打孔條板組裝至本體上。

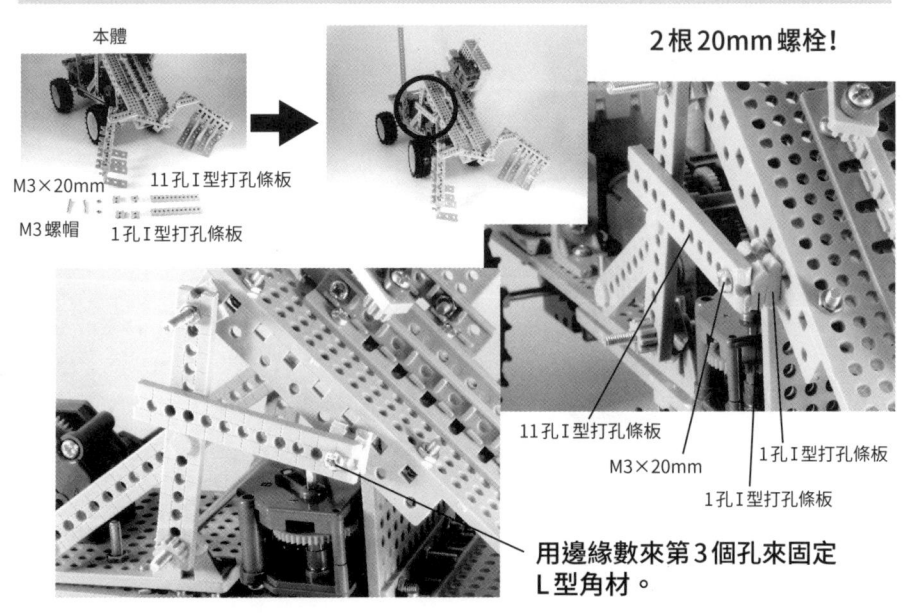

本體

2根20mm螺栓！

M3×20mm　11孔Ｉ型打孔條板
M3螺帽　1孔Ｉ型打孔條板

11孔Ｉ型打孔條板
M3×20mm　1孔Ｉ型打孔條板
1孔Ｉ型打孔條板

用邊緣數來第3個孔來固定Ｌ型角材。

第4章　四連桿機構的應用實例

195

③ 按照下圖，使用1孔I型打孔條板、3×20mm 的螺栓、3mm 的螺帽，將1孔I型打孔條板組裝至機構本體上。

本體

M3螺帽　　M3×20mm

行走部分凸出來的I型打孔條板，於邊緣數來第4個孔固定。

M3×20mm

完成

● 製作「控機件」

★ 控機件的零件清單

1. 撥動開關（有組裝方向）
・2迴路2接點（ON-OFF-ON類型）
自動復歸類型
4個

※中間是OFF時，會自動
返回中間位置的類型。

2. 控制電線（無組裝方向）
・8芯電線　約2m

3. 電池盒（有組裝方向）
・4號電池3只裝用電池盒　1個

※請裝上電池連接器使用。

4. 電池連接器（有組裝方向）
・1條
紅色是正極。

5. 跳線
・1條
※請切割使用。

6. 接線盒
TB-3
1台
附件：螺絲、底蓋

7. 電源線
紅黑電線　50cm
※用於撥動開關和電池連接器的配線。
※請切割使用。

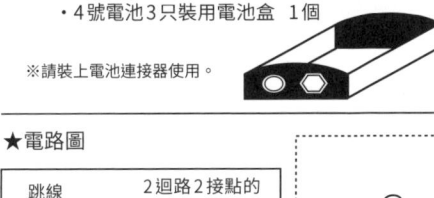

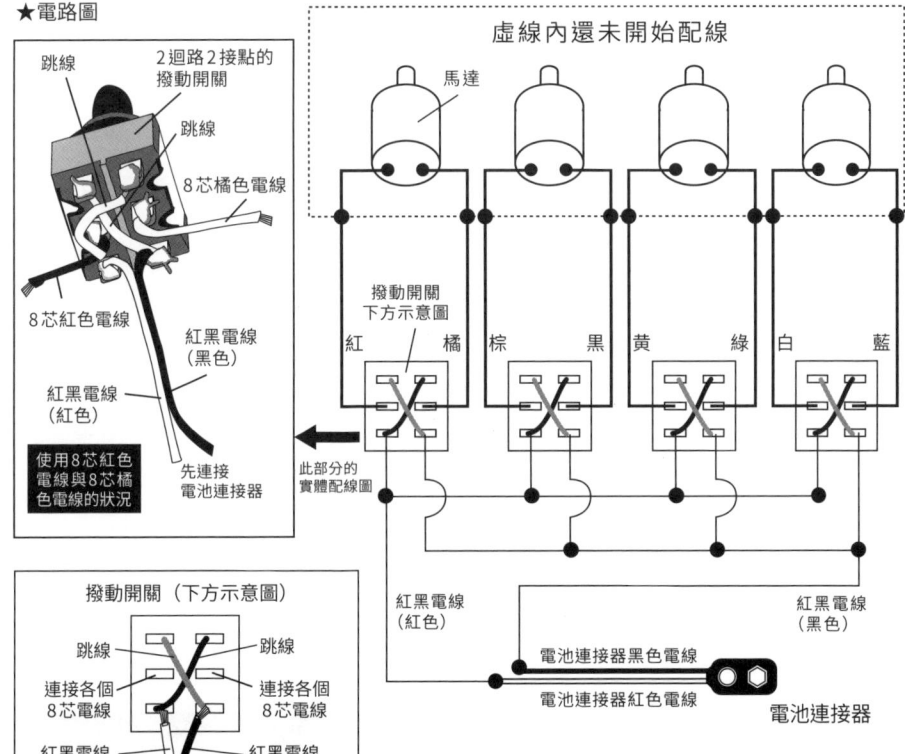

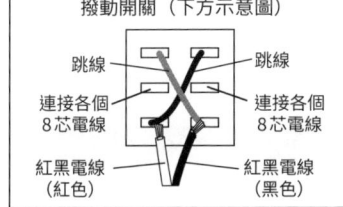

★ 電路圖

2迴路2接點的撥動開關
跳線
跳線
8芯橘色電線
8芯紅色電線
紅黑電線（黑色）
紅黑電線（紅色）
使用8芯紅色電線與8芯橘色電線的狀況
先連接電池連接器

虛線內還未開始配線
馬達

撥動開關下方示意圖
紅　橘　棕　黑　黃　綠　白　藍

此部分的實體配線圖

紅黑電線（紅色）
紅黑電線（黑色）
電池連接器黑色電線
電池連接器紅色電線
電池連接器

撥動開關（下方示意圖）
跳線　跳線
連接各個8芯電線　連接各個8芯電線
紅黑電線（紅色）　紅黑電線（黑色）

第4章　四連桿機構的應用實例

① 錫焊接各個開關與電源線。

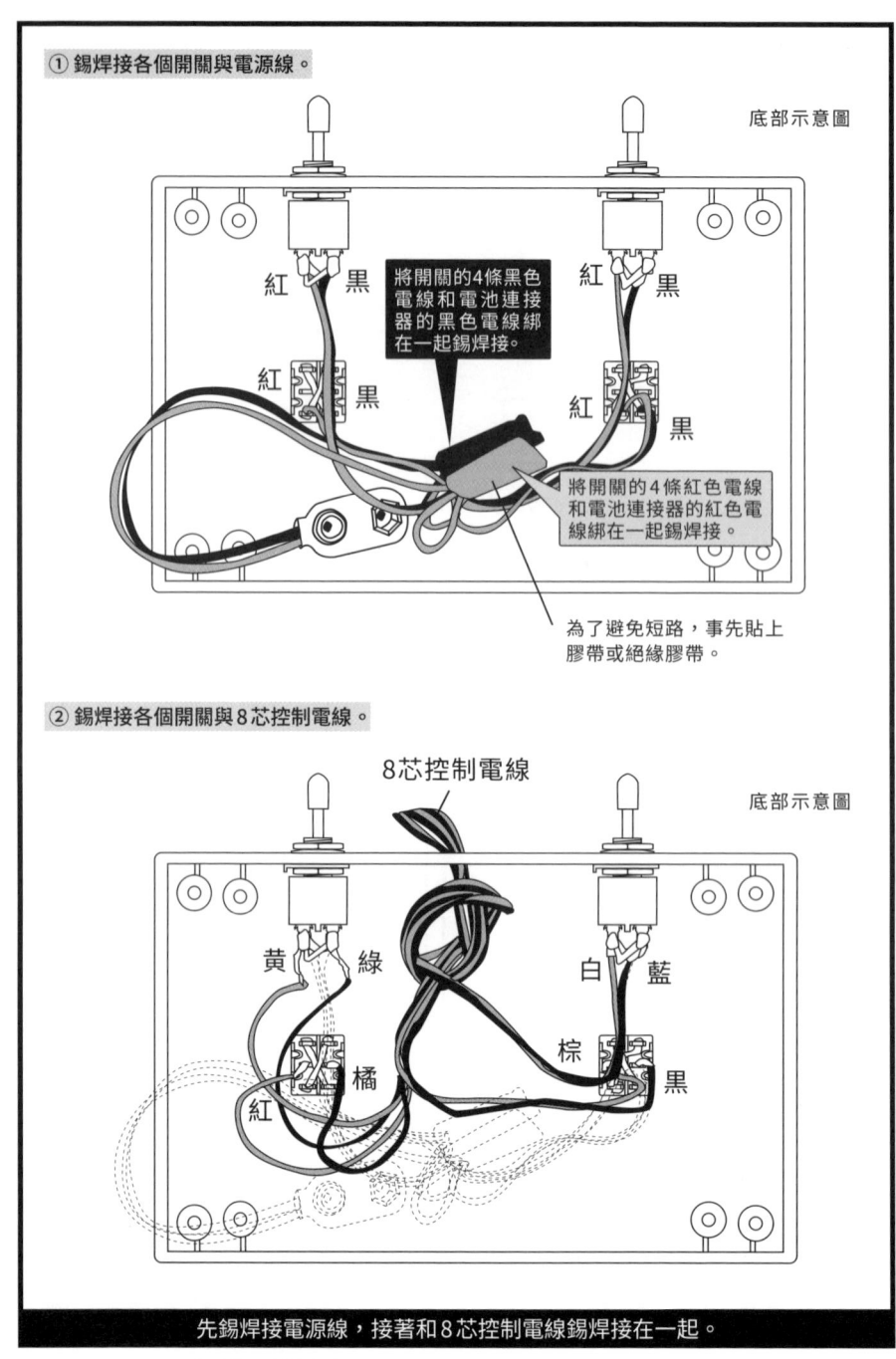

底部示意圖

紅 黑

將開關的4條黑色電線和電池連接器的黑色電線綁在一起錫焊接。

紅 黑

紅 黑 紅 黑

將開關的4條紅色電線和電池連接器的紅色電線綁在一起錫焊接。

為了避免短路，事先貼上膠帶或絕緣膠帶。

② 錫焊接各個開關與8芯控制電線。

8芯控制電線

底部示意圖

黃 綠 白 藍

橘 棕 黑

紅

先錫焊接電源線，接著和8芯控制電線錫焊接在一起。

實體配線圖(火星探測器(控機件)DEN-D-016)

火星探測器（控機件）的製作方式

■ 接線盒加工
① 先開出4個「直徑6.5mm開關用的孔」和1個「直徑5mm控制電線用的孔」。

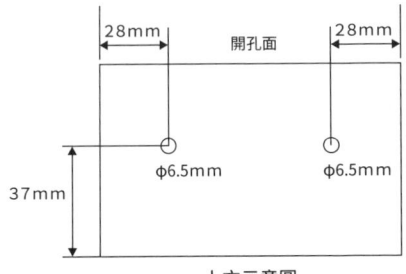

上方示意圖：28mm、28mm、37mm、φ6.5mm、φ6.5mm、開孔面

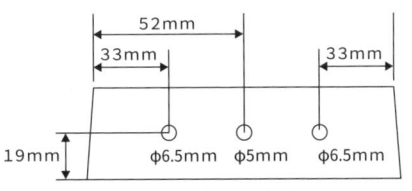

側面示意圖：52mm、33mm、33mm、19mm、φ6.5mm、φ5mm、φ6.5mm

② 在要開孔的位置上標記，用鑽頭開孔。

③ 從小的孔洞開始著手。

④ 所使用的5種鑽頭

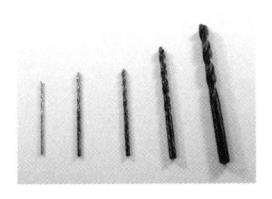

⑤ 完成

■ 開關的組裝方式

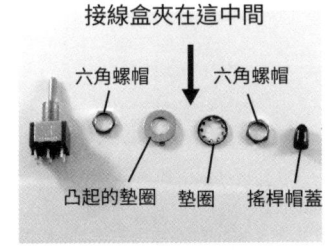

接線盒夾在這中間
六角螺帽　六角螺帽
凸起的墊圈　墊圈　搖桿帽蓋
製作撥動開關

撥動開關的搖桿部分由「六角螺帽、凸起的墊圈、墊圈、六角螺帽、搖桿帽蓋」五個零件組成，如圖所示。組裝至接線盒時，需將接線盒夾在凸起的墊圈和墊圈之間。

之所以有兩個六角螺帽，是為了藉由旋轉這兩個六角螺帽，來調整開關突出的高度。

凸起墊圈的凸起部分是用來防止開關旋轉。若要使用凸起部分，需將凸起朝向接線盒，並在接線盒上開個凸起用的孔來使用。這次不使用凸起部分，將凸起面朝向開關本體即可。

第3章　製作四連桿機構

■錫焊接撥動開關

① 將50mm的紅黑電線切成4等分。

② 參考照片或電路圖,將跳線和電源線錫焊接到撥動開關上,需要做出4個。還未錫焊接控制電線。

跳線

2迴路2接點的撥動開關

跳線

4個

紅黑電線(黑色)

紅黑電線(紅色)

4個

③ 按照下圖,剝去控制電線的絕緣層。因為電線被透明管所包覆,切除時請注意不要傷到電線。

透明管

④ 將控制電線穿過側面中間的孔,為了防止電線鬆脫,輕輕打一個結。

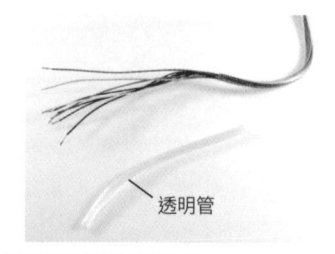

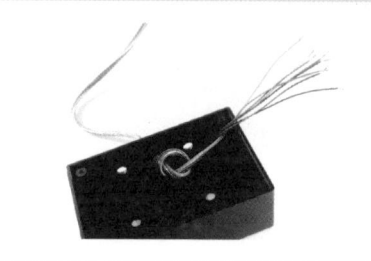

⑤ 裝上開關,參照實體電路圖,分別錫焊接電源線、控制電線。

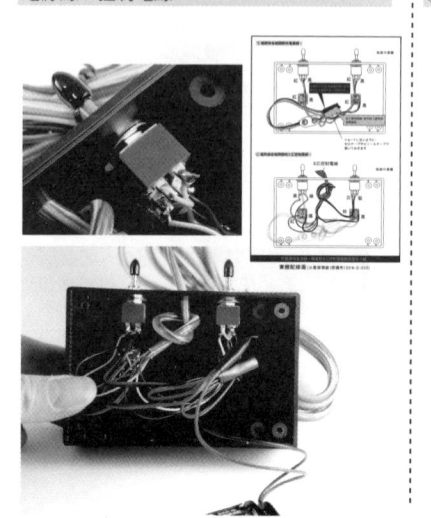

⑥ 組裝電池盒和電池連接器,放入電池,蓋上底蓋就完成了。

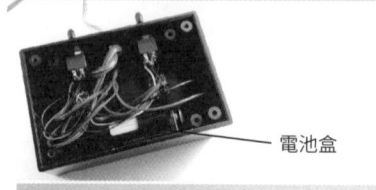

電池盒

完成

★配線時的零件清單

1. 二極體（有組裝方向）
・1N4007　2個

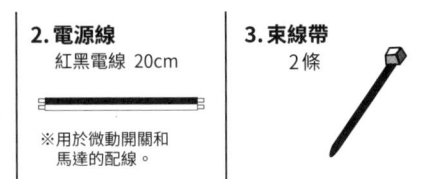

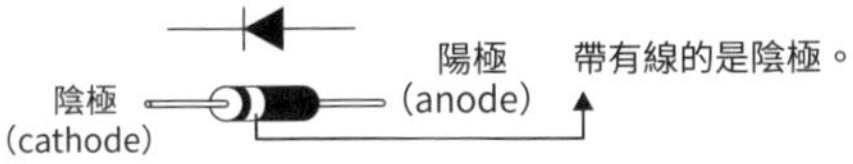

陰極(cathode)　　陽極(anode)　帶有線的是陰極。

2. 電源線
紅黑電線 20cm

※用於微動開關和馬達的配線。

3. 束線帶
2條

火星探測器（配線）的製作方式

■轉向機構的配線

① 按照下圖，將二極體和20cm的紅黑電線，錫焊接到微動開關的C端子上。接著，按照下圖將二極體和20cm的紅黑電線，錫焊接到微動開關的1端子上。還未錫焊接NC端子和2端子。

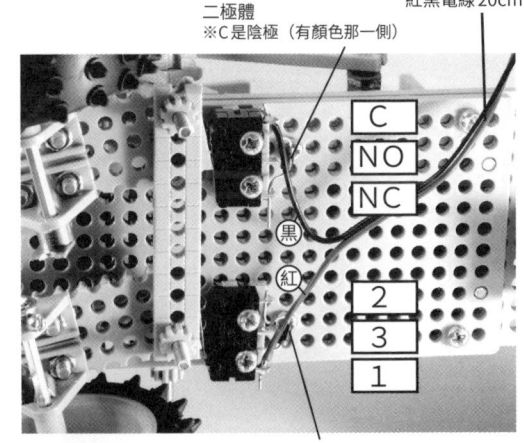

二極體
※C是陰極（有顏色那一側）

紅黑電線20cm

C
NO
NC

黑
紅

2
3
1

二極體
※1是陰極（有顏色那一側）

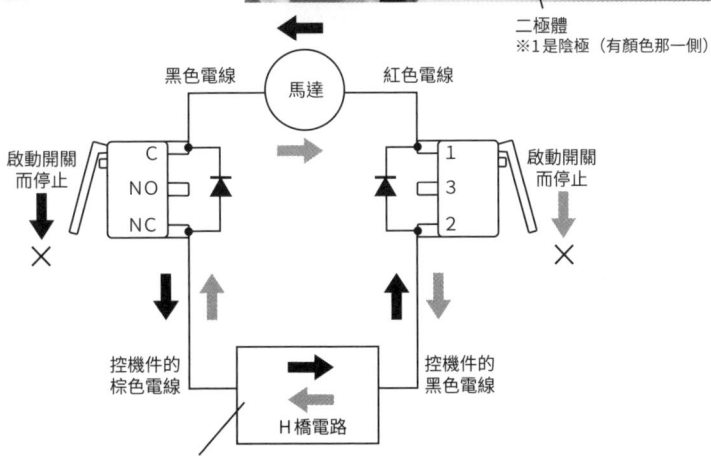

黑色電線　馬達　紅色電線

啟動開關而停止　　　　　　啟動開關而停止

控機件的棕色電線　　H橋電路　　控機件的黑色電線

恢復電路（不管啟動左右哪一側的微動開關，因為有二極體和H橋電路，所以都能恢復電路。）

＜轉向機構的電路圖＞

第4章　四連桿機構的應用實例

② 按照右圖，將20cm的紅黑電線錫焊接到轉向機構的馬達端子上。

20cm紅黑電線(黑)

20cm紅黑電線(紅)

③ 按照右圖，將控機件的棕色電線錫焊接到微動開關的NC端子上。接著，按照下圖將控機件的黑色電線，錫焊接到微動開關的2端子上。不錫焊接NO端子和3端子，維持原樣使用。

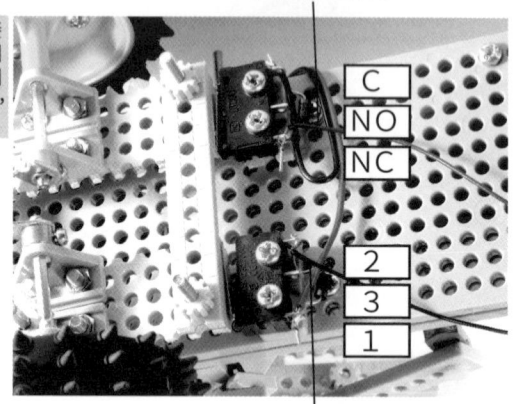

控機件的棕色電線

C
NO
NC

2
3
1

控機件的黑色電線

■ 行走部分的配線

按照下圖，錫焊接控機件的紅色電線和橘色電線。

控機件的
紅色電線

控機件的
橘色電線

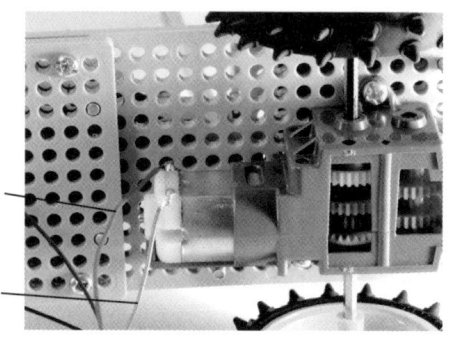

■**機械臂的配線**

按照右圖,錫焊接控機件的藍色電線和白色電線。

控機件的藍色電線

控機件的白色電線

■**使機械臂上下運動的馬達配線**

按照右圖,錫焊接控機件的綠色電線和黃色電線。

控機件的綠色電線

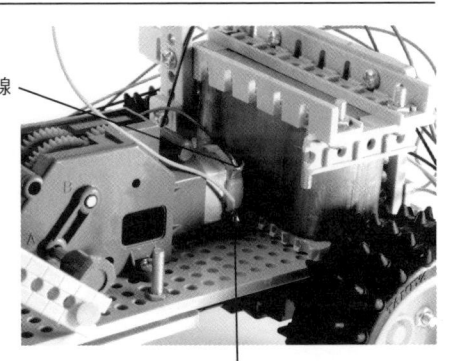

控機件的黃色電線

■**用束線帶固定電線**

為了防止電線纏在一起,使用束線帶將控機件上的電線固定在支架上,就完成了。這樣就大功告成囉!

束線帶

完成

第 4 章
四連桿機構的應用實例

203

● 使用方式

操作各個開關,火星探測器就會動作。

當手離開開關時,開關會自動回到 OFF 的位置,火星探測器就會停止。

請參考下方圖片了解各個開關所連動的動作。

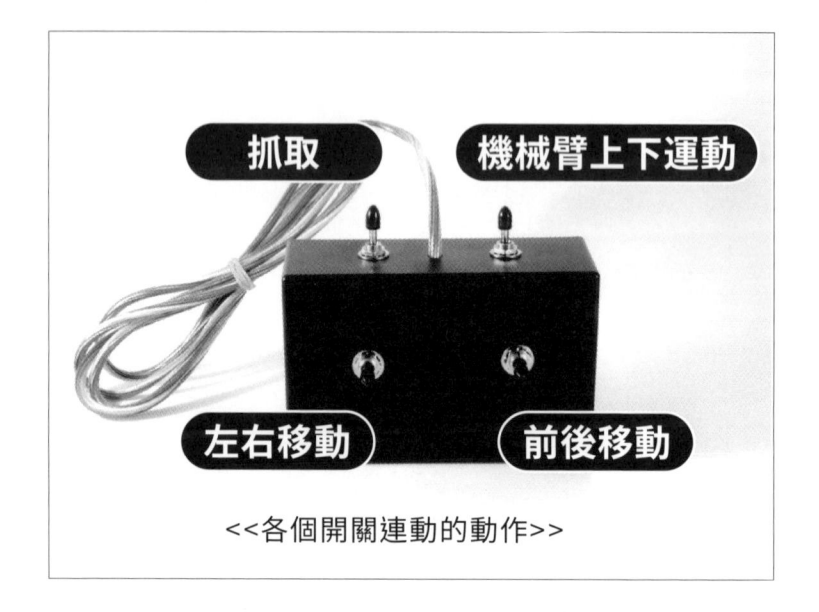

<<各個開關連動的動作>>

中日英文對照表及索引

中文	日文	英文	頁碼
3段速曲軸齒輪減速機	3速クランクギアボックス	3-Speed Crank Axle Gearbox	20,74,84
H橋電路	Hブリッジ回路	H-Bridge circuit	155,156
L型角材	アングル材		59等
PP板	プラ板	polypropylene	14
一字起子	マイナスドライバー		88
二極體	ダイオード	diode	157
十字起子	プラスドライバー		45,46
十字條板	十字クロス		120等
子彈型端子	ギボシ端子	bullet terminal	164
弓形鋸	金ノコ	hacksaw	52等
方格紙	工作用紙		159
止付螺絲	イモビス	Set screw	112
水管剪	パイプカッター	pipe cutter	52等
主動件	ドライバ,原動節	driver	41,51等
凸起的墊圈	突起付き座金		199
凸輪	カム	cam	25,30
卡普拉軌道	カプラの軌道		40
四連桿機構	4節リンク機構	four-bar linkage	37,49
尼龍螺帽	ナイロン・ナット		99
平行相等曲柄機構	平行クランク機構	parallel equal crank mechanism	65,66,160
多用途打孔平板	ユニバーサル・プレート	universal plate	13,15等
多用途金屬製片	ユニバーサル金具	universal metal joint parts	186
多用途長(I)型打孔條板	ユニバーサル・アーム,I型アーム	universal arm	15,46等
曲柄搖桿機構	てこクランク機構	lever crank mechanism	38,50
曲柄臂	クランクアーム	crank arm	83等
死點	死点		39
伸縮機械手臂	マジックハンド		160
束線帶	ロックタイ		169,203
固定桿	静止節	fixed link	38等
固定滑塊曲柄機構	固定スライダークランク	fixed slider-crank mechanism	99
固定鏈	固定連鎖	locked chain	34,125
定位停止銷	ストッパー	stopper	52等
往復滑塊曲柄機構	往復スライダークランク	reciprocating slider crank mechanism	72
拉普森舵機	ラプソンの舵取り		133
拘束鏈	限定連鎖	constrained chain	34
後輪定點轉向	信地旋回	pivot turn	167
扁嘴鉗	ラジオペンチ		45,46
活塞運動	ピストン運動	piston motion	30
原地轉向	超信地旋回	spin turn	167
迴轉桿	回転節		81-83
迴轉滑塊曲柄機構	回転スライダークランク	revolving slider-crank mechanism	81
迴轉對偶	回り対偶		36等
釘狀輪胎組	ピンスパイクタイヤ・セット	pin spike tire set	26
從動件	フォロワ,従動節	follower	41,51等
接線盒	モールドケース		197
接頭	ジョイント	joint	25,27
控制電線	リモコンコード		197
控機件	コントロールボックス,リモコンボックス		154,164

中文	日文	英文	頁碼
斜口鉗	ニッパー	nipper	16,123
連接桿	連動節	connecting rod	38等
循跡自走車	ライントレースカー	line tracking robot	9
惠式急回機構	ウィットウォースの早戻り機構	Whitworth mechanism	81
無拘束鏈	不限定連鎖	unconstrained chain	34
絞刀	リーマ		169
越野輪胎組	オフロードタイヤ・セット	off-road tire set	27
軸心	シャフト	shaft	18,25等
軸承	軸受け		67等
開口銷	割りピン		159
間隔柱	スペーサ	spacer	34等
奧爾德姆聯軸器	オルダム継手	Oldham coupling	114
微動開關	マイクロスイッチ	Micro Switch	157
滑軌	ガイド		83
滑動接頭	スライド・ジョイント		100等
滑動對偶	すべり対偶		36等
滑塊曲柄機構	スライダークランク機構	slider-crank mechanism	
滑輪	プーリー	pulley	25,28
萬用齒輪減速機	ユニバーサルギアボックス	universal gearbox	21
葛氏定理	グラスホフの定理	Grashof's law	41
跳線	ジャンパー線	jump wire	96等
鉚釘	プッシュピン	push pin	52等
鉛錠	鉛インゴット	lead Ingot	163
電池記憶效應	メモリ効果		165
電池連接器	電池スナップ	battery snap	197
電路	電子回路	electronic circuit	9
墊圈	ワッシャー	washer	59等
履帶	クローラー		8
撥動開關	トグルスイッチ	toggle switch	96
輪圈	ホイール	wheel	26
銼刀	ヤスリ		16
鋰離子電池	リチウムイオン電池		165
樹脂螺帽	樹脂製ナット		44等
鋸子	ノコギリ		16
鋼絲鋸	糸のこ		16
錫焊接	ハンダ付け	soldering	48等
壓克力	アクリル		13
擺動桿	揺動節		92,100
擺動滑塊曲柄機構	揺動スライダークランク	oscillating slider-crank mechanism	91
轉向機構	ステアリング	steering	155,178等
鎳氫電池	ニッケル水素電池		165
鎳鎘電池	ニッカド電池	nickel-cadmium battery	165
雙曲柄機構	両クランク機構	double crank mechanism	65
雙搖桿機構	両てこ機構	double rocker mechanism	56
雙頭螺絲	両ネジシャフト		52等
離合器	クラッチ	glutch	22
蘇格蘭軛	スコッチヨーク機構	Scotch yoke	106
變異點	思案点		39
鹼性乾電池	アルカリ乾電池		165
鑽頭	ドリル	drill	16

中日英文對照表及索引

207

國家圖書館出版品預行編目資料

圖解連桿機構 / 馬場政勝著；蘇星玨譯. -- 初版. -- 臺北市：易博士文化, 城邦文化事業股份有限公司出版：英屬蓋曼群島商家庭傳媒股份有限公司城邦分公司發行, 2025.03
面； 公分
譯自：キットで学ぶ「リンク機構」
ISBN 978-986-480-411-5(平裝)
1.CST: 機構學 2.CST: 機械設計
446.876　　　　　　　　　　　　　　　　　　114000284

DA3014
圖解連桿機構

原書書名	／キットで学ぶ「リンク機構」
原出版社	／株式會社工學社
作　　者	／馬場政勝
譯　　者	／蘇星玨
選書人	／黃婉玉
責任編輯	／黃婉玉
總編輯	／蕭麗媛
發行人	／何飛鵬
出　　版	／易博士文化

城邦文化事業股份有限公司
台北市南港區昆陽街 16 號 4 樓
電話：(02)2500-7008　傳真：(02)2502-7676
E-mail：ct_easybooks@hmg.com.tw

發　　行／英屬蓋曼群島商家庭傳媒股份有限公司城邦分公司
台北市南港區昆陽街 16 號 5 樓
書虫客服服務專線：(02)2500-7718、2500-7719
服務時間：周一至週五上午 09:00-12:00；下午 13:30-17:00
24 小時傳真服務：(02)2500-1990、2500-1991
讀者服務信箱：service@readingclub.com.tw
劃撥帳號：19863813　戶名：書虫股份有限公司

香港發行所／城邦（香港）出版集團有限公司
地址：香港九龍土瓜灣土瓜灣道 86 號順聯工業大廈 6 樓 A 室
電話：(852)2508-6231　傳真：(852)2578-9337
E-MAIL：hkcite@biznetvigator.com

馬新發行所／城邦（馬新）出版集團 Cite (M) Sdn Bhd
41, Jalan Radin Anum, Bandar Baru Sri Petaling, 57000 Kuala Lumpur, Malaysia.
Tel：(603)90563833　Fax：(603)90576622
Email：services@cite.my

視覺總監	／陳栩椿
美術編輯	／陳姿秀
封面構成	／陳姿秀
製版印刷	／卡樂彩色製版印刷有限公司

KIT DE MANABU「LINK KIKO」
Copyright © 2016 Masakatsu Baba
All rights reserved.
Originally published in Japan in 2016 by Kohgaku-Sha Co.,Ltd.
Traditional Chinese translation rights arranged with Kohgaku-Sha Co.,Ltd. through AMANN CO., LTD.

2025年03月20日初版1刷
ISBN 978-986-480-411-5(平裝)
定價800元　HK＄267

Printed in Taiwan
版權所有・翻印必究
缺頁或破損請寄回更換

城邦讀書花園
www.cite.com.tw